河南省高等职业院校创新发展行动计划 教育教学类项目
创新创业专门课程（群）"TRIZ技术创新与方法"建设成果

TRIZ技术
创新思维与方法

陈君丽　赵扬　主编

化学工业出版社
·北京·

内 容 简 介

本书从科技创新、TRIZ 创新方法教育角度出发，以"技术创新成果（专利）"为导向，以"创新思维—技术创新预测—分析工具—创新方法运用—创新成果形成"为主线展开讨论，系统论述了 TRIZ 创新思维、技术系统进化预测规律、技术创新方法、技术分析工具、技术创新成果形成、技术创新应用范例等，还介绍了 TRIZ 技术创新的主要知识体系。

为便于学习，本书配套建设了丰富的信息化资源，同时建有配套课程网站，获取方式详见前言。

本书可作为高等职业院校各专业师生学习创新思维与科技创新、TRIZ 创新方法的教材，也可作为企业研发人员、工程技术人员工作创新参考书。

图书在版编目（CIP）数据

TRIZ 技术创新思维与方法/陈君丽，赵扬主编
.—北京：化学工业出版社，2022.11（2024.2重印）
ISBN 978-7-122-42210-1

Ⅰ. ①T… Ⅱ. ①陈… ②赵… Ⅲ. ①创造学 Ⅳ. ①G305

中国版本图书馆 CIP 数据核字（2022）第 171236 号

责任编辑：提 岩 旷英姿　　　　　　　　文字编辑：赵 越
责任校对：赵懿桐　　　　　　　　　　　　装帧设计：李子妲

出版发行：化学工业出版社（北京市东城区青年湖南街 13 号　邮政编码 100011）
印　　刷：北京云浩印刷有限责任公司
装　　订：三河市振勇印装有限公司
787mm×1092mm　1/16　印张 16　字数 396 千字　2024 年 2 月北京第 1 版第 2 次印刷

购书咨询：010-64518888　　　　　　　　售后服务：010-64518899
网　　址：http://www.cip.com.cn
凡购买本书，如有缺损质量问题，本社销售中心负责调换。

定　　价：48.00 元

序

"科技是国之利器，国家赖之以强，企业赖之以赢，人民生活赖之以好"。"必须坚持科技是第一生产力、人才是第一资源、创新是第一动力，深入实施科教兴国战略、人才强国战略、创新驱动发展战略，开辟发展新领域新赛道，不断塑造发展新动能新优势"。科研发展要"坚持把创新作为引领发展的第一动力"。"自主创新，方法先行。创新方法是自主创新的根本之源"。创新是引领世界发展的重要动力，要坚持创新驱动大方向，创新方法的推广应该与专业知识学习结合起来。

TRIZ 是近年来国际跨国公司应用较多的技术创新方法之一，也是联合国教科文组织（UNESCO）向各国教育界推荐的创新方法。苏联科学家根里奇·阿奇舒勒（1926—1998）投入毕生精力，致力于 TRIZ 创新方法研究，总结出技术进化所遵循的普遍规律，以及解决各种技术矛盾和物理矛盾时采用的创新法则，创建了一种由解决技术问题、实现技术创新的各种方法组成的理论体系——TRIZ。

2007 年，科技部、发改委、教育部和中国科协四部委联合发布了《关于加强创新方法工作的若干意见》。文件中明确指出要"推进 TRIZ 等国际先进技术创新方法与中国本土需求融合，特别是推动 TRIZ 中成熟方法的培训"，并先后确定黑龙江、四川、江苏等 12 个省（市）作为创新方法试点省（市），发起了一系列创新方法推广应用工作。实践表明，运用 TRIZ 创新能够帮助人们突破思维定式，进行理性的逻辑思维，揭示系统问题的本质；能根据技术进化规律，预测技术系统发展趋势，最终抓住机会彻底解决问题，并开发出富有竞争力的创新产品。

河南应用技术职业学院积极推广 TRIZ 技术创新方法，先后完成了河南省创新创业课程群、TRIZ 技术创新教育双创体系建设项目等专项，组建 TRIZ 创新教师团队，编写了 TRIZ 技术创新教育的校本教材。在校本教材使用的基础上，进一步完善，形成了本书。

本书主要体现以下六大创新：

（1）思政创新。本书开篇介绍技术创新的"新时代"背景，介绍新时代创新型国家建设的核心，新时代自主创新对创新方法的需求，新时代"大众创业、万众创新"为创新教育提供广阔的平台等内容。

（2）理念创新。确立了"人人能创新、时时能创新、处处能创新"的创新能力培养理念。倡导创新不是专家教授的专利，每个人只要学会创新思维和方法，掌握创新规律，都可以实现创新。

（3）载体创新。TRIZ 理论本身只是面向工程技术人员用于解决工程领域实际问题的一套技术创新方法论。本书根据其内容的难易程度，结合教育规律和学生的认知规律将其改造成适用于教学需要的一种新的体系和结构。

（4）落地创新。本书编写过程中围绕 TRIZ 创新技术与方法的具体工程应用，重点在化工、医药、信息、建筑等领域进行实施，同时围绕创新成果的形成，介绍创新成果（专利）的挖掘、写作、申报等相关内容。

（5）资源创新。本书基于工程应用，配套了创新方法的应用程序、应用示范；基于知识点的好学、好用，开发了创新故事、创新方法视频；基于教学体系化，配套在线课程、教学课件、题库等资源。

（6）应用创新。本书既符合高校学生学习规律和认知规律，又以相应资源为辅助，兼顾相关行业专业技术人员工作创新过程中的学习，可作为创新方法培训资料。

胡　炜

2022 年 10 月于郑州

前言

为落实《国务院办公厅关于深化高等学校创新创业教育改革的实施意见》（国办发〔2015〕36号）文件精神，深化高校创新创业教育改革，提高大学生创新创业能力，本书在科技部创新方法工作专项（河南省创新方法推广应用与示范项目）、河南省高等职业院校创新发展行动计划教育教学类项目创新创业专门课程（群）等专项的工作基础上完成了编写。

本书以"技术创新成果（专利）"为导向，以"创新思维—技术创新预测—分析工具—创新方法运用—创新成果形成"为主线展开。全书介绍了创新思维，分析了传统创新思维与TRIZ创新思维的不同，重点介绍了TRIZ特有的最终理想解（IFR）、STC算子、金鱼法、九屏幕法、小人法五种创新思维方法；介绍了常用的技术创新的分析工具，主要介绍功能分析、因果分析、资源分析、理想解分析等工具；介绍了技术创新方法，主要介绍了技术矛盾、物理矛盾、物场分析等方法；介绍了技术创新的基本规律和技术发展的预测方法；介绍了成果形成，重点专利挖掘、写作、申报等，形成完整的技术成果链。

本书是河南省高等职业院校创新发展行动计划教育教学类项目创新创业专门课程（群）"TRIZ技术创新与方法"的成果之一，得到了科技部创新方法工作专项——河南省创新方法推广应用与示范（2019IM010400）和河南省高等职业教育项目——TRIZ技术创新教育双创体系建设项目等创新方法工作专项的支持，还得到了河南萃智文化传播有限公司的合作支持。

本书配套建设了丰富的信息化资源：为方便创新工作，开发了76个标准解应用、矛盾矩阵表应用等程序；为激发学习兴趣，开发了系列TRIZ创新小故事；为示范TRIZ创新方法应用，开发了TRIZ工程实践应用案例（1个）；同时还配套了TRIZ创新知识点对应的视频（约120个）、电子教案、试题库等。此外，还以"工程应用"为目标，通过线上资源配套了TRIZ创新在化工、机电、医药、建筑、市政、信息等领域的应用案例。上述信息化资源可联系451279805@qq.com咨询获取。

本书由河南应用职业技术学院陈君丽、赵扬担任主编，河南萃智文化传播有限公司总经理刘罡担任副主编。具体编写分工如下：第一章由朱冰编写，第二章由张明杰编写，第三章由李向民编写，第四章由赵扬、刘罡编写，第五章由黄双成、陈君丽编写，第六章由付大勇、吴朝阳编写，第七章由刘海龙、吴朝阳编写。全书由赵扬统稿，常州工程职业技术学院杜存臣教授主审。在编写过程中，河南《创新科技》杂志社胡炜社长、董青山高级工程师给予了指导帮助，于永波、王琳、崔璨、孟祥聪、彭金等学生帮助收集、整理了大量的案例和资料，在此对他们表示衷心的感谢。

由于编者水平所限，虽然努力但不足之处在所难免，敬请广大读者批评指正。

编　者
2022年10月

目录

第七章 技术创新成果——专利的形成

参考文献

第一章
技术创新的概述

学习目标

　知识目标

　1. 了解创新的概念、特征及其与发明创造的关系。

　2. 熟悉技术创新特征及等级划分。

　技能目标

　1. 会描述技术创新的常见方法。

　2. 会判定创新等级和特征。

　素质目标

　1. 能综合新时代对技术创新的要求及政策，提升创新意识和能力。

　2. 能评价各种常见创新方法或工具的应用范围，提升创新效率。

本章内容要点

　主要介绍党的十九大以来技术创新的新要求、新动态；技术创新的相关概念、意义和应用；常见的技术创新方法及技术创新的推广意义。

第一节　技术创新的时代背景

中国共产党十九大的胜利召开开启了中国特色社会主义新时代的历史篇章，习近平总书记从战略高度强调"创新是引领发展的第一动力，是建设现代化经济体系的战略支撑"。党的二十大报告再次指出，"必须坚持科技是第一生产力、人才是第一资源、创新是第一动力，深入实施科教兴国战略、人才强国战略、创新驱动发展战略，开辟发展新领域新赛道，不断塑造发展新功能新优势"。这些都为新时代加快建设创新型国家和世界科技强国指明了方向。创新为过去的中国带来了丰硕的创新成果，也为新时代中国的未来发展指引了方向。

一、技术创新是新时代创新型国家建设的核心

人类发展历史、科学技术的每一次重大跨越和重要发现都与技术密切相关。2008 年北京奥运会向全世界展示了中华民族依靠自主创新实现科技奥运的壮举，中国 40 多年改革开放史向全世界展示了创新给中华民族带来的兴旺动力。

过去十几年，我国大力实施创新驱动发展战略，成绩显著——创新型国家建设成果丰硕，天宫、蛟龙、天眼、悟空、墨子、大飞机等重大科技成果相继问世，深海深地探测、超级计算机、量子信息、生物医药等战略性新兴产业取得重大成果。我国的高铁、支付宝、共享单

车、网购已经作为"新四大发明",获得世界各国的认可。杭州 G20 峰会将"创新"作为撬动世界经济中长期增长的动能和潜力,也作为中国寻求协同发展的动力之源。可以说,科技创新的大力发展,转变了我国的发展方式,提升了我国的发展质量和发展效益。新时代对我国科技创新提出了更高的要求,加快实现高水平科技自立自强,以国家战略需求为导向,集聚力量进行原创性、引领性科技攻关,打赢关键核心技术攻坚战。瞄准世界科技前沿,强化基础研究,实现前瞻性基础研究,引领原创成果重大突破,成为创新的目标。创新目标也将在实现加强应用基础研究,拓展实施国家重大科技项目,突出关键共性技术、前沿引领技术、现代工程技术、颠覆性技术等领域得到进一步展现。这些领域正是将我国建设成为科技强国、质量强国、航天强国、网络强国、交通强国、数字中国、智慧社会的有力支撑。

因此习近平总书记强调:"创新是一个民族进步的灵魂,是一个国家兴旺发达的不竭动力,也是中华民族最深沉的民族禀赋。在激烈的国际竞争中,惟创新者进,惟创新者强,惟创新者胜。"

二、创新方法是新时代自主创新的根源

创新方法是创新的先导。我国在 2006 年提出创新型国家战略,王大珩、刘东生、叶笃正三位院士向国家提出"自主创新,方法先行"的重要建议,指出了科技创新的基础。

在近现代科学史上,许多重大科学发现本身就是科学思维、科学方法创新。牛顿的《自然哲学的数学原理》不仅是近代科学的奠基性著作,同时也是科学思维方法的经典之作;1941 年,"分配色层分析法"的发明,解决了青霉素提纯的关键问题,使医学进入了抗生素防治疾病的新时代;20世纪 70 年代,我国科学家袁隆平提出了将杂交优势用于水稻育种的新思想,并创立了水稻育种的三系配套方法,从而实现了杂交水稻的历史性突破。自近代科学产生,尤其是进入 20 世纪以来,思维、方法和工具的创新与重大科学发现之间的关系更加密切。据统计,从 1901 年诺贝尔奖设立以来,有 60%~70%是由于科学观念、思维、方法和手段上的创新而取得的。

近代、现代科学技术的发展历程表明,创新方法已经成为科学技术发展与进步的重要动力,也成为了创新动力产生的重要来源。

三、新时代为创新提供广阔的平台

2014 年 9 月,李克强总理在夏季达沃斯论坛上发出"大众创业、万众创新"的号召。他提出,要在 960 万平方公里土地上形成"万众创新""人人创新"的新势态。"万众创新"和"大众创业"一样,都将培育和催生经济社会发展新动力,激发全社会创新潜能。

党的二十大对科技创新提出了更高的目标,让新时代赋予了科技创新更加凸显的位置,为创新提供更为广阔的舞台。如何解决卡脖子的技术难题,如何解决发展不充分问题,如何改善落后地区经济发展从而解决发展不均衡的问题,如何改善教育和医疗质量以进一步实现人们对美好生活的追求和向往,都需要一批又一批敢为人先的创新者参与其中,也需要一批又一批的各种创新产品落实到工业技术、民生工程、教育医疗等不同领域。

新时代为创新者提供了创新的政策,为产品提供了创新应用领域,让创业创新成为全社会共同的价值追求和行为习惯,让有梦想、有意愿、有能力的人有了广阔的平台施展拳脚。

四、技术创新成为新时代"中国制造 2025"的金色名片

技术创新就是中国制造的重要因素。加强自主创新能力是实现由工业大国向工业强国转变的核心，是实现我国价值链低端向高端跃升，加快推动增长动力向创新驱动转变的重要举措。

2015 年 3 月 5 日，李克强总理在全国两会上作《政府工作报告》时首次提出"中国制造 2025"的宏大计划。"中国制造 2025"是在新的国际国内环境下，中国政府立足于国际产业变革大势，作出的全面提升中国制造业发展质量和水平的重大战略部署。其根本目标就是要改变中国制造业"大而不强"的局面，通过 10 年的努力，使中国迈入制造强国行列，为到 2025 年将中国建成具有全球引领和影响力的制造强国奠定坚实基础。

制造强国靠什么？靠的是核心技术。只有把关键核心技术掌握在自己手中，才能从根本上保障国家经济安全、国防安全和其他安全。而核心技术的获得，正是科技创新的结果。创新是第一动力，提供高质量科技供给，是我国攀登世界科技高峰的必由之路，也将是我国实现由大变强的中国制造 2025 过程中的一大亮点。因此，要让技术创新成为新时代"中国制造 2025"的金色名片。

第二节 技术创新的相关概念

一、创新的概念

创新这一概念是由美籍奥地利经济学家约瑟夫·阿罗斯·熊彼特（Joseph Alois Schumpeter，1883—1950 年）首先提出的，在 1912 年德文版《经济发展理论》一书中首次使用了创新（Innovation）一词。他将创新定义为"新的生产函数的建立"，即"企业家对生产要素的新的组合"，也就是把一种从来没有过的生产要素和生产条件的"新组合"引入生产体系。熊彼特对创新概念的理解是：一项创新可看成是一项发明的应用，也可看成发明是最初的事件，而创新是最终的事件。他认为企业中的创新包括以下五种情况：

① 引入一种新产品，即消费者还不熟悉的产品，或提供一种新的产品质量。

② 采用一种新的生产方法，即在有关制造部门中未采用过的方法。这种新的方法并不需要建立在新的科学发现基础之上，可以是以新的商业方式来处理某种产品。

③ 开辟一个新的市场，就是使产品进入以前不曾进入的市场，不管这个市场以前是否存在过。

④ 获得一种原料或半成品的新的供给来源，不管这种来源是已经存在的，还是第一次创造出来的。

⑤ 实行一种新的企业组织形式，例如建立一种垄断地位，或打破一种垄断。

在熊彼特之后，还有许多研究者对创新进行了定义，其中有代表性的定义有如下几种：

① 创新是开发一种新事物的过程。这一过程从发现潜在的需要开始，经历新事物的技术可行性阶段的检验，到新事物的广泛应用为止。创新之所以被描述为一个创造性过程，是因为它产生了某种新的事物。

② 创新是运用知识或相关信息创造和引进某种有用的新事物的过程。

③ 创新是对一个组织或相关环境的新变化的接受。

④ 创新是指新事物本身,具体说来就是指被相关使用部门认定的任何一种新的思想、新的实践或新的制造物。

⑤ 当代国际知识管理专家艾米顿对创新的定义是:新思想到行动(New Idea To Action)。

由此可见,创新概念包含的范围很广,既有涉及技术性变化的创新,如技术创新、产品创新、过程创新;也有涉及非技术性变化的创新,如制度创新、政策创新、组织创新、管理创新、市场创新、观念创新等。有的东西之所以被称作创新,是因为它提高了工作效率或巩固了企业的竞争地位,有的是因为它改善了人们的生活质量,有的是因为它对经济具有根本性的影响,但创新并不一定是全新的东西,旧的东西以新的形式出现或以新的方式结合也是创新,可以说各种能提高资源配置效率的新活动都是创新。

二、创新与发明创造的关系

许多人认为创新就是发明创造,实际上这两个概念是不同的。按《辞海》的定义:发明即"创制新的事物,首创新的制作方法";创造则是"创制前所未有的事物"。德国柯林教授对发明的定义是:"所谓发明是通过技术表现出来的人的精神的创造,是征服自然、利用自然力而产生的效果。"

日本《专利法》规定:"所谓发明是利用自然法则对技术思想的高度创造。"世界知识产权组织 1979 年制定的发展中国家《发明示范法》规定:"发明是发明人的一种能在实际中解决技术领域内某一特有问题的技术方案。"《现代管理技术经济大词典》总结道:"发明是利用自然科学原理或自然规律,是人的一种思维活动,是解决某一领域内所存在的问题的具有创造性的技术解决方案。"

由此可见,发明是指研究活动本身或它的直接结果,而创新是发明的商业化过程或商业化结果。一般地,发明先于创新。两者的关系可简洁地表达为:创新=发明+开发。

按照熊彼特的观点,创新是发明的第一次商业化应用。具体而言,第一次把发明引入生产体系并为商业化生产服务的行为就是创新,在熊彼特看来,只有第一次把发明引入生产体系并为商业化生产服务的行为才是创新行为,第二次、第三次只能算作模仿。然而,新是相对的,对某个企业而言是新的,但对整个地区、国家、世界而言,可能就不是新的,只是模仿。这样的情况,可以从两方面将两个概念进行对照:一是分析将发明引入生产体系的行为是单纯模仿,还是行为者在引入过程中进行了改进,如果是单纯模仿,就不能算作是创新;二是分析所研究创新的层次,如果在企业层次上研究创新,那么只要是对这个企业而言,将发明引入生产体系的行为是新的,且该企业有所改进,那么就可算作是创新。

三、科学发现和技术发明的关系

科学发现是发现新的科学事实和新的科学理论的创造活动,是要解决"是什么"和"为什么"的问题,探索尚未被人们发现的各种事物的现象和规律,揭示事物的客观存在。例如,马克思的剩余价值规律的揭示、门捷列夫的元素周期律的理论等。

技术发明是应用科学理论改造世界,主要回答"做什么"和"怎么做"的问题,是人为地利用自然科学的规律在技术领域创造出具有新颖性、独创性和实用性并能获得专利权的技术成果。

"科学发现"和"技术发明"与"创造"是比较接近或者是等同的概念，均具有一定的社会性和价值性，但与"创新"相比价值较小，这是它们与"创新"最突出的差异。

四、技术创新的定义及特征

在当前"创新力经济"时代，技术创新是创新的核心，甚至全部，因此可以认为，"技术创新"与"创新"基于同一概念。《中共中央、国务院关于加强技术创新，发展高科技，实现产业化的决定》中，对技术创新的定义与传统的创新定义在精神上是一致的，在此后的许多论文和著作中，众多学者把"技术创新"统归为"创新"。

要理解"技术创新"这一概念的特定内涵，应抓住以下特征：

① 技术创新是科技活动过程中（图 1-1）的一个特殊阶段，即技术领域与经济领域之间的技术经济领域，其核心是知识商业化。国家大力度地进行科技投入，为基础研究、技术发明和技术前沿攻关，使投入转化为知识；而企业的技术创新，则是使这些知识实现商业价值。

② 技术创新是受双向作用的动态过程（图 1-2）。技术创新始于综合科学技术发明成果与市场需求双向作用所产生的技术创新构想，通过技术开发，使发明成果首次实现商业价值。

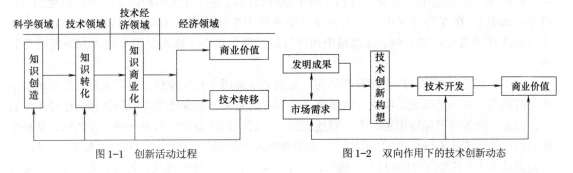

图 1-1 创新活动过程　　　　　　　　图 1-2 双向作用下的技术创新动态

③ 衡量技术创新成功的唯一标志是技术成果首次实现其商业价值。技术创新以市场为导向、以效益为中心，而不是以学科为导向和以学术水平为中心。这就表明，具有创造性和取得市场成功是技术创新的基本特征。同时，技术创新的目的不仅仅是要推动技术进步和生产发展，更主要的是在于"实现社会商业价值"。

五、技术创新的等级

不同的创新理论对创新有不同的理解，对创新程度也会有不同的评价方式。图 1-3 为知识的构成体系图。

在 TRIZ 理论中，Altshulletr 把发明划分为以下五个等级。

（1）第一级别发明　多数为参数优化类的小型发明，一般为通常的设计或对已有系统的简单改进。这一类发明并不需要任何相邻领域的专门技术或知识，问题的解决主要凭借设计人员自身掌握的知识和经验（依托知识见图 1-3 个人的知识），不需要创新，只是知识和经验的应用。该类发明创造或发明专利占所有发明创造或发明专利总数的 32%。

（2）第二级别发明　即小型发明问题，是指在解决一个技术问题时，对现有系统某一个组件进行改进。这一类问题的解决，主要采用本专业内已有的理论、知识和经验（依托知识见图 1-3 公司或组织的知识）。解决这类问题的传统方法是折中法。例如，在气焊枪上，增加一个防明火装置；把自行车设计成可折叠等。该类发明大约占人类发明总数的 45%。

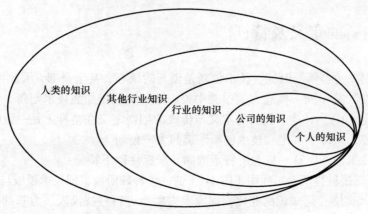

图 1-3　知识的构成体系图

（3）第三级别发明　即中型发明问题，是指对已有系统的若干个组件进行改进。这一类问题的解决，需要运用本专业以外但是一个学科以内的现有方法和知识（依托知识见图 1-3 行业的知识）。在发明过程中，人们必须解决系统中存在的技术矛盾。例如，汽车上用自动换挡系统代替机械换挡系统；在冰箱中用单片机控制温度等。该类发明大约占人类发明总数的 18%。

（4）第四级别发明　即大型发明问题，是指必须采用全新的原理，以完成对现有系统基本功能的创新。这一类问题的解决，需要多学科知识的交叉，实现此类发明用试错法已经不可行了，需要发明者有目标地思考，有步骤地实验，有足够的设备条件和很好的工作团队，从科学底层的角度而非从工程技术的角度出发，充分挖掘和利用科学知识、科学原理，来实现发明（依托知识见图 1-3 其他行业的知识）。例如，世界上第一台内燃机的出现、集成电路的发明、充气轮胎等。这一级别的创新程度已经相当高了，该类发明大约占人类发明总数的 4%。

（5）第五级别发明　即重大发明问题，是指利用最新的科学原理，导致一种全新系统的发明、发现（依托知识见图 1-3 人类的知识）。这一类问题的解决，主要是依据人们对自然规律或科学原理的新发现。例如，计算机、蒸汽机、激光、晶体管等的首次发明，以及核聚变、核裂变的发现造就核武器等。该类发明已经深刻地改变了世界，大约占人类发明总数的 1% 或者更少。

发明的等级划分及所属知识领域如表 1-1 所示。

表 1-1　发明的等级划分及所属知识领域

发明的级别	创新的程度	占人类发明总数的比例/%	知识来源
一	明确的结果	32	个人的知识
二	局部的改进	45	公司的知识
三	根本的改进	18	行业的知识
四	全新的概念	4	其他行业知识
五	重大的发现	<1	人类的知识

由表 1-1 可见，发明创造的级别越高，所需要的知识就越多，这些知识所处的领域范围就越宽，搜索有用知识所需的时间就越长，采用传统的试错法寻求解时，试错的次数就越来越多。当需要高级别的发明时，特别是在现代社会，时间成本和机会成本飞速上升的时候，用试错法已经不再可取。因此需要进行有目的性、指导性的创新。

虽然发明和创新不是同一个概念，但是发明过程中一定伴随着创新。TRIZ 理论中发明是按照程度划分的，发明的分级同时也将创新程度给予了对应的分级。

第三节　技术创新的方法与意义

一、常见技术创新方法

长期以来，我国的企业、科研院所和学校对创新方法的研究、推广大多不够重视，严重影响了自主创造创新能力的提高。目前常见的创新方法有：

1. 传统创造学方法

1941 年产生于美国的创造学，曾经为美国、日本等国家的科技发展作出过巨大的贡献，于 20 世纪 80 年代至 90 年代在中国普及推广的过程中也产生过巨大成果。创造学包含大量创新方法，如缺点列举法、希望点列举法、特征点列举法、信息点列举法、形态分析法、联想法、类比法、移植法、综摄法、检核表法、5W2H 法、等价变换法、组合法、分解法、头脑风暴法等。特别是头脑风暴法是集体产生创意的常用方法，其最大优点就是容易掌握、便于普及和推广，但是，总体而言，成功的概率仍然偏低。

2. 发明问题解决理论（TRIZ）

TRIZ 是俄文"发明问题解决理论"的意思，也有人翻译成"创造性解决问题理论"。TRIZ 是基于知识的、面向人的发明问题解决系统化方法学，是中央四部委重点推广的创新方法和工具。

TRIZ 由苏联的天才发明家和创造学家根里奇·阿奇舒勒所创立。TRIZ 从已有专利的分析归纳中提炼出一整套系统化的、实用的解决发明问题的理论方法体系，包括技术系统进化法则：用 39 项工程参数、40 个创新原理和矛盾矩阵表成功地给出解决技术冲突的工具；用分离法解决物理冲突；用物-场分析模型给出发明问题的标准解；用效应知识库查找实现某功能的物理、化学、数学的效应和现象。

3. 产业技术路线图

技术路线图作为一种创新企业管理工具与技术集成战略管理工具，对于产业技术规划的制定和技术管理水平的提高具有重要应用价值。技术路线图是利用视图工具（图形、表格、文字等形式）描述技术及其相关因素（科学、产品、市场）的发展，是各利益相关者对未来技术发展的共识。

二、推广创新方法的意义

创新思维是创新过程的灵魂，是创新成功的先决条件，涵盖了创新过程的各个环节。由于人类思维具有惯性，创新成果能否产生取决于思维惯性是否处于正确的创新途径中。传统的创新过程具有很大的不确定性，人的思维方式处于不可控变化之中，此时创新的产生具有随机性，如果不掌握一定的创新思维方法，人就不能有意识地突破思维惯性的影响，也就不能实现创新。

创新方法是创新过程的重要基础。创新过程受到各种创新条件的影响，导致创新具有不确定性，一些创新的结果预先无法预测和估计，更不能保证成功，所以，创新都具有一定的风险性。由于创新完全采用了传统的试错方法，这种创新的效率导致创新成为企业的重大负担。一些新的创新方法已经在企业中得到很好的应用，如影响最大的 TRIZ——发明问题解决理论，是有效地提高创新效率的方法。这些方法分析了大量以往创新成功的经验，并进行了系统的归纳总结，为人们分析和解决问题提供了指导。

创新工具是创新成功的必要手段。从事创造活动的人，掌握了创新思维和创新方法，可以更好地从事创新活动。由于创新过程是复杂的过程，而创新方法本身仅为一种方法，一些方法包含大量的步骤和技巧，如何将创新和创新方法有机结合，并将创新方法应用到创新过程，就需要有效的创新工具。创新工具本身包含了一些创新方法的处理过程，使人可以用较少的时间学习创新的工具，而不是复杂的创新方法。

习题

1. 新时代创新型国家建设的核心是什么？
2. 新时代自主创新的根源是什么？
3. 中国制造的重要因素是什么？

第二章

技术创新思维的养成

学习目标

知识目标

1. 理解创新思维的基本特征。

2. 了解传统创新思维方法。

技能目标

1. 会使用传统创新方法和 TRIZ 创新思维方法解决实际问题。

2. 会使用九屏幕法、STC 算子法、金鱼法、小人法、最终理想解法等 TRIZ 创新思维方法，并能运用这些思维方法解决实际问题。

素质目标

1. 能分析拟解决的问题，能运用更好的方法解决问题。

2. 能判断出某个问题采用哪种方法解决更好。

本章内容要点

重点介绍创新思维与惯性思维的区别；介绍创新思维的分类办法、基本特征、思维阶段；介绍试错法、头脑风暴法、奥斯本检核法、和田十二法、"5W1H"法等常见创新方法；重点介绍 TRIZ 创新系统中最终理想解、STC 算子、金鱼法、九屏幕法、小人法特有的创新思维及其应用。

人类历史创造的一切物质和精神财富，都是在实践活动中通过创新思维才得以形成和积累的。思维是人类认识客观世界的高级形式，是人脑对客观事物的本质和事物内在规律性关系的概括与间接反映。它已成为人类认识世界和改造世界过程中最重要的主观能动力。人们习惯使用试错法、头脑风暴法等传统思维方法解决问题。但如果我们能将传统的思维方法与 TRIZ 创新思维方法相结合，常常能达到更好的效果。为此，我们有必要了解传统思维方法的相关知识，力求做到 TRIZ 创新思维与传统思维方法的有机结合，以获取最佳的创新效果。本章首先介绍常用的试错法、头脑风暴法等传统思维方法，然后再将它们与 TRIZ 创新思维进行分析与比较，力求针对具体问题找到更好的创新思维方法。

第一节　创新思维概述

思维是通过分析、综合、比较、分类、抽象、概括、具体化、系统化等一系列心理活动过程实现的。

惯性思维是指人们习惯地因循以前的思路思考问题，往往造成思考事物的盲区，而缺少创新和改变的可能性。想打破惯性思维就需要非常手段，从生理学、心理学、哲学、方法论等多方面着手，消除阻碍创新的惯性思维。克服惯性思维需要一定的方法和必要的训练。

创新思维是针对惯性思维而言，指人们克服惯性思维方式，重新组织已有的知识经验，提出新的方案或程序，并创造出新的思维成果的思维方式，即建立新理论，提出新设想和新方法。创新思维主要体现在一个"新"上。

运用创新思维的目的，就是让我们具有"新的眼光"，克服思维定式，打破技术系统陈旧的阻碍模式。一些看似很困难的问题，如果投以"新的眼光"，站到更高的位置，采用不同的角度来看待，我们就会得出新奇的答案。

创新思维最重要的特征是独特性，反映思维内容的与众不同，是创造性人才特有的思维品质，是鉴别一个人是否具有创造力的重要标志。创新思维是人类思维的高级形式，是各种思维形式的有机融合。

一、创新思维的分类

人们通常按照思维过程和思维方法对创新思维进行分类。

按思维过程进行分类，创新思维可分为横向思维和纵向思维，还可以分为显性思维和隐性思维。

按思维方法分类，创新思维可分为逻辑思维和非逻辑思维两大类，如图 2-1 所示。在解决具体问题时，应根据创新活动阶段、对象的特点以及环境、条件等变化，不断调整和选择不同的思维方法。

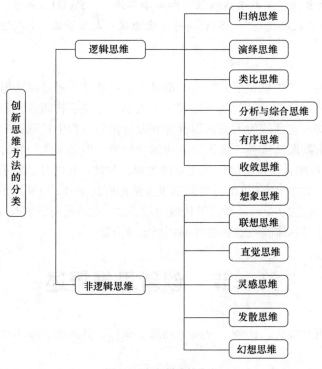

图 2-1　创新思维的分类

逻辑思维（Logical Thinking）是遵循严密的逻辑规律，对概念进行逐步分析，层层推演，最后得出符合逻辑的结论的思维方式，又称抽象思维。它能使人更深刻、准确和完整地认识客观世界。世界上任何事物的发生都有其客观规律性，采用逻辑思维的方法，层层深入，逐步递进，这就为发明创造奠定了坚实的基础。逻辑思维包含归纳思维、演绎思维、分析与综合思维、类比思维、有序思维等多种思维方式。

非逻辑思维与逻辑思维相对而言。非逻辑思维是指不按固定逻辑程序、不受特定逻辑规则约束的思维方式。其常常在没有充足理由的基础上，对思考对象的属性与关系直接做出判断，甚至只知道思考对象的一点信息就做出大胆的假定性结论，这是非逻辑思维活动的典型形式。

非逻辑思维是一种无序的、非理性的思维表现，具有一定的发散性、直接性和突发性。其发散性是不依常规、寻求变异的思维过程，是一种充分发挥想象力，突破原有知识圈，从多方推测、假设和构想中，寻求新设想的思维方法，是创新思维最重要的特征；其直接性是由现象直达本质，未经严密的逻辑推理，通过直觉未通过一步步的分析过程而直接获得对事物的整体认识，得出的结果往往存在不确定性、不全面性甚至错误；其突发性是对某一对象认识积累一定的基础上，突然产生的一种思维现象。它常常是在人们不经意间突然产生的一种思维现象。

非逻辑思维包含想象思维、联想思维、直觉思维、灵感思维、发散思维、幻想思维等多种思维方式。

二、创新思维的基本特征

创新思维作为一种思维活动，既有一般思维的共同特点，又有不同于一般思维的独特之处。创新思维具有以下六个基本特性。

1. 突破性

突破性是指思维不再拘泥于原有的框架而建立崭新的信息通道，对事物形成全新的认识。运用常规思维时，由于受经验或习惯的束缚，人们的思想观念长期停留在原有的基础上，很难有创新和发展，同时还会使得有些问题难以解决，甚至不能解决。创新就要突破，不突破就不能创新。"突破"是创新的第一要素，突破不一定是创新，但创新一定有突破。创新以对现实的否定性评价为前提，这种否定性评价产生了创新的动力。创新思维是突破性思维，要创新首先必须对已掌握的知识信息进行加工处理，从中发现新的关系，形成新的组合，并产生突破性的成果。

2. 联想性

联想是将表面看来互不相干的事物联系起来，从而达到创新的界域。联想性思维可以利用已有的经验创新，如我们常说的由此及彼、举一反三、触类旁通，也可以利用别人的发明或创造进行创新。联想是创新者在创新思考时经常使用的方法，也比较容易见到成效。

能否主动地、有效地运用联想性思维，与一个人的联想能力有关。在创新思维中，若能有意识、主动地去思考，则是有效利用联想的重要前提。任何事物之间都存在着一定的联系，这是人们能够采用联想的客观基础，联想的最主要方法是积极寻找事物之间的一一对应关系。

3. 发散性

发散性思维是一种开放性思维，其过程是从某一点出发，任意发散，既无一定方向，也无一定范围。它主张打开大门，张开思维之网，冲破一切禁锢，尽力接收更多的信息，海阔天空地想，甚至可以想入非非。人的行动自由可能会受到各种条件的限制，而人的思维活动却有无限广阔的天地，是任何外界因素都难以限制的。

发散性思维是创新思维的核心。发散性思维能够产生众多可供选择的方案、办法及建议，能提出一些别出心裁、出乎意料的见解，使一些似乎无法解决的问题迎刃而解。

4. 求异性

创新思维在创新活动过程中，尤其在初期阶段，求异性特别明显。它要求关注客观事物的不同性与特殊性，关注现象与本质、形式与内容的不一致性。

英国科学家何非认为，"科学研究工作就是设法走到某事物的极端而观察它有无特别现象的工作"。创新也是如此。一般来说，人们对司空见惯的现象和已有的权威结论怀有盲从和迷信的心理，这种心理使人很难有所发现、有所创新。而求异性思维则不拘泥于常规，不轻信权威，以怀疑和批判的态度对待一切事物和现象。

5. 逆向性

逆向性思维是指有意识从常规思维的反方向去思考问题的思维方法。如果把传统观念、常规经验、权威言论当作金科玉律，常常会阻碍创新思维活动的展开。因此，面对新的问题或长期解决不了的问题，不要习惯于沿着前辈或自己长久形成的、固有的思路去思考问题，而应从相反的方向寻找解决问题的办法。

欧几里得《几何学》建立之后，从公元 5 世纪开始，就有人试图证明作为欧氏《几何学》基石之一的"第五公理"，但始终没有成功，人们对它似乎陷入了绝望。1826 年，罗巴切夫斯基运用与过去完全相反的思维方法，公开声明"第五公理"不可证明，并且采用了与"第五公理"完全相反的公理。从这个公理和其他公理出发，他终于建立了非欧几何学。非欧几何学的建立解放了人们的思想，扩大了人们的空间观念，使人类对空间的认识产生了一次革命性的飞跃。

6. 综合性

综合性思维是把对事物各个侧面、部分和属性的认识统一为一个整体，从而把握事物本质和规律的一种思维方法。综合性思维不是把事物各个部分、侧面和属性的认识，随意地、主观地拼凑在一起，也不是机械地相加，而是按它们内在的、必然的、本质的联系，把整个事物在思维中再现出来的思维方法。

三、创新思维的阶段

英国心理学家沃拉斯研究表明，创新思维必须经过四个阶段，即准备阶段、酝酿阶段、顿悟阶段和验证阶段，具有必然的客观规律性。

1. 准备阶段

创新思维首先必须针对一定的问题而展开，问题是创新思维的起点。著名哲学家波普尔强调，科学发现不是始于观察，而是始于问题。因此，创新思维是从发现问题和提出问题开始的。人们要进行创新思维，头脑中必须先有按照常规的思路和办法解决不了的问题。正是这样的问题，推动着人们去寻找新的思路和办法，由此展开思维创新活动。创新活动开始前，积累有关知识经验，搜集有关资料信息，为创新做准备。

2. 酝酿阶段

酝酿是孕育新思想的必要环节。当人们明确了需要解决的问题后，创新思维就进入第二个阶段——酝酿阶段。这一阶段，明确问题之后就开始收集整理材料，对问题做各种试探性解决，不断地提出新的假设、新的方案。各种新的假设和方案不断地被提出，又不断地被搁置或抛弃，在"左冲右突"中几乎陷于"山穷水尽"的境地。这一阶段就是不断尝试的阶段，是冥思苦想的阶段，也是创新最痛苦、最煎熬的阶段，但又是必要和必经的阶段，没有这一阶段的孕育就不会有后面新思想的产生和问题的解决。

3. 顿悟阶段

所谓顿悟，就是探索中的豁然开朗和醍醐灌顶。在经过前一阶段充分酝酿孕育之后，思维过程出现飞跃，超越以往知识和经验的新构想、新方案在头脑中涌现，使人突然感到茅塞顿开、豁然开朗，原先的"山穷水尽"一下变得"柳暗花明"。这一阶段是创新思维过程中最神秘，也是最具决定意义的阶段。它意味着人的思维对原有的认识实现了超越，人的思维发生了质变。

4. 验证阶段

验证是新思想、新方案确定的重要步骤。在顿悟阶段，人们头脑中闪现的只是新思想、新方案的火花，它仍然是不成熟、不完善的，仅仅依靠这种火花并不能构成解决问题的完整方案。因此，接下来的工作就是对产生的假设和构想进行逻辑上的论证、修改、加工、完善，使之成为成熟的完整的解决问题的方案。验证，可以在解决问题之前进行，也可以在解决问题的过程中进行。前者主要是一种逻辑上的论证，后者主要是实践上的检验。

第二节　传统创新思维方法

传统创新思维方法大约有几百种之多，常用的就有几十种，这些传统创新思维方法往往要求使用者具有较高的技巧、比较丰富的经验和较大的知识积累量，因此使用这些方法进行创新的效率普遍不高，特别是当遇到一些较难且复杂的问题时，仅仅依赖"灵机一动"很难解决问题。

创新思维方法是建立在认知规律基础上的创新心理、创新性思维方法的技巧和手段。有些方法如演绎法、归纳法是从人类长期创新实践过程中总结和提炼出来的，有系统的公理支持，形成了较完整的理论和方法。而大部分非逻辑思维方法正处于初生阶段，因此技术创新的突破首先需要思维方法的创新。古往今来，人们在创新实践中发明了许多创新思维的方法，尤其是 20 世纪以来，出现了"试错法""头脑风暴法""六顶思考帽法""检核表法"等诸多创新思维方法，并由此产生了一大批创新成果。这些方法都能与 TRIZ 理论恰当地融合，同时也为学习 TRIZ 理论提供很好的借鉴。下面对一些常见的创新思维方法做简要介绍。

一、试错法

试错法（Trial and Error Method）是指人们通过反复尝试运用各式各样的方法或理论，使错误（或不可行的方案）逐渐减少，最终能够正确解决问题的一种创新方法。这是一种随机寻找解决方案的方法。

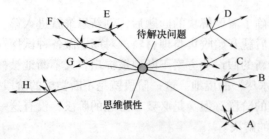

图 2-2　试错法示意图

千百年来，人们常用试错法来求解发明问题。当一个人尝试利用一种方法、物质、装置或工艺求解某一问题时，如果找不到问题的解决方案，就进行第二次尝试，如果还没找到解决问题的方法，则进行第三次尝试，以此类推，见图 2-2。这就是试错法解决问题的思路和过程。

当一个人用尽了所有常规方法后，就会尝试去猜想正确的解决方案。这样要经过一个漫长的寻找过程，也可能碰巧走对路子从而解决问题，但得到这种结果的概率很小。多数情况下，对所想到的可能方案均进行了尝试，但问题仍不能解决，就需要考虑和尝试其他可能的解决方案。有时可能因条件限制，尝试无法继续进行，只能精疲力竭地宣告终止。阿奇舒勒的学生尤里·萨拉马托夫对试错法作出这样的评价："人类在试错法中损失的时间和精力，远比在自然灾害中遭受的损失要惨重得多。"由此可见，用试错法解决问题具有一定的盲目性，所付出的代价（人力与财力）是巨大的（图 2-3）。

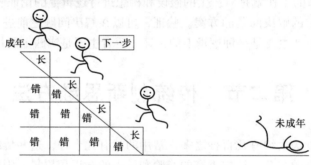

图 2-3　在试错中成长

1. 试错法的运用

试错法即猜测-反驳法。它的运用分两步进行，即猜测和反驳。猜测是试错法的第一步，没有猜测，就不会发现错误，也就不会有反驳和更正。大脑中的知识储存并不是原封不动地被吸引、利用，而只能是有选择地、批判地吸引、利用。这就需要猜测、怀疑，对已往知识进行修正，修正过的知识方可融进新的认识、理论之中。猜测离不开直觉和想象，猜测同创造性思维紧密相联，可归入创造性思维之列。但猜测不是胡乱地想象，随意地编造。除了要尊重已有的事实外，猜测还需要满足独立的检验性要求，人们提出的新设想除了可以解释预定要解释的东西之外，它还必须具有一些可以接受检验的新推论。

反驳是试错法的第二步。没有反驳，猜测就是一厢情愿，且可能错误重重地设想。反驳就是批判，就是在初步结论中寻找问题，发现错误，通过检验确定错误，最后排除错误的思维过程。排除错误是试错法的目的，也是它的本质。反驳就是一种"从错误中学习"的方法。没有试错，人类就无法前进，科学也无法发展。生活中的每项方针、政策都是在吸取以前经验的基础上制定的，科学的重大进展都是在发现错误、排除错误，再错误、再排除的无限交替中实现的。如"六六六"药粉，就得名于它是在经历了 666 次试验之后才获成功这一事实。

试错法就是猜测与反驳的结合。这种方法同假设-演绎法有相同之处，也有不同之处。假说方法是先根据事实，确立一个假说，然后寻求证据，支持它、证实它。与之相反，试错法是对已有认识的试错，它不是找正面论据，而是寻求推翻它、驳倒它的例子，并排除这些反例，从而使认识更加精确、科学。所以，这两种方法在方向上是对立的，但在动机和目的上是相同的，就是证实某一理论并赋予它更多的科学性。如果说假说方法是正面的，那么试错法就是反面的。这两种方法的交叉使用，有助于增大我们成功的可能性。

【例2-1】　查尔斯·固特异（Charles Goodyear）发明硫化橡胶

查尔斯·固特异（Charles Goodyear）发明硫化橡胶的故事就是试错法的典型案例。有一天，他买了一个橡胶救生圈，决定改进救生圈充气阀门。但当他带着改造后的阀门来到生产救生圈的公司时，被告知如果他想成功的话，就应该去寻找改善橡胶性能的方法。当时橡胶仅用作布料浸染剂，如用在了当时非常流行的查尔斯·马金托什发明的防水雨衣（1823年的专利）上。生橡胶存在很多问题:它会从布料上整片脱落，完全用生橡胶制成的物品会在太阳下熔化，在寒冷的天气里会失去弹性等。查尔斯·固特异对改善橡胶的性能着了迷，毫无头绪地开始了自己的实验，身边所有的东西，如盐、辣椒、糖、沙子、蓖麻油甚至菜汤，都一一掺进干橡胶里去做试验。他固执地认为，只要这样干下去，早晚能把世界上的东西都尝试一遍，最终肯定能碰到成功的组合。查尔斯·固特异因此负债累累，全家只能靠土豆和野菜勉强度日。据说，当时如果有人来打听如何才能找到查尔斯·固特异，小城的居民都会这样回答:"如果你看到一个人，他穿着橡胶大衣、橡胶皮鞋，戴着橡胶圆筒礼帽，口袋里装着一个没有一分钱的橡胶钱包，那么毫无疑问，这个人就是查尔斯·固特异。"人们都认为他是个疯子，但他倔强地继续着自己的探索。直到有一天，当用酸性蒸汽加工橡胶时，他发现橡胶的性能得到了很大的改善，他第一次获得了成功。此后他又做了多次"无谓"的尝试，最终发现了使橡胶完全硬化的第二个条件，即加热。1839年发明了橡胶，但直到1841年，查尔斯·固特异才选配出获取橡胶的最佳方案。

查尔斯·固特异的一生只解决了一个难题，对他而言，要获得"发明的技巧"，他一生的时间是远远不够的。实际上，他又是非常幸运的，大多数研究工作者在解决类似的难题时，往往用了一生的时间也没有获得任何结果。

【例2-2】　爱迪生发明电灯

爱迪生（Edison）是位举世闻名的美国电学家和发明家，他除了在留声机、电灯、电话、电报、电影等方面有许多的发明和贡献以外，在矿业、建筑业、化工等领域也有不少著名的创造和真知灼见。相信每个人都知道爱迪生的那句名言，"天才就是百分之一的灵感加上百分之九十九的汗水。"爱迪生不仅有聪慧过人的头脑，更有不懈努力的精神，因此，他取得了巨大的成功。据记载，在发明电灯时，他和他的助手们历经13个月，用过的灯丝材料有1600多种金属材料和6000多种非金属材料，试验了7000多次，最终找到了有实用价值的灯丝材料，为人类带来了光明。爱迪生的发明，为人类的文明和进步做出了巨大的贡献。爱迪生勇于试验、不畏失败的探索精神和执着的研究态度，令人敬佩和叹服，值得大家学习。爱迪生发明电灯所采用的方法就是试错法。

今天，我们在敬佩和学习爱迪生那种勇于实践和探索精神的同时，也应该对他采用的那套古老的试错法加以重新审视。这种方法确实效率比较低，资源浪费大，费时费力。因此，在我们获得了新的创新方法之后，应该尽量少用或不用传统的试错法。

2. 试错法的成效

试错法的成效非常显著，电动机、发电机、电灯、变压器、山地掘进机、离心泵、内燃机、钻井设备、转化器、炼钢平炉、钢筋混凝土、汽车、地铁、飞机、电报、电话、收音机、电影、照相等的发明都是由试错法带来的。虽然试错法效率很低，但是这种方法仍然没有失去其担当解决重大难题的重任。试错法是一条漫长的路，需要做出大量的牺牲，且在试错过程中会浪费宝贵的资源。当尝试 10 种、20 种方案时，这种方法非常有效，但在解决复杂问题时，则会浪费大量的精力和时间。随着科学技术的快速发展，这种高成本的试错法越来越难以满足大众的需要。

二、头脑风暴法

　　头脑风暴法（Brain Storming，BS）也称为智力激励法、自由思考法或诸葛亮会议法。头脑风暴法的发明者是美国的奥斯本，BBDO 广告公司的创始人。奥斯本在 1939 年首次提出头脑风暴法，并在 1953 年出版的《应用想象》一书中正式以规范性文稿的形式陈述了这种激发创造性思维的方法。从形式上看，头脑风暴法是将少数人召集在一起，以会议的形式，对于某一问题进行自由的思考和联想，同时提出各自的设想和提案。头脑风暴法是一种发挥集体创造精神的有效方法，与会者可以在没有任何约束的情况下发表个人的想法，提出自己的创意。参与的人甚至可以提出看起来异想天开的想法。

　　实施头脑风暴法要组织小型会议（图 2-4）。这种会议之所以会导致大量新创意的诞生，主要有以下四点原因：一是在轻松、融洽的气氛中，每个人都能敞开想象，自由联想，各抒己见；二是能够达到互相激励、互相启发的效果，每个人的创意都会引起他人的联想，引起连锁反应，形成有利于解决问题的多种创意；三是在会议讨论时更能激发人的热情，激活思维，开阔思路，有利于突破思维定式和旧观念的束缚；四是竞争意识的使然，争强好胜的天性，会使与会者积极开动脑筋，发表独到见解和新奇观念。

图 2-4　头脑风暴的召开

　　在使用头脑风暴法解决问题时，为了减少群体内的社交抑制因素，激励新想法的产生，提高群体的创造力，必须遵守以下四项基本规则：一是暂缓评价。必须强调的是，在实施头脑风暴法时，应将评论"束之高阁"。在头脑风暴会议上，会议主持人和会议参与者对各种意见、方案的正确与否，不得当场做出评价，更不能当场提出批评或指责。参与者着重于对想法进行丰富和拓展。这种"评价后置"的"延迟评判"策略，有利于营造创新思维的氛围，有助于参与者提出更多的想法。二是鼓励提出独特的想法。与会者在轻松的氛围下，就像家人聊天一样，各抒己见，避免人云亦云、随波逐流、思维僵化，有利于提出独特的见解，甚至是异想天开的、荒唐的想法。这样便可能开启新的思维方式，提供比常规想法更好的解决方案。若要产生独特的想法，可以反过来看问题，也可以换一个角度考虑问题，甚至可以撇开假设等。三是追求独特的想法的数量。如果追求方案的质量，容易将时间和精力集中在对该方案的完善和补充上，从而影响其他方案的提出和思路的开拓，也不利于调动所有成员的积极性。因此，头脑风暴法强调所有的活动应以在给定的时间内获得尽可能多的方案为原则。为此，与会者应尽可能地解放思想，无拘无束地、独立地思考问题，并希望每个与会者都畅所欲言，而不必顾虑自己的想法或说法是否离经叛道或荒唐可笑。四是重视对想法的组合和改进。大家在讨论时，每个人都可以对他人好的想法进行组合、取长补短，不断改进，以形成一个更好的想法，从而达到"1+1>2"的效果。与单纯提出新想法相比，对众人的想法进行组合和改进可以产生出更好、更完整的想法。所以，头脑风暴法能更好地体现集体智慧。

头脑风暴法的实施可分为会前准备、会议过程和创意评价三个阶段。具体头脑风暴法步骤及要求见表2-1。

表2-1　头脑风暴法步骤及要求

阶段	步骤与要求	说明
准备工作	1.确定讨论主题。讨论主题应尽可能具体，最好是实际工作中遇到的亟待解决的问题，目的是进行有效的联想和激发创意 2.如果可能，应提前对提出初始问题的个人、集体或部门进行访谈调研，了解解决该问题的限制条件、制约因素、阻力与障碍以及任务最终目标分别是什么 3.确定参加会议人选，并将这些问题写成问题分析材料，在召开头脑风暴会议之前的几天内，连同会议程序及注意事项一起，发给各位与会人员 4.举行热身会。在正式进行头脑风暴会议前，召开一个预备会议。这是因为在多数情况下，小组成员缺乏参加头脑风暴会议的经验，同时，要他们做到遵守"延迟评价"原则也比较困难	所确定的讨论主题的涉及面不宜太宽。主持人将讨论主题告诉会议参加者，并附加必要的说明，使参加者能够收集确切的资料，并按正确的方向思考问题 在热身会上，要向与会人员说明"头脑风暴法"的基本规则，解释创意激发方法的基本技术，并对成员所做的任何有助于发挥创造力的尝试都予以肯定和鼓励，从而让参与者形成一种思维习惯来适应头脑风暴法，并尽快适应头脑风暴法的气氛
头脑风暴会议	1.由会议主持人重新叙述议题，要求小组人员讲出与该问题有关的创意或思路，与会者想发言的先举手，由主持人指名开始发表设想，发言力求简单扼要，一句话的设想也可以，注意不要做任何评价。发言者一开始要首先提出由自己事先准备好的设想，然后再提出受别人的启发而得出的思路。从这一阶段开始，就存在着"头脑风暴"的创造性思维方法 2.若是头脑风暴法进行到了山穷水尽的地步，主持人必须使讨论发言再继续一段时间。务必使每个人尽力想出妙计，因为奇思妙计往往在挖空心思的压力下产生。主持人在遇到会议陷入停滞时，可采取其他创意激发方法 3.创意收集阶段实质上是与创意激发和生成阶段同时进行的。执行记录任务的是组员，也可以是其他组织成员。可以根据提出设想的速度，考虑应配备记录员的数目。每一个设想必须以数字注明顺序，以便查找。必要时可以用录音机辅助记录，但不可以取代笔录。记录下来的创意是进行综合和改善所需要的素材，所以应该放在全体参加者都能看到的地方	在小组人员提出设想的时候，主持人必须善于运用激发创意的方法。语言要妙趣横生，气氛要轻松融洽。同时主持人还要保证使参与者坚守头脑风暴法的基本规则，即任何发言者都不能否定和批评别人的意见，只能对别人的设想进行补充、完善和发挥。一次会议创意发表不完的，可以再次召开会议，直至将各种创意充分发表出来为止 主持人必须充分掌握时间，如果时间过短，那么设想就会太少，如果时间过长，那么就容易疲劳。最好的设想往往是在会议快要结束时提出的。可以从已确定的会议结束时间再延长5min，因为在这段时间里人们容易提出最好的设想
创意评价	先确定创意的评价和选取的标准，比较通用的标准有可行性、效用性、经济性、大众性等。在风暴会议之后，要对创意进行评价和选择，以便针对要解决的问题，找到最佳解决办法	对设想的评价不要在进行头脑风暴法的同一天进行，最好过几天再进行

实施头脑风暴法，要注意其使用技巧：一是要明确讨论的问题，问题设置不当，头脑风暴会议便难以获得成功；二是在讨论中"停停走走"，即3min提出设想，然后5min进行考

虑，接着再用 3min 的时间提出设想……这样 3min 与 5min 反复交替，形成有行有停的节奏；三是"一个接一个"（Round-Robin），与会者根据座位的顺序一个接一个提出观点，如果轮到的人没有新构想就跳到下一个人，直至会议结束。

1. "635 法"

"635"法又称默写式头脑风暴法。德国人喜欢沉思，但因少数人争着发言易造成点子遗漏，针对于此，鲁尔巴赫提出了"635"法，这是对奥斯本"头脑风暴法"的进一步完善和改进。

头脑风暴法虽规定严禁评判，自由奔放地提出设想，但有的人在众人面前不想表达自己的观点，有的人则不善于口述，也有的人见别人已发表与自己的设想相同的意见就不发言了。"635"法可弥补这种缺点。其具体做法是：每次会议 6 人参加，坐成一圈，要求每人 5min 内在各自的卡片上写出 3 个设想（故名"635"法），然后由左向右传递给相邻的人。每个人接到卡片后，在第二个 5min 内再写 3 个设想，然后再传递出去。如此传递 6 次，半小时即可进行完毕，以此计算，可产生 108 个设想。整理分类归纳这 108 个设想，找出 2~3 个可行的先进的解题方案。

2. "六顶帽法"

"六顶帽法"是英国学者爱德华·德·博诺（Edward de Bono）博士开发的一种思维训练模式，是指使用六种不同颜色的帽子代表六种不同的思维模式。任何人都有能力使用这六种基本思维模式：白色帽代表中立而客观，戴上白色帽，人们思考角度主要关注客观的事实和数据；绿色帽代表勃勃生机，寓意创造力和想象力，人们思考角度应多注意创造性思考等；黄色帽代表价值与肯定，戴上黄色思考帽，人们从正面考虑问题，表达乐观的、满怀希望的、建设性的观点；黑色帽主要代表否定，人们可通过自己的否定、怀疑、质疑，合乎逻辑地进行批判，尽情发表负面的意见，找出逻辑上的错误；红色帽表示直抒感情，人们可以表达直觉、感受、预感等方面的看法；蓝色帽负责控制和调节思维过程，负责控制各种思考帽的使用顺序，规划和管理整个思考过程，并负责做出结论。

运用六顶思考帽模式，团队成员不再局限于某一单一思维模式，思考帽代表的是角色分类，是一种思考要求，而不是代表扮演者本人。"六顶帽法"代表的六种思维角色，几乎涵盖了思维的整个过程，既可以有效地支持个人的行为，也可以支持团体讨论中的互相激发。

三、奥斯本检核法

检核法是根据需要研究对象的特点列出有关问题，形成检核表，然后一个一个地核对讨论，从而发掘出解决问题的大量设想。它引导人们根据检核项目的一条条思路求解问题，以力求比较周密地思考。

奥斯本检核法是一种产生创意的方法。在众多的创造技法中，这种方法是一种效果比较理想的技法。因其效果突出，被誉为创造之母。人们运用这种方法，产生了很多杰出的创意，以及大量的发明创造。奥斯本检核法是对照 9 个方面的问题进行思考，以便启迪思路，开拓思维想象的空间，促进人们产生新设想、新方案。9 个大问题主要包括：能否他用、能否借用、能否改变、能否扩大、能否缩小、能否替代、能否调整、能否颠倒、能否组合。表 2-2 为奥斯本检核法的检核表。

表 2-2 奥斯本检核法的检核表

检核项目	含义
能否他用	现有的事物有无其他用途，保持不变能否扩大用途；稍加改变有无其他用途
能否借用	能否引入其他创造性设想；能否模仿别的东西；能否从其他领域、产品、方案中引入新的元素、材料、造型、原理、工艺、思路等
能否改变	现有事物能否做些改变，如颜色、声音、味道、式样、花色、音响、品种、意义、制造方法；改变后效果如何
能否扩大	现有事物可否扩大适用范围；能否增加使用功能；能否添加零部件；能否延长它的使用寿命，增加长度、厚度、强度、频率、速度、数量、价值等
能否缩小	现有事物能否体积变小、长度变短、重量变轻、厚度变薄以及拆分或省略某些部分（简单化），能否浓缩化、省力化、方便化、短路化
能否替代	现有事物能否用其他材料、元件、结构、力、设备、方法、符号、声音等代替
能否调整	现有事物能否变换排列顺序、位置、时间、速度、计划、型号；内部元件可否交换
能否颠倒	现有的事物能否从里外、上下、左右、前后、横竖、主次、正负、因果等相反的角度颠倒过来用
能否组合	能否进行原理组合、材料组合、部件组合、形状组合、功能组合、目的组合等

1. 能否他用

现有的发明有无其他用途，包括稍做改革可以扩大的用途。如：

（1）灯泡等　灯泡除了照明外，也可用于烤箱；雨伞除了防雨外，也可用作装饰伞、广告伞和饭菜罩等；电熨斗改造一下可用于烙饼；曲别针可剔牙；旧报纸可以当坐垫等。激光技术发明之后，应用扩展遍及各个领域，如在测量、通信、特种加工、全息印刷、激光音响、激光武器、激光手术、激光麻醉等领域都有不寻常的应用。

（2）橡胶　橡胶在很长一段时间内只被用于擦掉铅笔写的错字和当作皮球玩具。随着种植技术的发展，人们发现橡胶有很好的弹性、绝缘性、强伸性和较好的防水性、气密性，于是橡胶便作为工业原料，大量用于制造油漆、肥皂、醇酸树脂、飞机汽车轮胎、家具、纸浆、纤维板、胶合板以及床垫、皮筏、雨衣、玩具等，也可用于铺设人行道、防水层等。

2. 能否借用

能否借用是指能否引入其他的创造性设想；能否模仿；能否从其他领域、产品、方案中引入新的元素、材料、造型、原理、工艺、思路等。如：

（1）移花接木，借月生辉　泌尿科医生引入微爆破技术，消除肾结石，免去患者开膛破肚的手术之苦；山西一位建筑工人借用能够烧穿钢板的电弧给水泥板打洞，既快又好，也没有震耳的噪声；台灯引入无级调光功能成为调光台灯；电脑技术引入日常管理中，如夜间安全、资料管理等。

（2）借用紫外线黑光的魔法　第二次世界大战中，指挥官 R·莫特的主要任务是在每次飞行后检查并指挥飞机在甲板上降落。然而，在黑夜里，飞机难以看清航标信号，不易降落在甲板上，如果加强照明，则军舰有暴露给敌人的危险。这时，他想到了在纽约万国博览会上看到的"紫外线黑光的魔法"，由此受到启发，于是指令所有甲板上的指挥官都穿上带有一种发光物质信号装置的制服。驾驶员借助于紫外线便可看清信号装置，顺利降落，而敌人却什么也看不见。

（3）建议的借用　美国有个商人初入旅馆业时，对经营一窍不通，每月亏损 1.5 万美元。他突然想到，员工们未必知道我对旅馆业是外行，便以旅馆业专家的身份，每隔 15min 请一位部门主管与之面谈：很抱歉，我们无法与你继续合作下去了，公司无法雇用一位失去竞争能力的员工，若是你能正确地找出公司以前所犯的错误及更正的方法，说明你知道如何做好你的工作，我们就愿意与你继续合作。一连几天的面谈，建议堆积如山，目的都是促进旅馆的运营。他并没有分析和研究这些建议，却将这些建议全部付诸行动。奇迹出现了，旅馆逐渐扭亏为盈。

（4）借力　有两个伤残人，一跛一盲，两人同住一屋。一天屋内突然失火，转眼间火势甚猛，两人危在旦夕。盲人欲逃，无奈看不见路，跛子欲出，无奈脚不能行。忽然，盲人急中生智，背起跛子就跑，冲出了大火的包围。

当某物的缺点移用到别物时，有可能成为别物的优势。盖伯在研究如何改善电子显微镜成像问题时，运用互为补偿创新法进行设想，他的出发点是两步成像：第一步，用不佳的成像系统得到一个失真的图像；第二步，让失真的图像第二次通过那个不佳成像系统，然后将倒转的图像再倒过来，两次通过"失真黑箱"的方法，最终得到一个质量较好的图像。

（5）物的借用　我国是个森林资源贫乏、能源短缺的国家，适合制作木门窗的红、白松木正日益减少且再生缓慢。铝合金门窗、钢窗使用大量的金属资源，易锈蚀，维护费用高，生产能耗更高。后来人们在型材的空腔中再加入钢材，就变成了"塑钢门窗"，增加门窗的硬度，传热系数仅为钢材的 1/357，铝材的 1/250。使用塑钢门窗的房间比使用木窗的房间，冬季室温可提高 4~5℃，且这种门窗不自燃、不助燃、抗老化。

3. 能否改变

是指现有事物的结构、形状、式样、颜色、声音、味道、花色、音响、品种、制造方法等能否做些改变。如：

（1）结构变化　洗衣机结构从单桶到双桶再到套桶；洗衣机的开门方式有前开、顶开等，如今又有了顶开式滚动洗衣机。海尔全瀑布双桶洗衣机将迷你洗衣机与滚筒洗衣机结合，于是就有了子母式洗衣机。"母桶"采用立体喷射水流，"子桶"采用垂直水流。人们可以将不同的衣物分开洗，大量衣物同时洗，小件衣物即时洗。

（2）形状、式样变化　1898 年，H·延康把 1500 年前后德文希发明的平滑圆柱体的滚柱轴承，在圆柱体形状上稍加改进，设计出了新型的锥滚轴承，提高了效率。河南的小朋友王岩看到一般漏斗下端都是圆形的，在往圆形的瓶口里灌装液体时，因瓶内空气的阻碍，液体不易流下。于是他把漏斗下端改成方形，插入瓶口时便留出间隙，让瓶内的空气在灌液时能顺利溢出，灌液就很流畅了。

（3）颜色变化　汽车车身色彩变化使汽车增加了诱惑力，从而使汽车的销售量增加；粉红色灯泡的研制成功使灯泡市场的销售量剧增；彩色电话机的出现使电话行业的销售量起死回生；棉花是白色的，现已培育出了有色棉花；染发技术的提高，人的头发变得更加五彩斑斓。

（4）声音变化　某些产品安装播放装置，也在一定程度上可以提高产品的销量。如播放不同频率的音乐可以提高人的学习效率，使奶牛多产奶、西红柿多产果。美国有一种电烘衣箱可以自动演奏美国著名歌曲《我多么干渴》，从而成为紧俏货。

（5）味道变化　面包店常常给面包包裹上一层充满芳香的包装，刺激消费者的感官，从而提高销售量。日本最大的化妆品公司资生堂经过 10 年的研究，提出一门大有前途的全新科学——芳香学，认为香味对人体生理有积极影响。研究证明，薰衣草和玫瑰花有镇静作用，柠檬能振奋精神，茉莉花能消除疲劳，薄荷能减少睡意。研究人员对计算机操作人员的研究表明，茉莉花香可使他们的键盘操作差错减少 30%，柠檬味可减少差错 50%。据此，香味电话、香味闹钟、香味领带或袜子、香味卫生纸、香味信纸等产品应运而生。为了提高瓜子销量，现在市场上有酱油瓜子、奶油瓜子，还有辣味、怪味、混合味瓜子。研究人员甚至还创造了香味管理法——在不同时间通过空调散布不同香味，以便提高人们的工作效率。

（6）制造方法变化　近年来洗衣机洗涤方式有了全新的变化。如海尔全瀑布洗衣机采用立体洗涤，能有效地溶解洗衣粉、清除污渍，提高洗净比 30% 以上。"神龙"洗衣机采用的是仿生模拟手搓洗涤方式，在其内桶中央有一搓洗棒，可作 300° 以内的往复摆动，形成上下翻转的水流，领口、袖口处也可洗得干干净净。美国一公司开发了电磁洗衣机，利用高频电磁微振，去污力特别强，且比一般洗衣机节电 75%，节水 50%。韩国大宇公司研制出了气泡洗衣机，利用空气泵产生气泡，气泡破裂产生的能量可提高洗涤效果 55%，且对衣服磨损减少。意大利研制了喷雾洗衣机，利用喷雾清洗衣物。俄罗斯开发了冷沸腾洗衣机，在几秒钟内将洗涤桶上部的空气抽走形成负压，使水呈沸腾状态，衣服在泡沫旋涡中反复搅动 2min 就可洗净，不用任何洗涤剂，无震动、无噪声、无污染、不伤衣物。

4. 能否扩大

"能否扩大"是指现有事物可否扩大适用范围；能否增加使用功能；能否添加其他部件；能否延长它的使用寿命，增加长度、宽度、厚度、强度、频率、速度、数量、价值等。

（1）附加功能　人们把一层透明的薄片或其他薄片挤压在两层玻璃中间，可以制成一种防震、防碎或防弹的安全玻璃；在牙膏中掺入某种药物，可制成防酸、脱敏、止血、抗龋齿等的治疗保健牙膏，牙膏便有了治疗口腔疾病的功效；水泥中加入钢筋可使其既承压又抗拉，加入气泡可减轻其重量，且隔音隔热，加入颜色使建筑物赏心悦目；美国一家公司用聚丙烯加固并经特殊处理后制成无缺陷水泥，其弹性提高 30 倍，抗冲击性提高 1000 倍，刚度高于铝，韧性与有机玻璃相当，且防水、抗酸、抗碱、耐寒、不开裂；煤气没有气味，一旦泄漏危害很大，"乙硫醇"臭气非常强烈；空气中只要有 5000 亿分之一就能闻到，所以在煤气中加入极微量的"乙硫醇"，就可有效地判断煤气是否泄漏。

（2）添加部件　圆珠笔杆上加上一个裁纸的刀或者小梳子，就成了多用笔。类似的还有两用光盘、干湿两用剃须刀、3 人象棋、多功能闹钟、多用途钢折椅、多用黑板等。录放机改进一下，其功能变成了重复放、跟读等，从而变成语言机。洗衣机从单缸到双缸，从半自动到全自动。

（3）强化技术　食品强化处理后，其营养价值得以提升。强化麦乳精就是对维生素 A、B、D 进行强化，使 100g 麦乳精的维生素 A 达到 1500 国际单位，维生素 B 达到 500 国际单位，维生素 D 达到 1000 国际单位，其含有丰富的蛋白质、脂肪和酶，营养价值更大。

（4）增加长度、宽度、厚度　雨伞要手来撑，特别是抱小孩的大人在雨天打伞很不方便，把帽檐扩大，就创造出"帽伞"。电灯改进了光线波长，世界上就有了紫外线灯、红外线灯、磺钨灯、霓虹灯。最初的轮胎比较狭窄，后来制造出了宽轮胎，甚至超宽轮胎，宽轮胎、超宽轮胎得到了广泛应用且效果良好。21 世纪初，西方钟表公司把闹钟做了改进，声音变成一声强一声弱，这就是双报鸣威斯敏斯特钟，之后又附加一个能唤醒睡眠者的闪光装置。如果这个温柔的光线未发挥作用，其内部的警铃就会启动，这种多功能的闹钟深受消费者欢迎。杯子增加一层变成双层杯子。瑞士钟表匠制造出世界上最大的手表（重 20t、直径 16m 多、表带长 142m），挂在法兰克福市银行的外墙上，既方便了市民，又成为了人们观光游览的重要景点。

（5）增加时间延长产品使用寿命　如织袜厂加固易磨损的袜头和袜跟，袜子更耐穿。有时增加时间，也能提高物品质量，如增加药物在体内生效的时间，生产出长效药。

5. 能否缩小

"能否缩小"是指现有事物能否体积变小、长度变短、重量变轻、厚度变薄以及拆分或省略某些部分（简单化）；能否浓缩化、省力化、方便化、短路化等。

（1）微型化　最初发明的收音机、电视机、电子计算机、收/录音机等体积都很庞大，结构也非常复杂，经过多次改革，最后都小型化、袖珍化了，结构也简单多了。日本索尼公司的微型盒式磁带录音机只有一张名片那么大，东芝公司的微型照相机仅 7cm，"卡西欧"微型电视机屏幕只有 5cm。瑞士人首先把挂钟缩小为怀表，又进一步缩小为手表。法国制造的小摩托车自重仅 2.5kg，速度可达 80km/h。折叠床、伞、扇、包、箱子，可以装在眼镜架上的袖珍收音机、笔记本大小的迷你复印机、迷你型电吹风、小型冰箱/洗衣机、便携式录音机、轻便轿车和笔记本电脑均受到消费者的欢迎。我国留美学生李文杰 1992 年发明了世界上最小的电池，只有红细胞的 1%，用于集成电路上可提高其功能 100 倍。上海一家公司制造出直径只有 200μm 的电动机，广泛用于医疗微创手术。

（2）浓缩化　浓缩果汁引起果料工业革命；缩短波长，可以制造出能有效杀菌的新型灭菌灯和微波炉；收录机缩一缩做成的"随身听"风靡全球。一般情况下，门锁安装在门两旁的锁扣片上需要拧上 3 个螺钉，我国少年于实明把锁扣片的两边向下弯成卷角，锁扣片中间只需拧一个螺钉就可以了，这样共可省去 4 个螺钉。

圆珠笔书写到一定程度，笔尖就开始漏油，纸面和手常常被搞得脏兮兮，非常难看。日本人中田藤三郎发现，圆珠笔漏油的主要原因是笔珠磨损变小。因此，他立马想到，要解决这个问题，必须采用坚硬、耐磨的材料做笔珠。但笔芯头部内侧与笔珠接触的部分因磨损变大，漏油问题仍未能得到解决。面对困境，中田藤三郎变换思路，发现当圆珠笔写到 2.5 万字左右时，笔珠就变小开始漏油。于是他又想，既是如此，何不减少笔芯容量，使它写到 2.5 万字左右时将笔油用完，问题不就解决了吗？于是，他很快解决了这一难题。

（3）拆分化　通过折叠、弯曲、盘卷、排放气体或液体、拆卸等方法，让产品在非使用状况下变小，如折叠床、缩骨伞、卷尺、伸缩钓鱼竿、充气筏或充气房子等。家禽分割为胸脯、大腿和翅膀来卖，既方便了顾客，同时也增加了销售量。有一种残疾人用的便携式轮椅，重 3kg，能在几分钟内拆开，装进直径 60cm、厚度 12cm 的套袋随身携带，甚至不影响上飞机。有种扣在手腕上的微型救生垫，当在水中遇险时，拉动引线，空气垫便自行弹出，几秒钟内自动充气，可浮起 135kg 的人。房子是不是一定要整栋销售？如一栋别墅，价值 36 万元，拥有 50 年产权，可不可以这样卖：36 万元的别墅分成 36 份，每份 1 万元，50 年内拥有该别墅 1/36 的产权以及每年 10 天的使用权。

（4）简单化　省略一些尽可能省去的部件、结构和使用手续，人们就可以得到一种新的产品。如不用内胎的自行车、省略换挡用油门调速的小汽车、傻瓜照相机、一次成像照相机、即冲即饮的咖啡等，都受到消费者的普遍欢迎。歌曲的录音带或录像带上只留下伴奏声，去掉歌声，就成了大家喜爱的卡拉 OK 带。眼镜的两块镜片减为一块，就创造出了安全眼镜。报刊文摘、海外文摘、资料卡片类杂志也因其内容包罗万象而拥有大量读者。

（5）方便化　食品冷冻可以保持新鲜；销售廉价商品满足市场需求；有奖销售为的是减少资金周转的时间；超市的产生是为了节省购物者时间；方便米饭、方便面、方便蔬菜、方便酒类、方便饮料、手机、无线电话都方便了人们的生活。美国的麦克唐纳快餐店，从来都是把为顾客提供便捷、周到的服务放在首位。有的商店服务员身兼数职：收银、开票和供应食品等。店主把所有的食物都事先盛放在纸盒或纸杯里，顾客只要排一次队，就能取到他们所需的全部食物。站在消费者的角度上考虑问题，为消费者化繁为简，才能赢得更多消费者的欢迎。

（6）短路化　长期以来，人类从木材中取燃料，中间损耗了不少热能，现在人们直接利用太阳光源，发明了太阳灶、太阳能热水器等，也可以利用太阳能直接发电。目前，人们正在研究用煤在地下直接气化，煤的利用效益会大大提升。在企业管理中，管理者可采用淘汰法，减去那些可有可无的环节，简化生产过程。日本丰田汽车厂严格实行"准时性"管理，前一道工序的产品正好是下道工序所需的量，减少了车间储存的管理环节，降低了成本。网络销售的兴起突破了进出口经营权的限制，进出口贸易更加直接便利。英国伦敦图书市场批发价格高于美国，英国消费者通过网络与美国图书公司进行交易，邮购一部畅销书比在英国买还要便宜。

（7）自动化　高度自动化是现代技术努力的目标，自动伞、自动洗衣机、自动红绿灯、自动报警器、自动炊具等都是自动化的产物。为了避免窗户进雨，人们利用纸条打湿后强度降低的特点，设计了一个自动关窗装置，当下雨家里无人时，窗户就会自动关闭。

6. 能否替代

"能否替代"是指现有事物能否用其他材料、元件、结构、力、设备、方法、符号、声音等代替；有无代用品。

（1）材料替代。"曹冲称象"是一个在民间广泛流传的故事，这个故事之所以发生是因为当时没有能称几千斤重的大象的秤，曹冲便用同样重量的石头代替大象。冰糕可以用充气的冰激凌代替，进而就出现了软雪糕。英国人发明了一种碳素纤维自行车，它不需要传统的三脚架，这种车子更加轻盈。英国选手克里斯·博德曼凭着这种碳素纤维自行车在全英自行车锦标赛上大出风头。广州首创塑料摩托车，荣获全国儿童用品优秀产品奖。1984 年，我国青年发明家唐锦生发明了世界上第一辆全塑汽车。2000 年，英国研制出了世界上第一辆全塑坦克。用纸代布生产的领带、内裤、卫生巾、枕巾、衬领和结婚礼服等一次性消费品，造型别致、色彩鲜艳且价格低廉，令旅游者大为赞赏。以塑代木、以铝代铜、以光纤代替电缆、用陶瓷代替金属将成为未来技术发展的一种大趋势。

（2）方法替代。古希腊阿基米德想证实王冠是否为纯金，便将王冠放入水中，测量出水位差，计算出王冠的体积，最后用已知的黄金密度去乘这个体积，就知道了王冠是否为纯金。面包发酵法，也可以用发泡法代替。许多异形金属零件的生产可用金属加工法代替，也可用更好的粉末冶金压制法代替。在机械中，人们常常用电动代替手动，用液压传动代替齿轮传动，用冲制代替铸制。

7. 能否调整

"能否调整"是指现有事物能否变换顺序、位置、时间、速度、计划、型号、内部元件等。

（1）重排位置　家具的变换可以与房间里的家用电器等更加协调。飞机诞生时，螺旋桨装在飞机头部，后来喷气式发动机装到顶部，就成为了直升机。汽车喇叭按钮原来安装在方向盘的轴心上，每次按喇叭都得把手移到轴心处，既不方便又不安全。后来有人将喇叭按钮改装在方向盘的下半个圆周上，只要在该区域任意处轻按就行，深受司机欢迎。汽车的发动机由安装在车头改为安装在车尾，这对旅游客车更为必要。传统的人形玩具都是固为一体的，拆散后即成废品。但变形金刚则由若干可动零件组成，通过人们的"剪辑"重组，便可时而金刚，时而汽车、飞机或恐龙，令儿童爱不释手。

（2）重排时间和布局   调整商场节假日的营业时间与柜台布局，可以提高销售额。过去我国用的鞋号是从国外来的，不合中国人的脚型。后来有鞋厂根据中国人的脚型，重新创造鞋号，造出的鞋子就更加适合中国人的脚型了。通过重新安排队员位置的方式，一支篮球队可获得上万种阵式，根据场上情况，教练可以随时调整球队战略战术。

1985 年初，上海某纺织厂按出口要求生产了 20 万条织缎西装手帕，投放国内市场，却销售不出去。万般无奈之下，他们对每件产品都按一定的装饰要求，折成手帕花，再印上吉利喜庆的图案，用印有"西装手帕"字样的透明塑料口袋包装。产品不仅没打折，还提价 20%，20 万条西装手帕不到一个月就全部销售一空。

8. 能否颠倒

"能否颠倒"是指现有的事物能否从里外、上下、左右、前后、横竖、主次、正负、因果等相反的角度颠倒过来用。

（1）里外颠倒   皮革里外反过来就成了翻毛制品。当今服装款式盛行内衣外穿；衣服的商标不再缝在衣服里面，而是"别出心裁"地翻出并缝制在衣服外面，便于被人看到，起到广告的作用。

（2）上下颠倒   一般冰箱都是上冷下"热"，即冷冻室在上，冷藏室在下。而万宝电器集团公司生产的 BCD-202W 双门无霜冰箱却恰好上下颠倒，即冷藏室在上，冷冻室在下。冷藏室在上层，既便于经常取用水果、饮料等（无须弯腰），又不受污染，又便于调节温度；冷冻室在下，冷气下沉使其负载温度回升时间比一般冰箱长近一倍，节约能源，减少耗电。

（3）主次颠倒   匠人把刀放在静止的磨刀石上反复运动磨出刀锋，也可以将刀靠近高速旋转的磨刀石磨出刀锋；机加工时车床夹具夹住机件高速旋转，用静止的车刀进行加工，特殊情况下机件静止，将车刀高速旋转进行加工；生活中，按照常理大家喜欢耐穿、耐用的衣服，但在特殊情况下也喜欢用廉价、卫生的一次性衣服进行替换；在商品展览中，一般是展览优质商品，但是用低廉的商品、劣质作品，往往会获得更佳效果。

（4）因果颠倒   在服务业中，如果老板不把自己视为老板，而是置身于顾客的位置，想象顾客的需求，就会发现一些改进管理的好方法。

很多人给自己找到这样的借口："人们不喜欢我，所以我才忧郁并易于烦躁。"假如这些人努力以热情和真诚的态度与人相处，关心爱护他人，其结果相反，人们就会喜欢他。

9. 能否组合

"能否组合"是指现有事物能否加以适当组合，或作原理组合、方案组合、材料组合、部件组合、形状组合、功能组合、目的组合等。

人们常常把某种新的科学技术同各种方法组合起来，如发现超声波技术后，人们就创造了超声波研磨法、超声波焊接法、超声波切割法、超声波理疗法、超声波洗涤法等。产品之间的组合更是层出不穷，如把电动机同各种机械、工具、玩具组合；把电子计算机同各种机械组合成一种自动机械；把各种类型的机床结合成一部组合机床；输液瓶外侧附加电子光控电路组合成为注射报警器；把收音机和录音机组合，把照相机和闪光灯组合等。

我们将两物的缺陷进行叠加，也会产生出一个很有特点的事物。光会产生影子，一盏灯会使一个物体产生一个影子。假如灯光从一个人的右边射来，那么他的左边就会出现一个影子。如果在他的左边再加一盏灯呢？如果两盏灯、三盏灯、多盏灯从多个角度同时照射，影子不就无处显身了？医院手术用的无影灯就这样诞生了。以手电筒为例，通过检核表法检核出新的创新思路，见表2-3。

表2-3　手电筒的创新思路

序号	检核项目	引出的发明
1	能否他用	其他用途：信号灯、装饰灯
2	能否借用	增加功能：加大反光罩，增加灯泡亮度
3	能否改变	改一改：改灯罩、改小电珠和用彩色电珠等
4	能否扩大	延长使用寿命：使用节电、降压开关
5	能否缩小	缩小体积：1号电池→2号电池→5号电池→7号电池→8号电池→纽扣电池
6	能否替代	代用：用发光二极管代替小电珠
7	能否调整	换型号：两节电池直排、横排，改变式样
8	能否颠倒	反过来想：不用干电池的手电筒，用磁电机发电
9	能否组合	与其他组合：带手电筒的收音机、带手电筒的钟等

四、和田十二法

和田十二法，又称"和田创新法则"（和田创新十二法），指人们在观察、认识一个事物时，考虑是否可以采用、检验的十二类创新技法。和田十二法是我国学者许立言、张福奎在奥斯本检核法基础上，借用其基本原理，加以创造而提出的一种思维技法。它既是对奥斯本检核法的一种继承，又是一种大胆的创新。这种思维技法从十二个方面给人以创造发明的启示。此法深入浅出、通俗易懂，如图2-5所示，其内容如下。

图2-5　和田十二法

1. "加一加"

在原来物品上添加些什么或把这件东西与其他什么东西组合在一起，会有什么结果？加高、加长、加宽会怎样？这里的"加一加"是为了发明创造而有意地"加一加"。如一美国商人用 0.2 美元从中国购回一种工艺草帽，添加一条花布帽带，再加压定型，结果在市场上十分畅销，价格也翻了数十倍。又如，航天飞机实际是火箭、飞机和宇宙飞船的组合。再如，机与电相组合的工业品和生活用品已屡见不鲜，如程控电话、电脑洗衣机、电子秤、电子照相机等。日本设计的超高大厦，"太空城市100"，占地 800 公顷，高1000m，可容纳 13 万人办公，施工期预计 14 年；"航空警察大楼"占地 1100 公顷，高2000m，可容纳 30 万人办公。

2. "减一减"

将原来物品减少、减短、减窄、减轻、减薄……设想能变成什么新东西？将原来的操作减慢、减时、减次、减顺序……又会有什么效果？　人们用减一减的方法发明了许多新产品。如普通眼镜将镜片减薄、减小，再减去镜架，就变成了隐形眼镜。随着科技的发展，许多产品向着轻、薄、短、小的方向发展。日本夏普公司 1979 年生产的 8152 型电子计算器与 1964 年生产的 "CS-10A" 型电子计算机相比，重量为原来的 1/694，厚度为原来的 1/156，长度为原来的 1/47，体积为原来的 1/4400。该公司推出的壁挂式超薄电视机，画面对角线仅 24cm，厚仅为 3cm，重仅为 1.5kg。

3. "扩一扩"

将原来的物品放大、扩展，会有什么变化？　如两人合用一把伞，结果两人都淋湿了一个肩膀。"扩一扩"将伞面扩大，呈椭圆形，就变成了一把"情侣伞"，在市场上非常畅销。

4. "缩一缩"

把原来物品的体积缩小、缩短，变成新的东西。例如，伸进微型器械在腹腔内手术，就是"缩一缩"在医学上的成果，它只需要在病人腹部切开能插入一把钥匙的孔。生活中常见的微型相机、掌上电脑、微型液晶电视等都是"缩一缩"的产物。

5. "变一变"

改变原来事物的形状、尺寸、颜色、滋味、浓度、密度、顺序、场合、时间、对象、方式、音响等，产生新的物品。"变一变"小到服装款式、生活习惯，大到经营方式、产品更新、创造发明等万般事物无穷无尽的变化，为我们提供了广阔的发挥才能的舞台。

6. "联一联"

把某一事物和另一事物联系起来，看看能产生什么新事物。例如，西安太阳集团创始人从美国风靡世界的土豆片联想到用不同原料、调料和不同做法，相继开发出锅巴等各种小食品。又如，北京市海淀区青年张朝晖见到家用电器逐渐增多，插头插座有限，很不方便，产生了制作多插头的设想。他用一块长 400mm 的木板，中间钉上一条宽约 500mm、高 200mm 的长木条，以保障插头插入后接触良好，然后在两片钢片的一端接上电源线，装在一个合适的盒内，制作成了多头并联插座。再如，澳大利亚曾发生过这样一件事，在收获季节里，有人发现一片甘蔗田里的甘蔗产量提高了 50%。这是由于甘蔗栽种前一个月，有一些水泥洒落在这块田地里。科学家们分析后认为，水泥中的硅酸钙改良了土壤的酸性，使甘蔗增产。这种将结果与原因联系起来的分析方法经常能使我们发现一些新的现象与原理，从而引出发明。由于硅酸钙可以改良土壤的酸性，于是人们研制出了改良酸性土壤的"水泥肥料"。

7. "学一学"

有什么事物可以让自己模仿和学习呢？　学习模仿别的事物的原理、形状、结构、颜色、性能、规格、动作、方法等以求创新。

日本一些企业很善于学习别人的长处，加快自己的步伐，低投入，高产出。当索尼公司首先研制出"贝塔马克斯"牌录像机时，松下公司马上分析了这种录像机的优缺点，研制出了比"贝塔马克斯"更能适合用户的录像机，销售量也超过了索尼公司。原来，松下有个原则：不当先驱者，而做追随者。松下公司几乎没有投入大量资金去进行新技术开发，而只是默观他人之长，然后拿来为自己所用，取而代之，从而节省了人力、物力，收到事半功倍之效。可见，模仿学习有时能得到更新的技术，使其得以"越过"创新者，开发出更卓越的产品。

某日用化妆品厂，有职工 600 多人，常年有 120 多人搞推销，活跃在全国 24 个省（市），既推销产品，又收集信息。每月 8 日，销售人员返厂，开一次产品分析、市场信息研究会。返厂时，按规定每人买回一种适销对路的日用化妆品新产品和一种新包装作为样品，费用由厂里报销。谁提供的信息能给厂里带来效益，厂里就给予奖励。一次有人带回了一种新型的痱子粉包装，立即仿制、创新。从设计到投放市场，仅用 30 天时间。新颖的包装使产品销售更俏，5 个月就盈利 16 万元。

但要注意的是：这种"学一学"，不能侵犯他人的知识产权。"学一学"不是照搬，而是从现象中寻找规律性的东西，学习中有改进，学习中有创造与创新。

8. "改一改"

从现有的事物入手，发现该事物的不足之处，如不安全、不方便、不美观、不适用等，然后产生创新。

日本国民自行车工业公司，以弹性制造法代替批量生产。采用电脑设计出 199 种颜色、1000 种不同款式，可根据顾客不同需要进行设计。订单到后，从设计到生产，只用两个星期就能生产一辆独一无二的自行车。又如，宁波市标准二厂工人魏山发明的变形金刚式万能自行车，仅用一把扳手，不用任何附件，就可将一辆自行车变换出 168 种样式，如脚刹车、脚转向、前轮驱动、后轮驱动，可用于代步、康复、娱乐、载货、车技训练等。

目前，许多产品向多样化、微型化、效率化、简单化、省力化、实用化方向发展。"改"与"变"含义差不多，但"改一改"则带有被动性，常常是在事物缺点暴露出来后，才用消除缺点的方式来进行改进。"改一改"技巧的应用范围很广，比如原有的注射器改为一次性注射器，电话机由拨盘式改为键盘式，普通门锁改为 IC 门锁等。

9. "代一代"

这件东西有什么能够代替？用其他事物或方法代替现有的事物或方法，从而引导出创新的发明思路。爱迪生测量一个灯泡型玻璃瓶的容积时，将水注满这个瓶子，然后再倒入带刻度的量杯中直接读出。这里用的就是"方法替代"。产品中材料的"替代"是最常见的。如纸拖鞋、纸帽子、纸口罩等一次性产品，色彩鲜艳、造型别致、价格低廉、卫生，在国际市场上甚为走俏。

如美国哥伦比亚自行车公司，用环氧树脂做自行车架，重仅为 1.027kg。用这种车架装配的公路赛车，重量仅为 7.7~8.4kg，减轻了重量，节约了钢材。

又如，目前在军队中出现了专业伪装部队，它的任务就是运用科技进步的成果代替"障眼法"。一些国家的工程兵伪装部队 2h 便可构筑一个高炮阵地；一夜之间，可在空荡的旷野上造出"千军万马"之势，"汽车"列队，"火炮"昂首，"导弹"指天；开动迷彩作业车喷射涂料，车辆、兵器顷刻变成与地面一样的颜色，与周围环境浑然一体。为阵地覆盖新材料制作伪装成果，在滔滔长江上，用新研制的装备器材，仅用 5h 就架起一座浮桥。

10. "移一移"

把原有事物、设想、技术移植到别处，会产生什么新的事物、设想和技术？"移一移"往往是某项发明创造推广应用的基本方法。如激光技术已经"移植"到了人们生活的各个领域：激光切削、激光磁盘、激光唱片、激光测量、激光手术等。又如，原本用来照明的电灯，经"移一移"后就有了紫外线灭菌灯、红外线加热灯、信号灯等。

11. "反一反"

将原有事物的形态、性质、功能以及正反、里外、前后、左右、上下、纵横等加以颠倒，从而产生新的事物。例如，人们知道气体和液体受热后要膨胀，受冷后要收缩。伽利略把它反过来思考，即胀—热，缩—冷，从而发明了温度计。

12."定一定"

这是指对新的产品或事物定出新的标准、型号、顺序，或者为改进某种东西以及提高工作效率和防止不良后果做出的一些新规定，从而导致创新。"定一定"技法适合小创造、小发明。如把"可使用"的标签做成"定时"褪色的字样，把它粘贴在需要时间限制的食品罐上。当消费者在购物时看到"可使用"特种标签的字样已褪色，也就知道此物品已过期，不能再买了。许多企业、老字号或单位，也用"定一定"的办法总结自己独特的经营特色或服务风格，或对追求目标"定位"，并坚持发扬光大，都取得了骄人的业绩。

五、"5W1H" 法

"5W1H"法也称六何分析法，是一种创新方法，是对选定的项目、工序或操作，从目的（Why）、对象（What）、场所（Where）、时间（When）、人员（Who）、方式（How）等六个维度提出问题进行思考。1932 年，美国政治学家拉斯维尔提出"5W 分析法"，后经过人们的不断运用和总结，逐步形成了一套成熟的"5W1H"模式，具体见表 2-4。

表 2-4 "5W1H"法

维度	解释	实例
对象 （What）	发生什么事	现场遇到的问题，问题详细描述，能够提供的现场参数及数据
目的 （Why）	需要达到什么目的	问题的紧急程度，客户要达到什么效果
场所 （Where）	什么地方、部门或环节	是哪个单位，什么部门，什么职位，谁提出这个问题，整个流程中起到什么作用
时间 （When）	什么时候发生，什么时候要求解决	
人员 （Who）	相关人员名字、联系方式	
方式 （How）	需要谁，如何处理或如何配合	提出解决方案或建议方案，公司或具体谁来配合

1."5W1H"法内容

对象（What）——什么事情。公司生产什么产品？车间生产什么零配件？为什么要生产这个产品？能不能生产别的？我到底应该生产什么？例如：如果现在这个产品不挣钱，换个利润高点的好不好？

场所（Where）——什么地点。生产是在哪里干的？为什么偏偏要在这个地方干？换个地方行不行？到底应该在什么地方干？这是选择工作场所应该考虑的。

时间（When）——什么时候。现在这个工序或者零部件是在什么时候干的？为什么要在这个时候干？能不能在其他时候干？把后工序提到前面行不行？到底应该在什么时间干？

人员（Who）——责任人。现在这个事情是谁在干？为什么要让他干？如果他既不负责任，脾气又很大，是不是可以换个人？有时候换一个人，整个生产就有起色了。

目的（Why）——原因。为什么采用这个技术参数？为什么不能有震动？为什么不能使用？为什么变成红色？为什么要做成这个形状？为什么采用机器代替人力？为什么非做不可？

方式（How）——如何。手段也就是工艺方法，我们现在是怎样干的？为什么用这种方法来干？有没有别的方法可以干？到底应该怎么干？有时候方法一改，全局就会改变。

2. "5W1H" 核心点

"5W1H" 就是对工作进行科学的分析，对某一工作在调查研究的基础上，就其工作内容（What）、责任者（Who）、工作岗位（Where）、工作时间（When）、怎样操作（How）以及为何这样做（Why），进行书面描述，并按此描述进行操作，达到完成任务的目标。

3. "5W1H" 法分析的四种技巧

取消：看能不能排除某道工序，如果可以就取消这道工序。

合并：看能不能把几道工序合并，尤其在流水线生产上合并的技巧能立竿见影地改善并提高效率。

改变：改变一下顺序，改变一下工艺就能提高效率。

简化：将复杂的工艺变得简单一点，也能提高效率。

无论对何种工作、工序、动作、布局、时间、地点等，都可以运用取消、合并、改变和简化四种技巧进行分析，形成一个新的人、物、场所结合的新概念和新方法。

第三节　TRIZ 技术创新思维方法

TRIZ 创新思维方法综合运用各种创新方法，以技术系统进化法则为基础，以理想化为最终目标，促进和谐完美的发明创造，它属于创新思维较高层次的思维方法，已上升到 TRIZ 创新思维方法和工具。阿奇舒勒构建了最终理想解、STC 算子、金鱼法、九屏幕图和小人法五种创新思维方法。

一、最终理想解（IFR）

为了更好地理解最终理想解的概念，我们先介绍一些相关概念。

1. 理想化

理想化是对客观世界中所存在物体的一种抽象，是真实物体存在的一种极限状态。可理解为不考虑任何干扰因素，一切按照最完美的状态发展，但无法实现的一种状态。理想化不仅是对产品的理想化，也是对创造人类更合理、更有效的生存方式的理想化。事实上，这种把所研究的对象理想化的方法也是在研究自然科学时常用的基本方法之一。理想化的物体是真实物体存在的一种极限状态，对某些研究起着重要作用，如物理学中的理想气体、理想液体，几何学中的点与线等。

科学历史上，很多科学家正是通过理想化获得划时代科学发现的，牛顿在思索万有引力问题时设计了一个著名的理想实验——抛物体运动实验。一块石头投出，因自身重力，被迫离开直线路径，如果单有初始投掷，理应按直线运动，但其却在空中描出了曲线，最终落在地面上。投掷的速度越大，它落地前走得越远。于是，我们可以假设将速度增到一定程度，在落地前描出 1km、2km、5km、100km、1000km 长的弧线，直到最后超出了地球的限度，进入空间永不触及地球。这个实验在当时的物质条件下，无论如何是不能实现的。牛顿在真实的抛体运动的基础上，发挥思维的力量，把抛物体的速度推到地球引力范围之外。爱因斯坦是 20 世纪卓越的理想实验大师，其狭义相对论源于追光理想实验。他创建广义相对论的突破口为等效原理，亦源于理想实验。

卢瑟福的原子核式模型是科学史上最著名的理想模型之一。1907 年，为了验证导师的原子模型，卢瑟福建议研究生观察镭发射出的高速 α 粒子穿过薄金属箔片后的偏转情况，结果出人意料。卢瑟福以 α 粒子实验为事实根据，发挥思维的力量，建立起类似太阳系结构的原子核式模型，开创了核能时代。

在 TRIZ 中，理想化是一种强有力的工具，在创新过程中起着重要作用。TRIZ 中的理想化含义包括：在解决问题之初，先抛开各种客观限制条件，以取得最终理想结果作为终极追求目标；针对问题情境，设立各种理想模型，即最优的模型结构分析问题。

2. 理想化的系统或产品

在 TRIZ 理论中，一个理想化的系统或产品可定义为：一个可以执行其预期的功能但不存在的系统或产品。当系统或产品越理想化时，它花的成本也越少，也越简单、越有效率。理想化反映了一种如何将系统资源（无论是在子系统本身还是在大系统之中的免费资源，如重力、空气、热、磁场与光线等）最大化利用的想法与概念。

理想化的最终目标是达到理想状态，在 TRIZ 中这个状态称为理想解，也叫理想系统。处于理想状态的技术系统不消耗任何能源，无任何有害功能，却能完成系统的主要功能，绝对的理想状态的系统是不存在的，但各条演化趋势和路线的最终目标却是指向理想状态的。物质达理想化时的状态称为理想化状态或理想状态，产品的创新进化也就是不断地提升理想状态。

3. 理想化模型

理想化方法的关键是如何设立理想模型。

TRIZ 中的理想化模型所涉及的要素包括理想系统、理想过程、理想资源、理想方法、理想机器、理想物质等。

理想系统没有实体，没有物质，也不消耗能源，但能实现所有需要的功能；理想过程是只有过程的结果，而无过程本身，突然就获得了结果；理想资源是无穷无尽的资源，供随意使用，而且不必付费；理想方法不消耗能量及时间，且通过自身调节，能够获得所需的功能；理想机器没有质量、体积，但能完成所需要的工作；理想物质虽然是没有具体形式的物质，但能实现所需功能。

把系统、过程、资源、方法、机器等理想化，我们在产品设计过程中便可以不考虑资源、机器等因素，因为资源、机器已处于一种完美的状态，也就是说可以不考虑现有状态的限制，极大地拓展产品的设计余地，拓宽思路，我们的思维极大地发散开来。

4. 理想化水平

理想度是衡量理想化水平的标尺，不断地增加产品的理想化水平是产品创新的目标。一个技术系统在实现功能的同时，必然有两个方面的作用，即有用功能与有害功能，理想度通常是指有用功能与有害功能和成本之和的比值。理想度=总功能/总成本。

$$理想度 = \frac{\sum 有用功能}{\sum 有害作用 + COST} \tag{2-1}$$

从公式可以看出，产品或技术系统的理想化水平与有用功能之和成正比，与有害功能之和成反比。有用功能包括系统发挥作用的所有有价值的结果；有害功能包括不希望的费用、能量消耗、污染和危险等等。要想提高产品的理想化水平，就必须增加产品的有用功能，减少不希望的费用、能量消耗、污染和危险等有害功能。提高产品的理想化水平，其竞争力就会增强，反之，产品的竞争力就会减少。

5. 最终理想解

最终理想解（Ideal Final Result，IFR）是一种解决技术系统问题的具体方法，或者是技术系统最理想化的运行状态。因此，最理想化的技术系统应该是：没有实体和能源消耗，但能够完成技术系统的功能，也就是不存在物理实体，也不消耗任何资源，但能够实现所有必要的功能，即物理实体趋于零，功能无穷大。简单地说，就是"功能俱全，结构消失"。

在 TRIZ 理论中，最终理想解是理想化水平最高、理想度无穷大的一种技术状态，系统在最小程度改变的情况下，能够实现最大程度的自服务（自我实现、自我传递、自我控制等）。产品或技术按照市场需求、行业发展、超系统变化等，随着时间的变化，时刻都处于进化之中，进化的过程就是产品由低级向高级演化的过程。如果将所有产品或技术作为一个系统，从历史曲线和进化方向来说，任何产品或技术的低成本、高功能、高可靠性、无污染等都是研发者追求的理想状态。TRIZ 理论创始人阿奇舒勒对最终理想解作出了这样的比喻："可以把最终理想解比作绳子，登山运动员只有抓住它才能沿着陡峭的山坡向上爬，绳子自身不会向上拉他，但是可以为其提供支撑，不让他滑下去，只要松开，肯定会掉下去。"可以说最终理想解是 TRIZ 理论解决问题的"导航仪"，是众多 TRIZ 工具的"灯塔"。

从本质上说，创新过程是一种追求理想化的过程。TRIZ 理论引入了"最终理想解"的概念，目的是进一步克服思维惯性，开拓研发人员的思维，拓展解决问题可用的资源。应用 TRIZ 理论解决问题之始，要求使用者先抛开各种客观限制条件，针对问题情境，设立各种理想模型，可以是理想系统、理想过程、理想资源、理想方法、理想机器、理想物质。通过定义问题的最终理想解，以明确理想解所在的方向和位置，保证在问题解决过程中沿着此目标前进并获得最终理想解，从而避免了传统创新设计和解决问题时缺乏目标的弊端，提升解决问题的效率。

（1）最终理想解的特点和作用　根据阿奇舒勒的描述，最终理想解应当具备以下四个特点：

一是最终理想解保持了原有系统的优点。在解决问题的过程中，不能因为解决现有问题而使原系统的优点得到抹杀，原系统的优点通常是低成本、能够完成主要功能、低消耗、高度兼容等。

二是消除了原系统的不足。在解决问题的过程中，能够有效避免原系统存在的问题、不足和缺点，没有消除系统不足的不能称为最终理想解。

三是没有使系统变得更复杂。面对技术问题时，可能有成百上千的方案可以解决技术问题。如果使得原有的系统更加复杂，可能带来更多的次生问题，如成本的上升、子系统之间协调难度的增加、系统可靠性的降低等，那么也不能称之为最终理想解。而 TRIZ 理论的重要思想是用最少的资源、最低的成本解决问题。

四是没有引入新的缺陷。解决问题时，如果引入了新的缺陷，需要再进一步解决新的缺陷，得不偿失。因此，如果解决方案能够满足上述特点，可称之为最终理想解。

在具体的应用过程中，最终理想解能够发挥以下作用：

一是明确解决问题的方向。最终理想解的提出为解决问题确定了系统应当达到的目标，然后运用 TRIZ 中的其他工具来实现最终理想解。

二是能够克服思维惯性，帮助使用者跳出已有的技术系统，在更高的系统层级上思考解决问题的方案。

三是能够提高解决问题的效率，最终理想解形成的解决方案可能距离所需结果更近一些。

四是在解题伊始就激化矛盾，打破框架、突破边界、解放思想，寻求更睿智的解。

（2）最终理想解的确定步骤　确定最终理想解（IFR）是解决问题的关键一环，很多问题的最终理想解被正确地理解并描述出来以后，问题就得到了解决，分析策略如图 2-6 所示。设计者的惯性思维常常采用折中法，而 IFR 可以帮助设计者跳出思维的怪圈，从 IFR 这一新角度来重新认识定义问题，得到与传统设计完全不同的根本性解决问题的思路。最终理想解的确定有 7 个步骤，具体如下：

步骤 1：设计的最终目的是什么？

步骤 2：最终理想解是什么？

步骤 3：达到理想解的障碍是什么？

步骤 4：它为什么成为障碍？

步骤 5：如何使障碍消失？

步骤 6：什么资源可以帮助你？

步骤 7：在其他领域或使用其他工具可以解决这个问题吗？

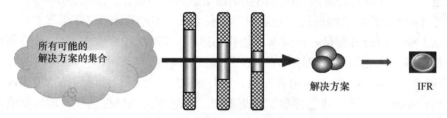

图 2-6　最终理想解的分析策略示意图

我们在分析具体问题的最终理想解时，务必记住，IFR 是解决问题过程中想象的最后结果，我们应该抛开各种客观限制条件，不要顾虑是否可以达到最终理想解。

6. 最终理想解的应用

【例 2-3】在实验室里，实验者在研究热酸对多种金属的腐蚀作用，他们将大约 20 个各种金属的实验块摆放在容器底部，然后泼上酸液，关上容器的门并开始加热。实验持续约 2 周后，打开容器，取出实验块，在显微镜下观察表面的腐蚀程度。由于试验时间较长，强酸对容器的腐蚀较大，容器损坏率非常高，需要经常更换。为了使容器不易被腐蚀，就必须采取惰性较强的材料，如铂金、黄金等贵金属，但这造成试验成本的上升。应用最终理想解解决该问题步骤如下：

步骤 1：设计的最终目的是什么？

在准确测试合金抗腐蚀能力的同时，不用经常更换盛放酸液的容器。

步骤 2：最终理想解是什么？

合金能够自己测试抗酸腐蚀性能。

步骤 3：达到最终理想解的障碍是什么？

合金对容器腐蚀，同时不能自己测试抗酸腐蚀性能。

步骤 4：出现这种障碍的结果是什么？

需要经常更换测试容器，或者选择贵金属作为测试容器。

步骤 5：不出现这种障碍的条件是什么？

有一种廉价的耐腐蚀物体代替现有容器，起到盛放酸液的功能。

步骤 6：创造这些条件时可用的已有资源是什么？

合金本身就是可用资源，可以把合金做成容器，测试酸液对容器的腐蚀。

步骤 7：在其他领域或使用其他工具可以解决这个问题吗？

在醋酸生产过程中，反应釜一般采用合金材质能抗醋酸的腐蚀。

最终解决方法是将合金做成盛放强酸的容器，在测试抗腐蚀能力的同时，减少了成本。

【例 2-4】　对"清洗衣服"进行分析，如何应用上述"确定最终理想解的 7 个步骤"来确定具体问题的最终理想解呢？

应用上面的步骤，分析并提出最终理想解：

步骤 1：设计的最终目的是什么？

清洗衣服，使衣服洁净。

步骤 2：最终理想解是什么？

衣服自我清洗。

步骤 3：达到理想解的障碍是什么？

衣服纤维不能完成这个功能。

步骤 4：它为什么成为障碍？

因为衣服纤维不能完成这个功能，所以衣服不会被清洁洗净。

步骤 5：如何使障碍消失？

如果有一种纤维或者纤维结构可以清洗自己，则障碍消失。

步骤 6：什么资源可以帮助你？

纤维、空气、穿衣服的人、衣橱、阳光……

步骤 7：在其他领域或使用其他工具可以解决这个问题吗？

在大自然，自我清洁功能可能存在（莲属植物），自我清洁的衣服纤维还在研究中。

【例 2-5】　从例 2-4 来看，"清洁衣服"实现自我清洁有较大难度。此时，我们"退而求其次"，希望用一个低挑战性的 IFR 分析问题。重新应用上面 7 个步骤。

步骤 1：设计的最终目的是什么？

清洗衣服，使衣服洁净。

步骤 2：最终理想解是什么？

不需要任何化学清洁剂清洗衣服。

步骤 3：达到最终理想解的障碍是什么？

衣服纤维不能完成这个功能。

步骤 4：它为什么成为障碍？

因为衣服纤维不能完成这个功能，所以衣服不会被清洁洗净。

步骤 5：如何使障碍消失？

如果有其他方法可以除去衣服与脏物的黏合，则可使障碍消失。

步骤 6：什么资源可以帮助你？

水、衣服、脏物、清洗设备、其他家用产品、电……

步骤 7：在其他领域或使用其他工具可以解决这个问题吗？

还有其他工业领域解决更通用的"清洗"和"移除灰尘"问题。解决方案：利用超声波。

在应用最终理想解的过程中，需要注意几个问题：

一是对最终理想解的描述。阿奇舒勒在多本著作中提出，最终理想解的描述必须加入"自己""自身"等词语，也就是说需要达到的目的、目标、功能等在不需要外力、不借助超系统资源的情况下完成，是一种最大程度的自服务（自我实现、自我传递、自我控制等）。此种描述方法有利于工程师打破思维惯性，准确定义最终理想解，使解决问题沿着正确的方向进行。

二是最终理想解并非"最终的"。根据实际问题和资源的限制，最终理想解有最理想、理想、次理想等多个层次。当面对不同的问题时，根据实际需要进行选择。如合金抗腐蚀能力的测试问题，最理想的状态没有测量的过程，就能够知道抗腐蚀能力；理想状态是在不采用贵金属、不经常更换容器的前提下，准确测量出合金的抗腐蚀能力；次理想是不经常更换容器的条件下，准确测试出合金抗腐蚀能力。在不同的理想状态下所采取的策略有所不同。

三是最终理想解的过程是一个双向思维的过程（如图 2-7 所示）。从问题到最终理想解，从最终理想解到问题，实现最理想的最终理想解可能达不到，但这是目标。通过达到次理想的最终理想解、理想的最终理想解的方式，最终达到最理想的最终理想解。

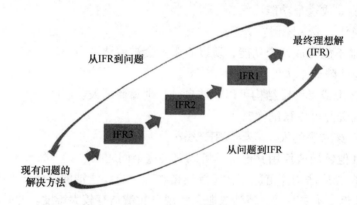

图 2-7　最终理想解的双向思维过程示意图

二、STC 算子

STC 算子法，即尺寸-时间-成本（Size-Time-Cost），这是一种非常简单的工具，它通过极限方式想象系统，打破思维定式。我们可以进行一种发散思维的想象试验，即将尺寸（S）、时间（T）和成本（C）这三个因素按照三个方向和六个维度进行变化，也就是将这三个因素分别逐步递增或递减，递增可以到最大，递减可以到最小，直到系统中有用的特性出现。这种分析问题和查找资源的方法叫作 STC 算子法。它是一种让大脑进行有规律的、多思维的发散的方法，比一般的发散思维和头脑风暴更快地得到我们想要的结果。

应用 STC 算子，可有效克服长期由于思维惯性产生的心理障碍，打破原有的思维束缚，将客观对象由"习惯"概念变为"非习惯"概念。很多时候，问题的成功解决取决于如何动摇和摧毁原有的系统以及对原有系统的认识。用 STC 算子思考后，可在分析问题的过程中，发现系统中存在的技术矛盾或物理矛盾，以便在后续的解题过程中予以解决。

1. STC算子法分析步骤

STC算子法就是对一个系统自身不同特性（尺寸、时间、成本）单独考虑，而不考虑其他两个或多个因素。一个产品或技术系统通常由多个因素构成，单一考虑相应因素会得出意想不到的想法和方向。

应用STC算子通常按照下列步骤进行分析。

步骤1：明确现有系统及系统在时间、尺寸和成本方面的特性；

步骤2：设想逐渐增大对象的尺度，使之无穷大（$S \to \infty$）；

步骤3：设想逐渐减小对象的尺度，使之无穷小（$S \to 0$）；

步骤4：设想逐渐增加对象的作用时间，使之无穷大（$T \to \infty$）；

步骤5：设想逐渐减少对象的作用时间，使之无穷小（$T \to 0$）；

步骤6：设想逐渐增加对象的成本，使之无穷大（$C \to \infty$）；

步骤7：设想逐渐减少对象的成本，使之无穷小（$C \to 0$）；

步骤8：如果没有合适的解决方案，需要修正现有系统，重复步骤2~8，并得出解决问题的方向。

在应用STC算子对系统进行分析时，需要注意尺寸、成本和时间的内涵。尺寸一般可以考虑研究对象的三个维度，即长、宽、高，但尺寸不仅包含上述含义，同时延伸的尺寸还包括温度、强度、亮度、精度等的大小及变化的方向，它不只是几何尺寸，而且还包含了可能改变任何参数的尺寸。时间一般可以考虑是物体完成有用功能所需要的时间、有害功能持续的时间、动作之间的时间差等。成本一般可理解为不仅包括物体本身的成本，也包括物体完成主要功能所需各项辅助操作的成本以及浪费的成本。在最大范围内来改变每一个参数，只有问题失去物理学意义才是参数变化的临界值。逐步改变参数的值，以便能够理解和控制在新条件下问题的物理内涵。

2. STC算子法分析问题时经常出现的错误

有效、正确使用TRIZ工具是解决技术问题的关键。使用STC算子时，技术人员应尽可能地避免错误的出现，为解决技术问题奠定良好的基础。常应注意的问题如下：

① 在步骤1中，对技术系统的定义和界定不清楚，导致在后续的步骤中与研究对象不统一，同时不应该改变初始问题的目标。对研究对象的三个特性（尺寸、成本、时间）的定义不清楚，后续在分析问题时，找不到解决问题的方向。

② 需要对每个想象试验分步递增、递减，直到物体新的特性出现。为了更深入观察物体的新特性是如何产生的，一般每个试验分步长进行，步长为对象参数数量级的改变（10的整数倍）。

③ 不能在没有完成所有想象试验时，因担心系统变得复杂而提前终止。

④ STC算子使用的成效取决于主观想象力、问题特点等情况，需要充分拓展思维，改变原有思维的束缚，大胆地展开想象，不能受到现有环境的限制。

⑤ 不能在试验的过程中，尝试猜测问题最终的答案。

⑥ STC算子一般不会直接获取解决技术问题的方案，但它可以让工程师获得某些独特的想法和方向，为下一步应用其他TRIZ工具寻找解决方案作准备。

3. STC算子应用案例

【例2-6】海锚

锚是船只锚泊设备的主要部件，用铁链连在船上，抛在水底，可以使船停稳（图2-8），长久以来海锚就是安全和希望的象征。海锚在航海史上拯救的船只不计其数，但随着现代造船工业的发展，载重量几万吨甚至几十万吨的巨型船只越来越多，海锚显得没有之前那么可靠。海锚的安全系数一般是指海锚提供的牵引力（系留力）与其自身重量之比，一般不低于10~12（结构最出名的军舰锚和马特洛索夫锚在其自重为1t时，锚的系留力为10t）。但是，这种理想效果只有当海底是硬泥的时候才能达到。当海底是淤泥或者岩石时，锚爪抓不住海底。怎样才能明显提高锚在海底的系留力呢？

图2-8　轮船海锚及工作示意图

下面按照STC算子的步骤逐步进行分析，步骤如下：

步骤1：明确现有系统及系统在时间、尺寸和成本方面的特性。

目前，随着造船技术的不断提升，船只的自重也增加，这就要求海锚所产生的系留力也必须成倍数地增加。系统由海锚、船只、绳索等组成，超系统包含海水等。我们的研究对象较为明确，那就是海锚。

在该系统中，系统由船、锚等组成，超系统包括海水、海底等，系统及超系统的参数将随着STC算子而改变。为了找到新的思路，首先需要对发生变化的构成因素（船）进行一些调整。假设船身长100m，吃水量10m（船的尺寸为100m/10m），船距海底1km，锚放到海底需1h的时间，需要找到产生质变的参数变化范围。

步骤2：设想逐渐增大对象的尺度，使之无穷大（$S \to \infty$）。

尺寸$\to \infty$。船与锚是相对的关系，尺寸特性可以从相对的两个方面考虑，海锚尺寸的增大和船只尺寸的缩小。如果船的尺寸缩小为原来的1/1000，变为10cm/1cm，是否能解决问题？船太小了（像木片一样），缆绳（如细铁丝一样）的长度和重量远远超过了船的浮力，船将无法控制或沉没。

步骤3：设想逐渐减小对象的尺度，使之无穷小（$S \to 0$）。

尺寸$\to 0$。考虑海锚尺寸的缩小和船只尺寸的扩大。如果把船的尺寸增加为原来的100倍，变为10km/1km，问题解决了吗？这时船底已经接触到海底了，也就不需要系留了。这一特性的质变运用到普通的船上将会出现什么情形？一是可以把船固定到冰山上；二是船停靠的时候下部灌满水；三是船体进行分割，将船的一部分脱离开并沉到海底；四是船下面安装水下帆，利用水起到制动的作用等，这些想法可以为解决问题提供方向。

步骤4：设想逐渐增加对象的作用时间，使之无穷大（$T \to \infty$）。

时间$\to \infty$。当时间为10h的时候，锚下沉得很慢，可以嵌入很深的海底。有一种旋进型的锚（已获得专利的振动锚），电动机的振动可以将锚深深地嵌入海底（系留力是锚自重的20倍），但这种方法不适用于岩石海底。

步骤5：设想逐渐减少对象的作用时间，使之无穷小（$T \to 0$）。

时间→0。如果把时间缩减为原来的1/100，就需要非常重的锚，或者除重力外，能够有其他力量推动锚的运动，使它能快速降到海底。如果时间减为1/1000，锚就要像火箭一样沉下去。如果减为1/10000，那么只能利用爆破焊接，将船固接到海底了。可以考虑为锚增加动力装置，也可以考虑利用某些状态的变化，将锚"粘"在海底。

步骤6：设想增加对象的成本，使之无穷大（$C \to \infty$）。

成本→∞。如果允许不计成本，那就可以使用特殊的方法和昂贵的设备。利用白金锚，利用火箭、潜水艇、深潜箱等工具，完成需要达到的目标。

步骤7：设想减少对象的成本，使之无穷小（$C \to 0$）。

成本→0。如果不允许增加成本，或者很小的成本，那就必须利用免费资源。在这个问题中，海水是免费的资源，同时也是可以无限满足于系统的要求，可以利用海水来达到系留的功能，或者是改变海水的状态来完成功能。

问题的最终解决方法是用一个带制冷装置的金属锚，锚重1t，制冷功率50kW·h，1min内锚的系留力可达20t，10~15min内达1000t。

【例2-7】　采摘苹果

众所周知，使用活梯采摘苹果劳动量是相当大的，如何使采摘苹果变得方便快捷呢？

我们使用STC算子，从尺寸S、时间T、成本C这三个角度上来考虑问题。事实上，这三个角度为我们的思考提供了一种思维坐标系，问题的解决变得更加容易。在STC思维坐标轴系中，我们沿着尺寸、时间、成本3个方向做6个思维的尝试，如图2-9所示。

步骤1：明确现有系统及系统在时间、尺寸和成本方面的特性。

很明显，该系统应该选择苹果树。在这个系统下，时间方面分别对应收获的时间趋于零，收获的时间不受限制两个极限；在尺寸方面，分别对应苹果树的尺寸

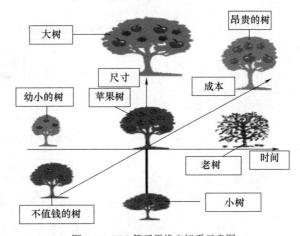

图2-9　STC算子思维坐标系示意图

趋于零，苹果树的尺寸趋于无穷大；在成本方面，对应收获的成本费用为零和收获的成本费用无穷高。

步骤2：将苹果树想象得很大，可以修条路通往树冠。回到标准尺寸的果树，我们可产生一种想法，将果树的树干构造为特殊形状，便于攀爬。

步骤3：想象果树的尺寸很小，我们站在地上就能采摘，所以，培育矮乔木品种的果树是个不错的想法。

步骤4：想象收获期无限长，这时我们不用去采摘苹果，而应该让其自由掉落并保持完好。为此，我们可以在树下设置草坪或松软地面。

步骤5：想象收获期很短，则果实应同时落下。我们可利用微弱爆破或压缩空气喷射，震

下果实。

步骤 6：如果收获的成本允许很高，则可使用昂贵的设备替我们完成工作。用带人工智能和机械手的收获机。

步骤 7：如果收获的成本趋于零，最廉价的收获方式就是摇动苹果树。

虽然 STC 算子不能直接提供解决问题的方案，但可以为解决问题提供方向，尤其是面对的问题"没有任何方向"时，可以利用该方向扩展思路、拓宽思维。通过进一步激化问题，运用 STC 算子寻找产生质变的临界范围。虽然 STC 算子规定了从尺寸、时间、成本三个特性改变原有的问题，但在实际使用过程中，可不受三个维度的约束。根据技术问题的特点和需求，在其他方面，如空间、速度、力、面积等方面展开极限思维，该方法本身就是为了达到克服思维惯性的目的，使用者需要开拓思维，从一种思维惯性到达另外一种思维惯性。

三、金鱼法

金鱼法来源于伟大的俄国诗人普希金的童话诗《渔夫和金鱼的故事》。金鱼法又叫情境幻想分析法，是从幻想式解决构思中区分现实部分和幻想部分，再从解决构思的幻想部分分出现实与幻想两部分。以此类推，直到找不出幻想部分为止。金鱼法是一个反复迭代的分解过程，其本质是将幻想的、不现实的问题求解构想，集中精力解决幻想部分，找出可行的解决方案。它的解决流程如图 2-10 所示。

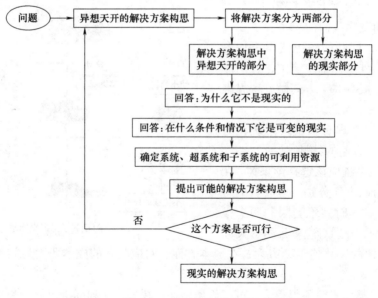

图 2-10　金鱼法解决流程图

1. 金鱼法的应用步骤

具体来说，金鱼法的应用可以分为以下五个步骤：

步骤 1：将不现实的想法分为现实和幻想两个部分。精确界定什么想法是现实的，什么样的想法看起来是不现实的。

步骤 2：提出问题，并回答问题，幻想部分为什么不现实。尽力对此进行严密而准确的解释，否则最后可能又得到一个不可行的想法。

步骤 3：提出问题并回答问题，在什么条件下幻想部分可变为现实。

步骤 4：列出子系统、系统、超系统中可利用资源。

步骤 5：从可利用资源出发，对情境加以改变，将看似不可行的部分变为现实，从而提出可能的解决方案。

如果方案不可行，再次回到第一步，再将幻想构思部分进一步分解为现实和幻想两部分。如此反复进行，直至得到完全的、能实现的解决方案。

2. 金鱼法的应用案例

【例 2-8】　跑步机

受到室内跑道长度限制，运动员或健身人员不能充分舒展自己，达不到锻炼目的。现在，运动员或健身人员就希望能在办公室甚至住宅内以跑步的方式锻炼身体。运用金鱼法解决问题的过程如下：

步骤 1：根据条件，区分现实部分和幻想部分。

现实部分：跑步、锻炼身体的想法。

幻想部分：长距离跑或快速跑。

步骤 2：为什么长距离跑或快速跑练习是不现实的？

因为跑步往往需要场地，只有在宽敞的场地上才可能尽情地奔跑（如练习百米冲刺），而室内面积有限，跑道长度受限。

步骤 3：什么条件下，幻想部分能够变为现实？

运动人员体型极小；运动人员运动极慢；运动人员跑步时停留在同一位置上；跑道很长（只有专用体育馆才可能有 50m 或 100m 跑道）。

步骤 4：确定系统、超系统和子系统的可用资源。

超系统：房间、楼房、楼群。

系统：跑道。

子系统：跑道组成部分，如地面、塑胶等。

步骤 5：利用已有资源，得到可能的解决方案构想。

运动人员在奔跑过程中，跑道能够自动延伸。

运动人员原地奔跑。

对运动人员施加阻力。

采用循环运动跑道，让运动人员定点在运动的跑道上奔跑，能够达到室内跑步锻炼目的。可以考虑实际需要，增加更多的功能，如调整循环跑道速度以适应不同人群锻炼需要，危急时刻能够自动停车等，这就是跑步机的雏形。若实现商业化，还有很多地方需要细化、分解，直至得出确实可行的方案。

【例 2-9】　游泳池的设计

目标：设计一种适合长距离游泳训练的游泳池。

问题：为满足长距离游泳项目比赛的训练，需要一个大型游泳池，运动员可以长距离游泳训练。大游泳池，占地面积大，成本增加；小游泳池造价低，但不满足要求。

步骤 1：将问题分解为现实和幻想两部分。

现实部分：小型，造价低廉的游泳池；

幻想部分：在小型游泳池内实现单方向、长距离游泳训练。

步骤 2：幻想部分为何不现实？

很快到达泳池尽头，需要变换方向。

步骤 3：在什么情况下，幻想部分可以变为现实？

运动员体型极小；运动员速度极慢；运动员游动时停留在同一位置，止步不前。

步骤 4：列出所有可利用资源。

超系统：空气、阳光、墙壁、供水系统、排水系统；

系统：泳池的面积、体积、水温、波浪、水池形状；

子系统：水、泳池壁、地板、池壁。

步骤 5：利用已有资源，基于之前的构想，考虑可能的方案。

利用池底或池壁将运动员固定；增加水的阻力；增加水的黏度；让水逆向流动；改变水池的形状，环形水池。

利用金鱼法，可以克服惯性思维，不断产生新的构想，有助于将幻想式解决方案转变成切实可行的构想。

四、九屏幕法

九屏幕法就是帮助用户应用九屏幕的方法来分析和解决问题，找到当前系统，当前系统的超系统和子系统，当前系统的过去和未来，超系统和子系统的过去和未来。由技术系统、子系统、超系统以及这三个系统的过去和未来组成九个屏幕（如图 2-11 所示）。九屏幕法在分析和解决问题时，不仅要考虑当前系统，还要考虑它的超系统和子系统；不仅要考虑当前系统的过去和未来，还要考虑超系统和子系统的过去和未来。

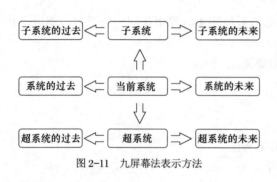

图 2-11　九屏幕法表示方法

1. 九屏幕法作用

九屏幕法的主要作用是帮助我们查找解决问题所需的资源，所以它又被形象地称为"资源搜索仪"。解决任何问题都需要使用资源。有些资源以显性形式存在，一般都能被发现并加以利用，这类资源称为"显性资源"；有些资源则以隐性形式存在，一般不易被发现，也就谈不上利用，这类资源叫作"隐性资源"。一个人的创新能力往往取决于他发现和利用资源的能力。

2. 基本概念

技术系统：由多个子系统组成的总体，并通过子系统间的相互作用实现一定的功能。人们常简称它为系统。

当前系统：正在发生当前问题的系统（或是指当前正在普遍应用的系统）。

子系统是构成技术系统的低层次系统，任何技术系统都包含一个或多个子系统。底层的子系统对上级系统起约束作用，底层的子系统一旦发生改变，就会引起高级系统的改变。

超系统：技术系统之外的高层次系统。

最简单的技术系统由两个元素以及两个元素间传递的能量组成。下面以汽车为例来说明当前系统、子系统和超系统的组成以及彼此之间的关系。如果把汽车作为一个当前系统，那么轮胎、方向盘、发动机、车身、变速箱等都是汽车的子系统，而停车场、车辆设计与制造、交通系统都是汽车的超系统。如图 2-12 所示。

(a) 当前系统——汽车　　　　(b) 超系统——交通系统　　　　(c) 子系统——轮胎、方向盘

图 2-12　汽车的当前系统、子系统和超系统

从上面所举的例子可以看出：当前系统、子系统、超系统是一个相对的概念。如果以转向系统而不是汽车作为"当前系统"来研究的话，那么转向系统中的方向盘、助力系统、方向盘锁都是转向系统的子系统，而汽车、驾驶员、车库、交通系统等都是转向系统的超系统。当前系统、子系统、超系统之间的关联程度是相对的。还是以转向系统作为"当前系统"来研究，虽然方向盘、方向盘锁都是转向系统的子系统，但在驾驶过程中，方向盘是转向系统中的关键组件，不可缺少，方向盘锁则对转向系统的操控性能影响不大。而在停车后需要防盗，此时方向盘锁就会起到关键性作用，从这方面来说，方向盘发挥的作用就非常小。再如汽车、驾驶员、车库、交通系统等都是转向系统的超系统，在单纯研究汽车本身的操控性、结构性时，汽车与转向系统的关联性要远远大于车库、交通系统与转向系统的关联性。当研究进出车库以及转弯的方便性时，车库、交通系统与转向系统的关联性就变得更加紧密。

3. 九屏幕法分析解决问题的步骤

利用九屏幕法，可以从不同角度分析待解决的问题（如图 2-11 所示），其步骤如下。

步骤 1：先从技术系统本身出发，考虑可利用的资源。

步骤 2：考虑技术系统的子系统、超系统中的资源。

步骤 3：考虑系统的过去和未来，从中寻找可利用的资源。

步骤 4：考虑超系统和子系统的过去和未来，从中寻找可利用的资源。

4. 九屏幕法分析解决问题的应用

【例 2-10】　空调系统（图 2-13）

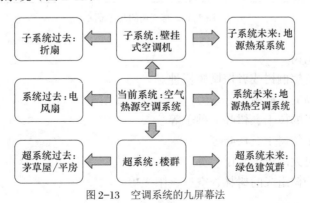

图 2-13　空调系统的九屏幕法

当前系统：空气源热空调系统。

系统过去：电风扇。

系统未来：地源热空调系统。

子系统：壁挂式空调机。

子系统过去：折扇。

子系统未来：地源热泵系统。

超系统：楼群。

超系统过去：茅草屋/平房。

超系统未来：绿色建筑群。

在解决空调系统问题时，遵循上面介绍的 4 个步骤，先从技术系统本身出发，考虑可利用的资源，如安装空调机是否可以解决问题？ 如果不能则考虑利用技术系统的子系统、超系统中的资源，以及系统、超系统、子系统的过去和未来的资源，从中找出最佳答案。

【例 2-11】 孟加拉国有很多棕榈树（图 2-14、图 2-15），一棵棕榈树每年可产 240L 树汁用来生产棕榈糖，可是棕榈树树干一般高 20 多米，如何方便地割取棕榈汁？

图 2-14   棕榈树

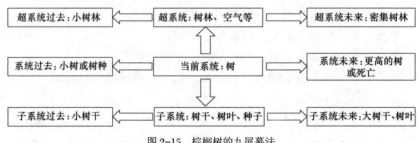

图 2-15   棕榈树的九屏幕法

当前系统：棕榈树。

系统过去：小的棕榈树或者棕榈树树种。

系统未来：更高的棕榈树。

子系统：棕榈树的树干、树叶、种子等。

子系统过去：小的树干、树叶等。

子系统未来：更大的树干、树叶等。

超系统：由棕榈树组成的树林、空气、阳光等。

超系统过去：小树林、空气、阳光。

超系统未来：超大的树林、空气、阳光。

在解决割取棕榈树汁的问题时，遵循上面介绍的 4 个步骤进行资源分析，寻找可利用的资源。例如在超系统中，利用树林这一资源将所有树木作为支柱，连接成逐渐攀高的梯子，从而解决登高的问题（如图 2-16 所示）；在子系统中利用树干作为可用资源，在树干上凿出脚窝以利于攀登（如图 2-17 所示）。

图 2-16　利用树林形成的梯子　　　　图 2-17　利用树干做出攀爬的脚窝

五、小人法

任何技术系统存在的目的都是完成某项或多项特定的功能，当系统内出现问题（矛盾或冲突）时，为了克服技术人员在解决问题时的思维惯性，使问题得到更好的解决，阿奇舒勒创立了"聪明的小矮人法"。当系统内的某些组件不能完成其必要的功能，并表现出相互矛盾的作用，可利用小人法解决问题。在 TRIZ 理论中，小人法唯一纳入了 TRIZ 中的重要算法——ARIZ 算法，可见小人法在 TRIZ 中的作用。

小人法是用一组小人来代表这些不能完成特定功能的部件，通过能动的小人，实现预期的功能，然后根据小人模型对结构进行重新设计。其目的有两个：一是克服思维惯性导致的思维障碍，尤其是对于系统结构；二是提供解决矛盾问题的思路。

1. 小人法的解题思路

按照惯性思维，在解决问题时，人们通常选择的策略是从问题直接到解决方案，而这个过程采用的手段是在原因分析的基础上，利用试错法、头脑风暴法等得到解决办法，这种策略常常会导致形象、专业等思维惯性的产生，解决问题的效率较低。而小人法解决问题的思路是将需要解决的问题转化为小人问题模型，利用小人问题模型产生解决方案模型，最终产生待解决问题的方案，有效回避了思维惯性的产生，克服了对此类问题原有的思维惯性，解决思路见图 2-18。

而这种解决问题的思路贯穿在整个 TRIZ 理论体系中，如技术矛盾、物场模型、物理矛盾、知识库等工具都采用此类解决策略。

2. 小人法的解题流程

小人法在解决问题时通常采取以下步骤，应当指出的是 TRIZ 理论中各个工具的使用都有较为严谨的步骤，或者是"算法"，为学习和应用者提供了清晰的流程。

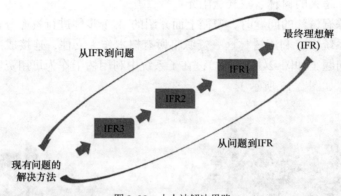

图 2-18　小人法解决思路

步骤 1：分析系统和超系统的构成

描述系统的组成，"系统"是指出现问题的系统，系统层级的选择对于分析问题和解决问题有很大的影响。系统层级选择太大时，系统信息不充分，为分析问题带来了困难；系统层级太小时，可能遗漏很多重要的信息。这时需要根据具体的问题，做具体分析。

步骤 2：确定系统存在的问题或者矛盾

当系统内的某些组件不能完成其必要功能，并表现出相互矛盾时，找出问题中的矛盾，分析出现矛盾的原因是什么，并确定矛盾的根本原因。

步骤 3：建立问题模型

描述系统各个组成部分的功能（按照步骤 1 确定的结果描述），将系统中执行不同功能的组件想象成一群一群的小人，用图形的形式表示出来，不同功能的小人用不同的颜色表示，并用一组小人代表那些不能完成特定功能的部件。此时的小人问题模型是当前出现问题时或发生矛盾时的模型。

步骤 4：建立方案模型

研究得到的问题模型（有小人的图），将小人拟人化，根据问题的特点及小人执行的功能，赋予小人一定能动性和"人"的特征，抛开原有问题的环境，对小人进行重组、移动、剪裁、增补等改造，以便实现解决矛盾。

步骤 5：从解决方案模型过渡到实际方案

根据对小人的重组、移动、剪裁、增补等改造后的解决方案，从幻想情景回到现实问题的环境中，将微观变成宏观，实现问题的解决。

3. 小人法使用时注意事项

长期的实践和应用经验表明，应用小人法时，经常出现下列错误：①将系统的组件用一个小人、一行小人或一列小人表示，小人法则要求使用一组或一簇小人来表示。小人法的目的是打破思维惯性，将宏观转化为微观，如果使用一个小人表示，达不到克服思维惯性的目的。②简单地将组件转化为小人，没有赋予小人相关特性，使用者面对"小人图形"模棱两可，无法解决问题。技术人员需要根据小人执行的功能和问题环境给予小人一些特性，这样才可以有效地通过联想得到解决方案。

小人法的应用重点、难点在于小人如何实现移动、重组、剪裁和增补，这也是小人法的应用核心。我们必须根据其执行功能的不同给予小人一定的人物特征，这样才能实现问题的解决，有利于小人的重新组合。

4. 小人法的应用

【**例 2-12**】 水杯喝茶

利用普通水杯（图 2-19）喝茶时，茶叶和水的混合物通过水杯的倾斜，同时进入口中，影响人们的正常喝水。在这个问题中，当水杯没有盛水，或者盛茶水但没有喝时并没有产生矛盾，因此只分析饮水时的矛盾。下面按照小人法的步骤逐一分析。

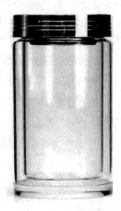

图 2-19　普通水杯

步骤 1：分析系统和超系统的构成

系统的构成有水杯杯体、水、茶叶以及杯盖，超系统是人的手及嘴。由于喝水时所产生的矛盾与系统的杯盖没有较大关系，因此不予考虑。而人的手和嘴是超系统，难以改变，也不予考虑。

步骤 2：确定系统存在的问题或者矛盾

系统中存在的问题是喝水时水和茶叶同时会进入嘴中，根本原因是茶叶的质量较轻，漂浮在水中，会随水的移动而移动。

步骤 3：建立问题模型

描述系统组件的功能。

步骤 4：建立方案模型

在小人模型中，绿色的小人（水）和黑色的小人（茶叶）混合在一起，当紫色小人（杯体）移动或者改变方向时（喝水时），绿色小人和黑色小人也会争先向外移动。我们需要的是绿色小人，而不是黑色小人。这时，需要有另外一组人，将黑色小人拦住，就如同公交车中有贼和乘客，警察需要辨别好人与坏人，当好人下车时警察放行，坏人下车时警察拦住，最后车内剩余的是坏人。为了拦住坏人，需要警察的出现。因此本问题的方案模型是引入一组具有辨识能力的小人。

步骤 5：从解决方案模型过渡到实际方案

根据步骤 4 的解决方案模型，需要在出口增加一批警察，而警察必须有识别能力。回到原问题中，需要增加一个装置，能够实现茶叶和水的分离。由于水和茶叶的大小不同，很容易地会想到这个装置应当是带孔的过滤网，孔的大小决定了过滤茶叶的能力，如图 2-20。

图 2-20　能够分离水和茶叶的水杯

【**例 2-13**】 水杯倒水时溢水

解决水和茶叶分离问题的同时，又产生了新的问题：当过滤网的孔太大时，茶叶容易和水同时出去；当过滤网的孔太小时，水下流的速度变慢，开水容易溢出，造成对人体的烫伤。应用小人法可解决例 2-12 带来的新问题。这时的矛盾不是喝水时，而是向杯中倒水时。

步骤 1：分析系统和超系统的构成

系统构成如例 2-12，但在这个新问题中，水溢出与空气有一定的关系，因此在解决过程中需要考虑空气。而茶叶与问题无关，不予考虑。

步骤 2：确定系统存在的问题或者矛盾

系统中存在的问题是：当开水倒入水杯时，一般过滤网的孔较小，水流比较集中，在过滤网上方水的压力大于空气外出的压力，空气无法从水杯中排出，使得水停留在过滤网上方，容易造成水的溢出，发生烫伤等有害事件。

步骤 3：建立问题模型

描述系统组件的功能。

步骤 4：建立方案模型

在小人模型中，当倒入开水时，蓝色小人（开水）经过红色小人（过滤网）向下移动，在短时间内会出现大量的蓝色小人。因蓝色小人"人多势众"，水杯底部的白色小人（空气）无法出去，形成两者对立的局面。此时水杯从过滤网到杯口的容积较小，造成蓝色小人移动到紫色小人（水杯）的外边，烫伤倒水者。在这里，矛盾表现在蓝色小人和白色小人在红色小人的区域发生对峙，一方想出去，一方想进来，矛盾的区域在红色小人（过滤网）。如同在一条相向的单行道路上，当两方相遇时，都不能通过，最好的办法是运用交通警察，将两者分开，各行其路。在本问题中，能够承担交通警察的角色只有红色小人（过滤网），而出现问题正是因为红色小人的存在使得双方对峙。对峙的重要原因是双方在同一个平面上，无法实现两者的分离。如何通过改变红色小人，来实现双方对峙呢？利用红色小人疏导蓝色小人和白色小人，使双方各行其道。可以考虑通过重组红色小人，将红色小人的排列由平面排列转化为"下凸"形排列，当蓝色小人向下移动时，白色小人可以自觉向上移动。

步骤 5：从解决方案模型过渡到实际方案

根据步骤 4 的解决方案模型，改变原有直面型的过滤网，设计为"下凸"型的过滤网，使水和空气各自沿着不同的道路移动，不会出现双方对峙，造成人员的伤害。

【例 2-14】 水杯倒茶

在例 2-12 和例 2-13 的解决方案中，仍然存在当茶叶较碎小时，很多茶叶移动出来的问题，如喝龙井、茉莉花等。当喝铁观音等茶叶片较大的茶时不存在问题，但在喝完茶后，茶叶容易粘连在杯壁，不易清理茶叶。

步骤 1：分析系统和超系统的构成

系统的构成有水杯杯体、水、茶叶、过滤网及杯盖。

步骤 2：确定系统存在的问题或者矛盾

当水杯使用者喝颗粒较小的茶叶时，水杯过滤网的孔非常小才行，这样在例 2-13 中的设计也会出现例 2-12 中所出现的后果，当喝茶叶叶片较大的茶时，茶叶不容易清理，出现了两个问题。

步骤 3：建立问题模型

描述系统组件的功能。

步骤 4：建立方案模型

在小人模型中，红色小人（过滤网）执行的主要功能：当喝水时，将黑色小人（茶叶）和蓝色小人（水）分离，也就是将黑色小人固定在一个区域内，蓝色小人可以自由移动，同时不能造成在蓝色小人进入时，引起蓝色小人和白色小人之间的对峙。进一步激化矛盾，当红色小人之间的间距非常小时，白色小人和蓝色小人都很难通过，同时将红色小人移动在杯口，这时蓝色小人向下移动就会向外溢出。考虑可否将水杯颠倒一下，或将红色小人在整个水杯中的站位进行调整，从上方移动到下方，不会造成蓝色小人向外移动的现象（溢出烫伤）。当红色小人移动到下方时，黑色小人进入杯子比较困难，如果杯体下方能够给黑色小人开一扇门，那么黑色小人的进出将变得非常容易。这时大量蓝色小人进入时，没有红色小人的阻挡，很容易地向下移动，而黑色小人由于下方有门，可以很容易地出入，而红色小人的间距非常小，有效实现黑色小人和蓝色小人之间的隔离。

步骤 5：从解决方案模型过渡到实际方案

根据步骤 4 的解决方案模型，将过滤网安装在水杯的最下方，同时在水杯的下方也设计为可以开口的形式，上述问题很容易得到解决。在倒入开水时，水不易溢出，同时在喝颗粒较小的茶叶时，茶叶不会漏过过滤网，当喝叶片较大的茶叶时，离杯口较近，很容易实现清理。

小人法是克服思维惯性的重要方法，尤其在解决宏观物体实体结构类问题时，应用该方法能够有效实现结构的重新组合、移动和设计。该方法只有在不断的应用过程中增加经验，才能提高使用效率。

六、创新思维方法使用说明

TRIZ 的五种创新思维方法在选用上存在一定先后顺序，针对具体工程问题，一般首选最终理想解（IFR）确定问题的完美解决方案作为目标，然后用金鱼法将问题分为现实和幻想两个部分，针对幻想部分根据具体情况，使用小人法找出解决方案，或者采用九屏幕法进行资源分析，利用 STC 算子进行三个维度的思维发散，以寻求更多的方案。具体逻辑见图 2-21。

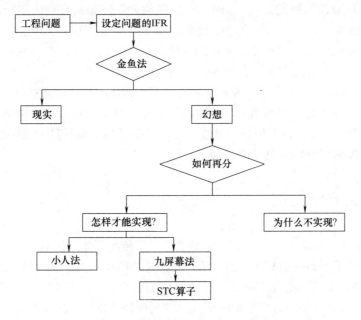

图 2-21　创新思维方法使用逻辑图

第四节　创新思维方法比较

一、传统创新方法的特点

前面介绍了人们经常使用的解决发明问题的传统创新方法。这些传统创新方法基本上都是以心理机制为基础的，它们的程序、步骤、措施大都是为人们克服发明创新的心理障碍而设计的。传统的创新方法撇开了各领域的基本知识，方法上高度概括与抽象，因此具有形式化的倾向。这些倾向于形式化的传统创新方法，在运用中受到使用者经验、技巧和知识积累水平的制约，因此，有人认为对传统的创新方法的运用是一种艺术，而不是一种技术。传统的创新方法过于依赖非逻辑思维，其效果被动很大，培训起来难度也比较大，因此不适于大范围推广。这些传统方法解决发明问题的效率较低，一些较难的问题，特别是那些发明级别比较高的问题通常无法用传统创新方法来解决。

二、TRIZ 创新思维的特点

相比之下，TRIZ 创新方法是在对世界上 250 万件高水平发明专利进行分析研究之后，基于辩证唯物主义和系统论思想，提出的关于解决发明问题的理论体系。TRIZ 的原理、法则、程序、步骤、措施等，均以科学和技术的方法为基础。因此，整个方法学自成系统，具有严密的逻辑，对学习、培训和应用比较便利，它的应用有效性比较高。

TRIZ 的主要优点是可从成千上万解法中找出解决复杂发明问题的方案。因此，TRIZ 使人们有了更科学地解决问题的方法。TRIZ 解决发明创新问题是直接依靠技术系统进化的规律，确定解决问题的方向，然后根据这些规律，开发出解决发明问题的专用工具。TRIZ 创新理论吸收了不少克服思维定式和心理障碍的传统创新方法的精髓，并将它们纳入逻辑程序，从而在发明问题分析和解决方案综合的各个不同阶段发挥作用。

TRIZ 解决问题的模式和程序一般普遍采用反馈、迭代的形式，能够取得逐步地、快速地逼近目标的效果，并且比较容易地实现计算机程序化，借助于计算机辅助创新软件来求解发明问题。总之，基于 TRIZ 各种创新的思维、方法和工具的支持，TRIZ 解决发明问题的过程可以快速高效，发明的级别和效率也比较高。

三、两类创新方法的比较

我们在学习研究 TRIZ 理论的同时，也不要忽略了传统创新方法的作用。虽然单独使用传统的创新方法往往不容易获得高水平的发明，但在很多场合，常需要将 TRIZ 创新方法与传统创新方法结合应用。这样可以取长补短，取得更好的效果。在将具体问题抽象成 TRIZ 的问题模型时，以及将 TRIZ 的解决方案模型演绎成具体的解决方案时，都或多或少地需要应用头脑风暴法、形态分析法等传统创新法。传统创新方法与 TRIZ 方法的比较如表 2-5 所示。

表 2-5　传统创新方法与 TRIZ 方法的比较

序号	传统创新方法	TRIZ 方法
1	趋向于做容易做的事，简化任务要求	趋向于更高水平、更复杂的任务要求
2	趋向于避免不可能的路径	强调遵循解决"不可能"的路径
3	趋向于原型目标不精确的视觉图像	趋向于最终理想结果目标的精确图像
4	对象/目标的"平面图像"	对象/目标整体图像。考虑对象的子系统与超系统及其整体目标
5	作为"单一图像"的对象/目标图像	如果存在连续发展路径的话，将目标理解为"过去-现在-将来"的历史轨迹
6	对象/目标是更多难以改变的图像	柔性的、可调整的目标图像，易于做时间与空间上的变化与调整
7	回忆提供了相似而弱模拟的图像	回忆提供了其他的东西，因此是强模拟的，要求利用新原理与新程序来经常更新信息
8	"专业势垒"随时间增强	"专业势垒"随时间逐渐减弱直至消失
9	不增加思考的可控制性	更好地控制思考，发明人综合评述构思的路径，可容易地控制构思过程与实际的差距
10	解决发明问题的过程不易快速收敛	解决发明问题的过程易于快速收敛

习题

1. 简述九屏幕法的概念及其操作流程。
2. 利用九屏幕法来测量毒蛇的长度。
3. STC 算子法包括哪些流程？使用时应该注意什么？
4. 用金鱼法分析如何让毯子飞起来。
5. 什么是小人法？小人法的具体步骤有哪些？
6. 理想化的方法有哪些？
7. 实验室里，实验者需要研究酸液对多种金属的腐蚀作用，他们将大约 20 个各种金属的实验块摆放在容器底部，然后泼上酸液，关上容器的门并开始加热。实验持续约两周后，打开容器，取出实验块，在显微镜下观察表面的腐蚀程度。实验人员发现在实验的同时，酸液把容器壁也给腐蚀了。请用 IFR 解决问题。
8. 什么是资源分析？应该有哪些基本原则？

第三章

技术创新的预测规律

学习目标

知识目标

1. 了解技术系统的基本概念。
2. 掌握技术系统进化法则的基本内涵。
3. 掌握 S 曲线与进化法则之间的关系。

技能目标

1. 会描述技术进化法则的内容和技术系统的基本概念。
2. 会辨别技术系统进化法则的应用场合。

素质目标

1. 通过技术系统的学习，能够综合技术系统和技术系统成熟度的基本概念，将技术系统成熟度预测运用到实例分析。
2. 通过技术系统进化法则的学习，能分析解决实际的发明创新问题。

本章内容要点

介绍了技术系统的概念、产品技术成熟度及预测，重点介绍了技术系统进化法则的八大应用、S 曲线与进化法则的关系，最后介绍了什么是技术进化法则，以及技术进化法则的应用。

第一节　产品技术成熟度及预测

一、技术系统的概念

系统（System）是指将零散的东西进行有序的整理、编排形成的具有整体性的整体。钱学森认为系统是由相互依赖、相互作用的若干组成部分结合而成的具有特定功能的有机整体。按照系统目的的不同，可以将系统分为两类：一类是由矿物、植物和动物等自然物天然形成的系统，统称为自然系统；另一类是人们为达到某种目的而人为地建立（或改造过）的系统，统称为人造系统。

不同的系统实现不同的功能，技术系统实现的是技术属性的功能。因此，技术系统是由具有相互联系的元件所组成的、以实现某种功能或职能的事物的集合。技术系统中各元件有各自的特性，而它们的组合具有与元件不同的特性。如图 3-1 所示，汽车由发动机、悬架、蓄电池、离合器、变速箱、后桥等部分组成，汽车具有载人行驶的功能，而这些零部件中的任何一个都不具有这个特性。

技术系统具有四个鲜明的特征：

技术系统是一种"人造"系统。技术系统不同于自然系统，它是人类为了实现某种目的而创造出来的。

技术系统能够为人类提供某种功能，人类之所以创造某种技术系统，就是为了实现某种功能。

技术系统由多种元素组成。技术系统由能量源、动力装置、传输装置、执行装置、控制装置等组成。

技术系统具有多个组成部分以实现多种不同的细分功能，这些更细化的、可以实现各种基本功能的组成部分称为技术系统的子系统。子系统可以再予以进一步细分，直到质子、分子、电子与原子的微观层次。

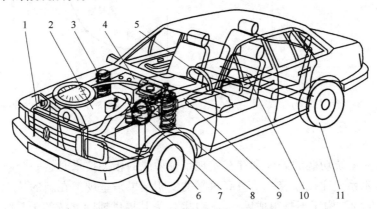

图 3-1 轿车技术系统与元件

1—散热片；2—发动机；3—悬架；4—蓄电池；5—方向盘；6—转向轮；
7—离合器；8—变速箱；9—传动轴；10—后桥；11—驱动轮

技术系统之外的系统或者系统的组成部分称为技术系统的超系统。超系统往往表述的是技术系统所隶属的外部环境。解决技术难题时，换个视角站在超系统的角度，会让问题变得更容易理解和更容易被解决。子系统、技术系统、超系统之间的关系如图 3-2 所示。

系统、子系统、超系统是相对而言的。例如，键盘可以是手机的一个子系统，但是当我们以键盘作为一个技术系统来考察时，键盘以外的机身、显示器、无线信号乃至空气和建筑物等，就成为键盘的超系统，而键盘上的按键则是键盘的子系统。

技术系统是 TRIZ 中最重要、最基本的概念之

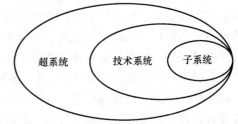

图 3-2 技术系统与超系统、子系统的关系

一。在 TRIZ 的基本理论体系中所提到的解决矛盾、质场分析的标准解、资源分析、技术进化预测等，都是以技术系统为基础来实现的。可以说 TRIZ 的一切功能与作用都是围绕技术系统展开的，本书中我们所说的系统，都是指技术系统。

二、技术系统进化 S 曲线

S 曲线的概念是哈佛大学教授 Vemon 提出来的。1966 年他首次提出了产品生命周期（Product Life Cycle，PLC）理论，如图 3-3 所示。通过对大量发明专利的分析，Altshulletr 研究发现：任何系统或产品都可以按生物进化的模式进化，同一代产品进化分为婴儿期、成长期、成熟期、衰退期四个阶段，这四个阶段可用简化后的 S 曲线表示 （图 3-4）。纵轴表示系统中某一个具体的主要性能参数。例如，在飞机这一技术系统中，飞机的速度、航程、安全性和舒适性等都是其重要的性能指标。

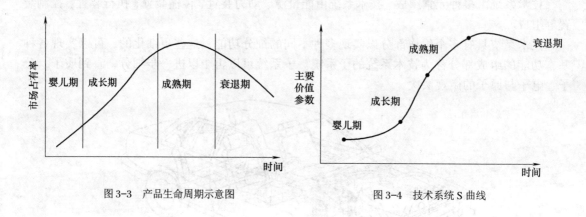

图 3-3   产品生命周期示意图   图 3-4   技术系统 S 曲线

1. 婴儿期

当外界具备对系统功能的需求和存在实现系统功能的相关技术时，一个新的技术系统就会诞生，新的技术系统往往随着一个更高水平的发明结果来呈现。在新的技术系统刚刚诞生时，一方面其本身的结构还不是很成熟，另一方面，为其提供辅助支持的子系统和超系统也还没有形成稳定的功能结构。所以，处于婴儿期的技术系统，尽管能够提供新的功能，但存在着效率低、可靠性差等问题，主要为新系统的性能通常不如旧系统，新系统中存在一系列"瓶颈"问题；缺乏资源，包括原来的资源和新资源。

2. 成长期

当社会认识到其价值和市场潜力时，新系统就进入了成长期。此时，通过婴儿期的发展，新系统所面临的许多主要技术问题已经得到解决，系统的效率和性能得到较大程度的提升，其价值开始获得社会的广泛认可，其市场前景开始显现。当大量的人力和金钱被投入到系统的开发过程中，使系统的效率和性能得到快速提升时，结果又会吸引更多的资金投入到系统的开发过程中，形成了良性循环，进一步推动了系统的进化过程。特别是关键性冲突得到解决以后，系统性能开始快速提升，效率和可靠性也同步得到较大程度的提高。因此技术的拥有者和开发者在竞争上处于绝对优势，未来能获得巨大的财富。主要表现为制约系统的主要"瓶颈"问题得到解决，系统的主要性能参数快速提升，产量迅速增加，成本降低，随着收益率的提高，投资额大幅增长，技术系统开始进入不同的细分市场。

3. 成熟期

在获得大量资源的情况下，系统从成长期会快速进入到成熟期，这时技术系统已趋于完善，各类重要的冲突已基本得到解决，更多的是系统的局部改进和完善，性能水平达到了最高点，已经建立了相应的标准体系。新系统所依据的原理的发展潜力也基本上都被挖掘出来，系统的发展速度开始变得缓慢。只能通过大量低级别的发明和对系统进行优化来使系统性能得到有限的改进，即使再投入大量的人力和物力也很难使系统的性能产生明显的提高。主要表现为技术系统发展趋于缓慢，生产量趋于稳定，新出现的矛盾会阻碍系统的进一步发展，系统消耗大量的特定资源。

4. 衰退期

随着新的技术系统发展，超系统的改变导致当前技术系统生存困难，对系统的需求逐渐降低，甚至出现退出市场的局面，技术进入衰退期。这一时期应用于该系统的技术已经发展到极限，不会再有新的突破，该系统因不再有需求的支撑而面临被淘汰或被新开发的技术系统所取代。结束这种下滑现象的唯一办法是发展一种新的系统概念，有可能是一种新的技术。主要表现为相同功能的新技术系统开始排挤老系统。

任何一种产品、工艺和技术都会随着时间的推移，向着更高级的方向发展，在其进化过程中，一般都会经历四个阶段：婴儿期、成长期、成熟期和衰退期。在每个阶段中，S曲线都呈现出不同的特点。不仅如此，技术系统的各重要性能参数也同样会经历这四个阶段（见图3-5）。技术系统和各重要性能参数所经历的四个阶段会呈现出不同的特点（见表3-1）。

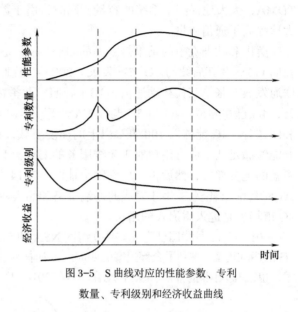

图3-5　S曲线对应的性能参数、专利数量、专利级别和经济收益曲线

表3-1　S曲线的各个阶段特征

序号	时期	特点
1	婴儿期	效率低，可靠性差，缺乏人力、物力的投入，系统发展缓慢
2	成长期	价值和潜力显现，大量的人力、财力、物力的投入，效率和性能得到提高，吸引更多的投资，系统高速发展
3	成熟期	系统日趋完善，性能水平达到最佳，利润最大并有下降趋势，研究成果水平较低
4	衰退期	技术达到极限，很难再有突破，将被新的技术系统代替，会有新的S曲线出现

5. S曲线的跃进

当一个技术系统的进化完成四个阶段以后，对成熟期的系统再增加投入将不会取得明显收益。此时，企业应转入研究，推动一个新的技术系统来替代它，新系统开始其新的生命周期。即现有技术替代了老技术，新技术又替代了现有技术，如此不断地替代和循环，就形成了S曲线簇，如图3-6所示。

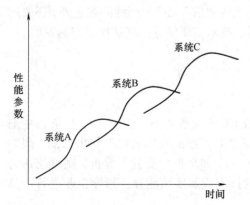

图3-6　S曲线簇

S曲线揭示了技术系统最为简单的生命周期形式，但实际的进化方式则远较之复杂。当一个技术系统进化到一定程度时，必然会出现一个新的技术系统来代替它，即现有技术代替老技术，新技术代替现有技术，形成技术上的交替，就形成了S曲线跃进。

【例 3-1】 移动通信的 S 曲线簇

20 世纪 80 年代中期是数字移动通信系统发展和成熟时期。2G 技术主要有 GSM 和 CDMA 两种体制。2G 一出现就产生以美国技术为代表的一个利益集团和以欧洲技术为代表的另一个集团的竞争。当时中国移动和联通的大部分网络都采用的是欧洲的 GSM 标准。由于采用了 TDMA，大大地提高了系统的容量，同时，由于数字技术的发展，2G 全都采用数字通信，大大地提高了通信质量。

美国和欧洲竞争的结果是欧洲的 GSM 标准完全占了上风。就连美国本土的电信运营商都在向 GSM 及其后续的 3G 方向发展。2009 年工业和信息化部为中国移动、中国电信和中国联通发放 3 张第三代移动通信（3G）牌照，此举标志着我国正式进入 3G 时代。3G 未完全铺开，4G 已在测试。4G 集 3G 与 WLAN 于一体，并能够快速、高质量传输数据、音频、视频和图像等。4G 能够以 100Mb/s 以上的速度下载，比目前的家用宽带 ADSL（4MB）快 25 倍，并能够满足几乎所有用户对于无线服务的要求。4G 可以在 DSL 和有线电视调制解调器没有覆盖的地方部署，然后再扩展到整个地区。2014 年，中国移动 4G 在一年的时间内，完成了 3G 时代需要耗费 3 年才完成的终端价格和品类双双进入发展快车道的目标，2015 年，中国 4G 市场更是进入雪崩式的增长。

2017 年 12 月我国已完成非独立组网 NSA 的 5G 国际标准。中国通信企业贡献给 3GPP 关于 5G 的标准提案，占到了全部提案的四成。其中华为主导的极化码控制信道编码方案作为 5G 核心技术，也已写入国际标准。中国移动在 MWC2018 大会期间公布了公司的最新研发成果——已基于 3GPP 新空口标准，率先实现了全球最大规模的基站、终端芯片和测试仪表端到端互通，并首次发布了 5G 核心网预商用产品样机测试成果，为 5G 商用奠定了坚实基础。在政府的指导下建设了世界上规模最大的 5G 试验网，并正式公布了 2018 年 5G 规模实验，在杭州、上海、广州、苏州、武汉五个城市开展外场测试，每个城市将建设超过 100 个 5G 基站；还在北京、成都、深圳等 12 个城市进行 5G 业务和应用示范。图 3-7 为我国移动通信的 S 曲线簇。

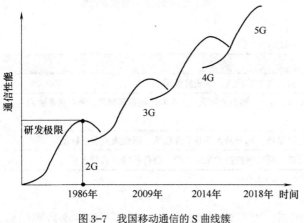

图 3-7　我国移动通信的 S 曲线簇

未来，我国还将发展 6G 技术，随着移动通信使用领域的扩大，除了解决人和人之间的无线通信、无线上网的问题之外，还要解决物和物之间、物和人之间的这种联系，于是 6G 通信技术主要促进的就是物联网的发展。

三、技术系统成熟度及预测方法

判断产品技术成熟度是一个企业进行战略决策的关键因素之一。美国 TRIZ 杂志主编 Ellen Domb 认为："人们往往基于他们的情绪与状态来对其产品技术成熟度作出预测，假如人们处于兴奋状态，则常把他们的产品技术置于成长期，如果他们受到了挫折，则可能认为其产品技术处于衰退期。"因此，需要一种系统化的技术成熟度预测方法指导企业进行产品战略决策。

技术成熟度是指技术相对于某个具体系统或产品而言所处的发展状态，反映了技术对于项目预期目标的满足程度。技术成熟度评价是确定技术成熟程度进行量化评价的一套系统化标准、方法和工具。

确定产品在 S 曲线上的位置是 TRIZ 技术进化理论研究的重要内容，称为产品技术成熟度预测。预测结果可为企业决策指明方向：处于婴儿期的技术系统主要评估该技术的功能、能力，如果优于现有技术，分析技术转化为产品的主要障碍，投入资金进行攻关，尽快实现技术产品化，争取尽快推向市场，抢占技术领先优势；处于成长期的技术系统首先将新产品推向市场，抢占先发优势，然后不断对新产品进行改进，不断推出基于该核心技术的性能更好的产品，到成长期结束要使其主要性能指标（性能参数、效率、可靠性等）基本达到最优；处于成熟期的技术系统要不断改进工艺、材料和外观，尽快使成本降到最低，同时必须投入资金跟踪或探索可能的替代技术，判断新技术的技术成熟度，采取相应对策；处于衰退期的技术系统重点投入资金寻找、选择和研究能够进一步提高产品性能的替代技术，以便推出新一代产品，使企业在未来的市场竞争中取胜。

TRIZ 技术进化理论采用时间与产品性能、产品专利数、专利级别、产品利润分别绘制四组曲线，综合评价产品在图 3-3 中所处的位置，从而为产品的决策提供依据。各曲线的形状如图 3-8 所示。收集当前产品的相关数据建立这四种曲线，所建立曲线形状与这四种曲线的形状比较，就可以确定产品的技术成熟度。

如果能收集到产品的有关数据，绘出上述四条曲线，通过曲线的形状，就可以判断出产品在 S 曲线上所处的位置，从而对其技术成熟度进行预测。

产品技术成熟度预测后，如果产品处于婴儿期或成长期，则需要对产品进行优化，以改善已有的 S 曲线；反之，则需要产品创新，以产生新的核心技术，替代已有的核心技术，即使产品移入新的 S 曲线，如图 3-9 所示。

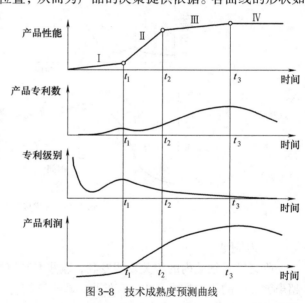

图 3-8 技术成熟度预测曲线

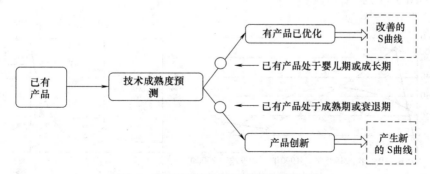

图 3-9 基于产品技术成熟度预测的产品决策

四、技术系统成熟度预测分析实例

超声波焊接技术可以实现不同工件（热塑性塑料或金属）的焊接，和传统的焊接技术相比，超声波焊接更快、更安全。高频电能被转换成高频机械能，这种高频机械能是一种往复循环的纵向运动，其循环次数为 1500 次/s。在强制力的作用下，高频机械能通过电极尖端被传递到工件上，这样就在两个工件的接触面上就产生了大量的摩擦热，进而两工件就在理想的位置熔接。停止压力和振动后，工件就会凝结在一起，成为一个焊接件。很多因素都有利于形成一个完好的焊接，但是正确权衡振动的振幅、时间、压力三者之间的对比关系仍然很有必要。该项焊接技术已经广泛应用于许多焊接行业。

通过确定目前技术系统在以下四条曲线（图 3-10）上的位置进而预测该技术系统在其 S 曲线上的位置：时间-专利数曲线，时间-专利级别曲线，时间-利润曲线，时间-性能曲线。

收集数据建立四条曲线中的三条，预测超声波焊接技术的成熟度。

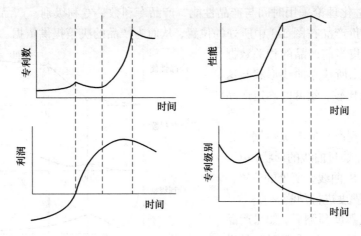

图 3-10   技术成熟度预测曲线

1. 专利数

收集世界领域内的相关发明专利，这些专利范围为：超声波焊接技术及其外围技术设备，超声波焊接的相关技术（如超声波焊，超声波结合，超声波连接）。收集整理数据绘制时间-专利数曲线（图 3-11）。

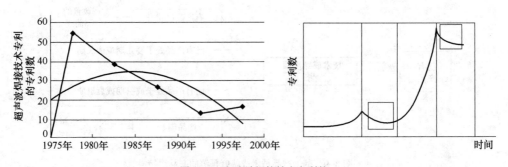

图 3-11   超声波焊接技术专利数

从图中可以清楚地看到：该领域的专利数随时间有逐渐下降的趋势，直到 20 世纪 90 年代才有了上升的趋势。

2. 专利级别

对专利进行分析，确定每项专利的级别，这里的专利分为 5 个等级，从第一级（最低级）一直到第五级（最高级）。超声波焊接技术的最初专利级别很高，因为这种焊接技术在当前的焊接领域内是一种全新的设计。随着时间的推移，专利级别逐渐下降。目前超声波焊接技术的专利级别在第一级和第二级之间徘徊。通过分析所收集到的数据，描绘出时间-专利级别曲线，如图 3-12 所示。

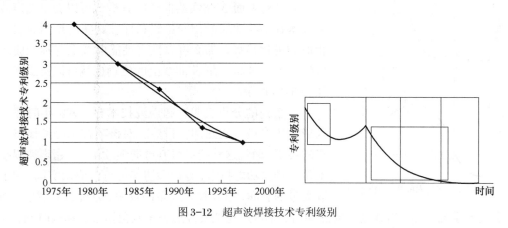

图 3-12　超声波焊接技术专利级别

3. 利润

由于缺少相关数据，所以要准确地描绘出利润-时间曲线似乎是不可能的，所以，我们可以这样假想：超声波焊接技术专利数（与用在时间-专利数曲线上的专利不同，这里指改善超声波焊接技术所获专利）与利润成比例。如图 3-13 所示，从 20 世纪 90 年代一直到现在，利润有明显的上升趋势。

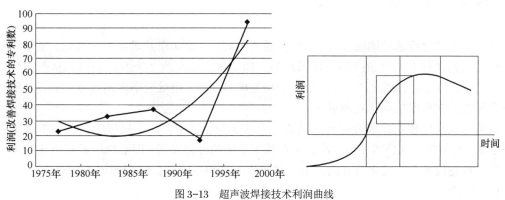

图 3-13　超声波焊接技术利润曲线

4. 数据分析

将所绘制的图形与标准的技术成熟度预测曲线相对比，就可以确定当前超声波技术在其 S 曲线上的位置。

5. 专利数曲线

技术成熟度预测曲线上有两处和实绘图相符合，通过进一步分析发现第二处比第一处更

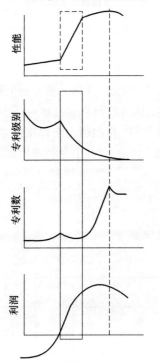

图 3-14　超声波焊接技术成熟度预测曲线

符合一些，如图 3-11 所示。

　　6. 专利级别曲线

　　技术成熟度预测曲线上有两处和实绘图相符合。然而，第二处更符合一些，因为第一处的曲线达到一定水平时开始有回升的趋势，而实绘图仍然保持下降趋势，如图 3-12 所示。

　　7. 利润曲线

　　在这组对比中，预测曲线和实绘曲线之间的关系很明确，如图 3-13 所示。

　　通过对上面 3 条实绘曲线的分析，可以看出超声波焊接技术在实绘曲线的相同位置和标准成熟度预测曲线有着相似的进化趋势，那么可以推出性能曲线上与标准曲线相似的位置，进而，在 S 曲线上的位置也就可以推出来了，如图 3-14 所示。

　　一系列的分析表明，超声波技术在 1998 年时即将进入或者正在进入成熟期。目前，对该项技术已经提出了更多的要求，而且这种趋势很有可能继续下去。超声波焊接技术是一种多功能技术，有很多切实可行的应用实例。为了获取大量的利润，已经投入大量的资源，以促进其成熟。当然和很多技术系统一样，当其进入成熟期后，不可避免地要经历一个衰落阶段，那段时刻，焊接领域的任何一种突破都有可能发生，一条新的 S 曲线就会开始。

第二节　技术系统进化法则

一、技术系统进化基本概念

　　技术系统进化理论是构成 TRIZ 方法的核心内容之一。所谓技术系统的进化，就是不断地用新技术代替老技术，用新产品代替旧产品，即实现技术系统功能的各项内容从低级到高级变化的过程，其主要表现在产品上，是由单功能向多功能、由低效率向高效率的转化，不断提高技术系统的理想度从而达到理想化。

　　技术系统进化理论强调所有技术系统一直处于变化之中，进化过程中会产生很多不可预知的矛盾，每解决一次技术矛盾，就意味着技术系统的进化发展，即解决矛盾是进化的唯一方法。为了描述技术系统进化及方向，引入理想度、理想系统和最终理想解等概念。

　　1. 理想度

　　理想度的概念是 TRIZ 的基础之一，以它为基础引出了理想系统和最终理想解的概念。人类不断地改用技术系统使其速度更快、更好和更廉价的本质就是提高系统的理想度。

　　每个技术系统可以执行多种功能，其中既包含有用功能，也不可避免地包含有害功能。在有用功能中，有且只有一个最有意义的功能称为主要功能（Primary Function，PF），或称为首要功能或基本功能。其他为了使主要功能得以实现，或提高主要功能的性能的功能称为辅助功能（Auxiliary Function，AF）或伴生性功能。同时，每个技术系统也会有一个或多个我们所不希望出现的效应或现象，称为有害功能（Harmful Function，HF）。

对于一个技术系统来说，从它诞生的那刻起，就开始了其进化的过程。在进化过程中具体表现为：

在数量上，技术系统能够提供的有用功能越来越多，所伴生的有害功能越来越少。

在质量上，有用功能越来越强，有害功能越来越弱。

下面的公式就表示了技术系统的这种进化趋势，该公式是由戈尔多夫斯基（Goldovsky）在1974年首先提出来的。该式也是理想度的定义。

$$I = \frac{\sum B}{\sum H} \to +\infty \tag{3-1}$$

式中　I——理想度；

　　$\sum B$——有用功能之和；

　　$\sum H$——有害功能之和。

从式（3-1）可以看出，随着技术系统的进化，系统中的有用功能在数量上和质量上都是不断增加的；系统中的有害功能在数量上和质量上都是不断减小的。因此，系统的理想度不断增大，最终趋向于无穷大。

2. 理想系统

随着技术系统的不断进化，其理想度会不断提高，即技术系统变得越来越理想。根据式（3-2），当技术系统的有用功能趋向于无穷大，有害功能为零，成本为零的时候，就是技术系统进行的终点。此时，由于成本为零，所以技术系统已经不再具有真实的物质实体，也不消耗任何资源。同时，由于有用功能趋向于无穷大，有害功能为零，表示技术系统不再具有任何有害功能，且能够实现其应该实现的有用功能。这样的技术系统就是理想系统。

$$I = \frac{\sum\limits_{i=1}^{\infty} B_i}{\sum\limits_{j=1}^{\infty} C_j + \sum\limits_{k=1}^{\infty} H_k} \to +\infty \tag{3-2}$$

式中　C——成本；

　　j——有用功能之和；

　　k——有害功能之和。

在TRIZ中，理想系统作为物理实体它并不存在，也不消耗任何资源，但是能够实现所有必要的功能，即系统的质量、尺寸、能量消耗无限趋近于零；系统实现的功能趋近于无穷大。因此，也可以说，理想技术系统没有物质形态（即体积为零，重量为零），也不消耗任何资源（消耗的能量为零，成本为零），却能实现所有必要的功能。

3. 最终理想解

基于理想系统的概念而得到的针对个别特定技术问题的理想解决方案，称为最终理想解。

最终理想解是从理想度和理想系统延伸出来的一个概念，是用于问题定义阶段的一种心理学工具，是一种用于确定系统发展方向的方法。它描述了一种超越了原有问题的机制或约束的解决方案，指出了在使用TRIZ工具解决实际技术问题时应该努力的方向。这种解决方案可以看作与当前所面临的问题没有任何关联的、理想的最终状态。

二、技术系统进化法则概述

G.S.Altshuller 通过大量专利分析发现：众多发明人作为一个整体是不可控制的，每个人的工作似乎处于一种随机状态，通常也不知道其他人正在从事同样的发明创造，但从历史的观点来看，一项发明最终被接受的原因是遵循了技术进化的逻辑。根据这些客观规律概括成技术进化定律与进化路线。同时技术进化定律与进化路线具有可传递性、可复制性。不仅可以用于发明新的技术系统，也可以用来系统化地改善现有系统。

G.S.Altshuller 将技术进化定律与进化路线以进化法则的形式进行表述，分别是：

法则一：系统完备性法则。一个完整的技术系统必须包含四个部分：动力装置、传输装置、执行装置、控制装置。

法则二：系统能量传递法则。技术系统要实现其功能的必要条件：能量能够从能量源流向技术系统的所有元件。

法则三：系统协调性法则。技术系统的进化，沿着整个系统的各个子系统互相更协调、与超系统更协调的方向发展。

法则四：系统提高理想度法则。技术系统是沿着提高其理想度，向最理想系统的方向进化发展的。

法则五：动态性进化法则。技术系统的进化应该沿着结构柔性、可移动性、可控性增加的方向发展，以适应环境状况或执行方式的变化。

法则六：子系统不均衡进化法则。任何技术系统所包含的各个子系统都不是同步、均衡进化的；这种不均衡的进化经常会导致子系统之间的矛盾出现，解决矛盾将使整个系统得到突破性的进化；整个系统的进化速度取决于系统发展最慢的子系统。

法则七：向微观级进化法则。技术系统沿着减小其元件尺寸的方向进化。

法则八：向超系统进化法则。技术系统的进化是沿着单系统→双系统→多系统的发展方向发展的；技术系统进化到极限时，实现某项功能的子系统会从系统中剥离，转移至超系统，作为超系统的一部分。

以上八大技术进化法则分为生存法则和发展法则两大类，描述了技术系统进化的趋势。利用这些进化法则，可以用来解决难题、预测技术系统、产生并加强创造性问题的解决工具，从而指导人们在设计过程中沿着正确的方向去寻找问题的解决方案。

三、技术系统进化法则之生存法则

所谓生存法则，就是一个技术系统必须同时满足这些法则的要求才能"生存"，才能算是一个技术系统。生存法则共有 3 个：系统完备性法则、系统能量传递法则和系统协调性法则。

1. 系统完备性法则

技术系统存在的必要条件是存在最基本的功能，要实现某项功能，一个完整的技术系统必须包含以下四个相互关联的基本装置：动力装置、传输装置、执行装置和控制装置。其中动力装置负责将能量源提供的能量转化为技术系统能够使用的能量形式，以便为整个技术系统提供能量；传输装置负责将动力装置输出的能量或场传递到系统的各个组成部分；执行装置负责具体完成技术系统的功能，对系统作用对象（或称产品、工作对象或作用对象）实施预定的作用，常被称为"工具"；控制装置负责对整个技术系统进行控制，以协调其工作，实现其功能。四个装置构成了一个最基本的技术系统，如图 3-15 所示。

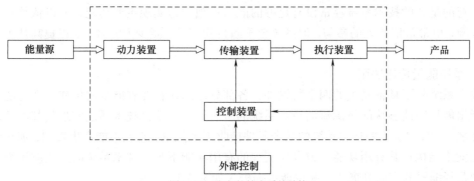

图 3-15 完备的技术系统结构

系统完备性法则指出，技术系统保持基本效率的必要条件是必须同时具备这四个基本的装置系统，且具有满足技术系统最低功能要求的能力，才能称得上是一个有效的技术系统；在四个基本的子系统中，如果任意一个装置系统失效或缺失，那么整个技术系统也就无法正常工作了。

由系统完备性法则可以得到如下推论：为了使技术系统可控，至少要有一个部分具有可控性。所谓可控性，是指根据控制者的要求来改变系统特征或参数的行为。系统完备性法则有助于确定实现所需技术功能的方法并节约资源，利用它可对效率低下的技术系统进行简化。

【例 3-2】 帆船运输系统

帆船运输系统（图 3-16）可以利用风能在水上运输货物，其工作原理是：风对帆船施加压力；帆通过桅杆对船体施加作用力；由于作用力的结果，船体在水面上运动，帆船因此向前航行。在这个过程中，水手控制帆船的方向。

根据帆船的工作原理可以判断出，在这一系统中：

能量源——风能

动力装置——帆

传输装置——桅杆

执行装置——船体

控制装置——水手

图 3-16 帆船运输系统

帆船的工作系统如图 3-17 所示。四个相互关联的基本子系统即帆、桅杆、船体和水手缺一不可，否则帆船运输系统将无法正常运行。

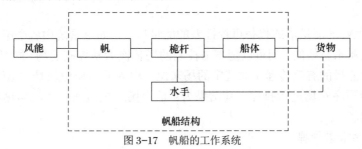

图 3-17 帆船的工作系统

系统完备性法则有助于设计者判断现有技术系统是否完整，推动系统由不完备向完备发展。系统中四个要素不论缺少哪一个，都是系统需要进化的方向，也是产品需要改进的地方。需要注意的是新的技术系统经常没有足够的能力去独立地实现主要功能，所以依赖超系统提供的资源，也常常依赖人的参与，但系统会不断自我完善，减少人的参与，以提高技术系统的效率。

2. 系统能量传递法则

技术系统除了具备基本的四个装置外，各部分之间还存在着能量的传递。系统能量传递法则指出能量应能够从能量源流向技术系统的所有元件，这是技术系统实现其基本功能的必要条件之一。反之，如果技术系统的某个元件接收不到能量，它就不能产生效用，那么整个技术系统就不能执行其有用功能，或者所实现的有用功能不足。技术系统的进化应该沿着使能量流动路径缩短的方向开展，以减少能量损失，如图 3-18 所示。

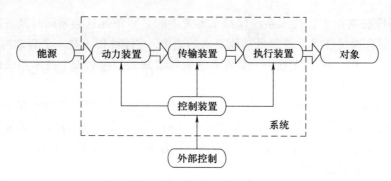

图 3-18 技术系统中的能量流

根据能量守恒定律，能量既不可能凭空产生，也不可能凭空消失。在技术系统内部也是如此，任何一个系统在实现功能的同时，都意味着能量的消耗。因此，在任何一个技术系统内部，都需要有能量的传递和转换。在技术系统实现其功能的过程中所有需要做功的子系统，都需要得到相应"数量"的能量。如果能量不能贯穿整个系统，而是"滞留"在某处，那么技术系统的某些子系统就得不到能量，也就意味着这些子系统不能工作，从而导致整个技术系统无法正常实现其相应的功能。

① 缩短能量传递路径，减少传递过程中的损失。能量从技术系统的一部分向另一部分的传递可以通过物质媒介进行，应该尽量提升能量的传导率，例如远程电力输送一般采用铜，未来发展方向是超导材料，这样可以节省电能。

② 减少能量转换的形式。在技术系统的产生和综合过程中，应该力求在系统的运行和控制过程中利用同一种场，即使用同一种形式的能量，也应避免不同形式的能量在转换过程中的损耗。

③ 用可控性好的能量形式代替可控性差的能量形式。如果系统中各个组成部分的物质都是可以用其他物质来替换的，则可以把不易控制的场替换为易控制的场。同时，需要替换或引入物质，以确保能量的有效传递（对选定的场来说，引入的物质应该是"透明的"）。按照可控性由低到高的顺序对场进行排序，其结果为：重力场→机械场→声场→热场→化学场→电场→磁场→辐射场。

【例 3-3】 多米诺骨牌

多米诺骨牌（图3-19）是将骨牌按一定间距排列成行，轻轻碰倒第一枚骨牌，其余的骨牌就会产生连锁反应，依次倒下。如果某个元件（骨牌）接收不到能量，就不能发挥作用，这会影响到技术系统的整体功能。

图3-19 多米诺骨牌

【例3-4】 由能量形式的转换看火车的发展

图3-20为不同机车的能量传递。对于蒸汽机车，能量传递如图3-20（d）所示，能量以四种不同形式进行转化，其能量利用率仅为5%~15%；对于内燃机车，能量传递如图3-20（e）所示，能量以三种不同形式进行转化，其能量利用率仅为30%~50%；对于电力机车，能量传递如图3-20（f）所示，能量以两种不同形式进行转化，其能量利用率达到65%~85%。由此可见，系统能量传递中，应该尽量减少能量形式的转换，从而可以显著地提高能量的利用率。

图3-20 不同机车的能量传递

3. 系统协调性法则

技术系统是沿着各个子系统之间更协调的方向进化。这也是整个技术系统能发挥其功能的必要条件。在对系统进行改进的过程中，为保证各子系统充分发挥其功能，各参数之间应有目的地相互协调或反协调，实现动态调整和配合。

协调性可以具体表现为以下3种形式。

① 形状与结构上的协调，如几何尺寸、质量等。例如耳机与耳机插孔之间的协调、汽车车门与车身之间的协调。图3-21所示的车子是对称的，但左右车轮结构上不协调。

图 3-21　结构不协调

图 3-22　人体工学键盘与鼠标

【例 3-5】 键盘及鼠标的协调性

当我们在使用键盘时，前臂通常会自然形成一个弯度，普通键盘的构造，要求我们的手在敲击键盘时保持平行，所以手腕会拗折。新键盘采用反向倾斜设计，整个键盘的最高点从操作者这一侧向前与桌面形成 20°夹角，键面设计前低后高，因为人手向下的自然姿势是最舒适的，操作时可将手腕放在加宽加厚的手托上，同时又考虑到左、右手的位置，键盘设计与桌面成 10°的夹角，从而舒缓手与前臂造成的压力，使手腕和前臂保持一贯的姿势（增加了从中间向两边侧向倾斜，见图 3-22）。

实验证明，手腕的仰起角度在 15°~30°时是人体感觉最为舒适的状态，一旦过高或者过低，都会让肌肉处于紧张的拉伸状态，加速疲劳。除此以外，对于手掌在握住鼠标时还要处于半握拳状态，只有鼠标同时符合以上两个要求，才能有较为舒适的使用感受。在点击鼠标时，设计优秀的人体工学鼠标还应保证 5 个手指都不悬空，并且处于自然伸展的状态。

② 各性能参数的协调，如电压、力和功率等。例如，网球拍需要考虑两个性能参数的协调：一方面要将球拍整体重量降低，以提高其灵活性；另一方面要增加球拍头部重量，以保证产生更大的挥拍力量。

图 3-23 所示车辆载重与分布及动力匹配性能参数之间不协调。

图 3-23　性能参数之间不协调

【例 3-6】 汽车车轮定位参数的协调

车轮定位参数是存在于悬架系统和各活动机件间的相对角度。保持车轮定位参数正确地协调可确保车辆直线行驶，改善车辆的转向性能，确保转向系统自动回正，避免轴承因受力不当而受损失去精度，还可以保证轮胎与地面紧密接合，减少轮胎、悬架系统磨损以及降低油耗等。汽车车轮的定位参数，不仅能够影响汽车的行驶性能，还能够影响行车的安全性。因此，经常进行汽车车轮定位参数的检查和调整，能够减少轮胎和悬架系统的磨损，降低油耗，是安全行车的重要保证。

③ 工作节奏和频率上的协调，如转动速度、振动频率等。例如在修筑道路浇灌混凝土时，需要边浇灌混凝土，边用振动器进行振荡，二者频率上的协调提高了道路混凝土的密实强度。图 3-24 所示的收音机通过调频收听某电台广播节目，必须在频率上协调才能实现。

【例 3-7】　贴片机各组件工作频率的协调

贴片机也称"贴装机"或"表面贴装系统"，是通过移动贴装头把表面贴装元器件准确地放置于 PCB 焊盘上的一种设备。其中，元件送料器与基板（PCB）在贴装时固定不动，贴片头（安装多个真空吸料嘴）在送料器与基板之间来回移动，将元件从送料器取出，经过对元件位置与方向的调整，然后贴放于基板上。为了保证贴装质量和贴装速率，就需要贴装头、送料器等部件频率协调一致（见图 3-25）。

图 3-24　工作频率的协调——收音机

图 3-25　贴片机各组件工作频率的协调一致

因此，技术系统应该在其子系统参数协调、系数参数与超系统参数协调的方向上发展进化。从上面的论述中可以看出，协调性法则可以分为 3 个层次。

首先，对于初级技术系统来说，其进化是沿着各个子系统相互之间更协调的方向发展的，即组成技术系统的各个子系统在保持协调的前提下，充分发挥各自的功能。这也是整个技术系统能发挥其功能的必要条件。早在技术系统建立之初，为了使技术系统能够实现其功能，在选择子系统时，各个子系统的参数之间相互协调的必要性就已经很明显了：在保证各个子系统的最小可工作性的基础上，各子系统必须以协调的方式，在参数上彼此兼容。

其次，对于中级技术系统来说，其进化是沿着与其所处的超系统（环境）之间更协调的方向发展的，即组成技术系统的各个子系统通过有机组合以后，所表现出来的、系统级别上的参数，要与其所在的超系统的相关参数彼此协调。只有这样，技术系统才能在其所处的环境中更好地发挥作用。

最后，对于已经非常成熟的、高级的技术系统来说，其进化是沿着各个子系统间、子系统与系统间、系统与超系统间的参数动态协调与反协调的方向发展的。这种动态的协调与反协调是协调性法则中的高级形式，反协调可以看作是种更高层次上的协调。

四、技术系统进化发展之发展法则

新的技术系统"诞生"以后，虽然它已经能够实现最基本的功能了，即能够"生存"了，但是，其各个方面的指标还很不理想。接下来，就会面临如何改善其可操作性和可靠性，以及如何改善效率等一系列问题。

所谓发展法则，就是一个技术系统在其改善自身性能的发展过程中，所遵循的一些最基本的法则。与生存法则不同，技术系统在发展过程中并不需要同时遵从所有的发展法则。不同的技术系统在其发展过程中所遵从的发展法则可能是不同的。对同一个技术系统来说，在其"一生"中的不同发展阶段，所遵从的发展法则也可能是不同的。

发展法则包括系统提高理想度法则、动态性进化法则、子系统不均衡进化法则、向微观级进化法则和向超系统进化法则共五个法则。

1. 系统提高理想度法则

所谓系统提高理想度法则是指技术系统朝着提高系统理想度的方向进化。在技术系统的理想度不断增加、无限趋近于无穷大的过程中，技术系统也无限趋近于理想系统。系统提高理想度法则是技术系统发展进化的主要法则，是技术系统进化的总纲，而其他进化法则都是描述如何从不同的角度来提高技术系统的理想度，揭示的是提高技术系统理想度的具体方法。因此，其可以表述为以下两点：一是技术系统是沿着提高其理想度，向着理想系统的方向进化；二是系统提高理想度法则代表着其他所有技术系统进化法则的最终方向。

理想化是推动系统进化的主要动力。我们总是在努力提高系统的理想化水平，就像总是要创造和选择具有创新性的解决方案一样。理想度是指系统所有有用效应与有害效应的比值，从式（3-1）可以看出，理解度与系统的有用效应成正比，与有害效应成反比，当分子增加，分母减小时，系统的理想度提高，直到完全达到理想状态。但是，确定理想度比值还有一定的局限性，例如通常很难量化人类为环境污染所付出的代价及环境污染对人体生命所造成的损害。同样，多功能性和有用性之间的比值也是很难测量的。

（1）从理想度的角度来看　理想系统的理想度为无穷大，体积为零，重量为零，即这种专用材料不能存在。于是矛盾出现了，一方面，为了实现功能，物质必须存在；另一方面，为了使系统的理想度为无穷大，物质又不能存在。最理想的技术系统应该是该系统作为物理实体并不存在，也不消耗任何资源，但是能够实现所有必要的功能，即物理实体趋于零，功能无穷大。这是技术系统理想化的最终结果。我们引导出一个极具建设性的概念"理想机器"，它是这样一种解决方式：当达到理想结果时，机器本身并不存在，或者当主要有效功能达到时，花费为零。这里指的是机器应当为零重量、零尺寸、零价值，能量的零需求等。

而且，系统提高理想度法则也是 TRIZ 解决矛盾问题的一个关键思想。首先，理想化最终结果意味着，在技术系统中，每件事情或功能必须仅仅花费系统内部已有的资源，自我实现。其次，在技术系统中，所需的操作，必须仅仅在必要的位置上和时间内进行。

（2）从物质的角度来看　功能只能由物质对象提供。也就是说，若要执行某项功能，必须有客观存在的专用材料（即物质）。而这个矛盾可以借助于环境中的资源来解决，包括来自于其他技术系统的资源。在利用其他技术系统的资源来解决这种矛盾时，是利用了该技术系统的某种属性，而这个属性对于其原本所属系统的主要功能来说，往往并不是至关重要的。这种利用一个技术系统的资源（或次要属性）来代替另一个技术系统的方式称为功能转移。功能转移的结果是技术系统 A 的功能由另外一个或多个其他技术系统所实现，而技术系统 A 就可以从其所属的超系统中被优化掉了，从而使其所属的技术系统成为更加理想的技术系统。

根据上述关于理想度的描述，最理想的产品被称为理想产品，这种状况下的设计方案被称为理想化最终结果。虽然理想产品并不是真实存在的，但是理想产品对应的理想化最终结果是产品设计的一个努力方向。而且每一个系统在产生有用效应的同时，也不可避免地产生有害效应，从强化有用功能和减少有害功能的角度出发，所有系统均存在着被进一步理想化的可能，只有这样才能满足系统使用者的需求。

【例 3-8】 计算机的进化

1946 年，在美国费城诞生了世界上第一台计算机，占地 170m²，重达 30t，需要占用一个大房间，而且耗电巨大。据说每次一开机，整个费城西区的电灯都为之黯然失色，而其功能却仅仅是进行计算。之后，计算机的发展经历了真空管、晶体管、集成电路、大规模集成电路和超大规模集成电路。体积和质量越来越小，而功能却越来越强大，理想化程度不断提高。目前的便携式计算机，质量及体积都很小，且具有文字处理、数学计算、通信、绘图和播放多媒体等功能。以后，随着进一步的深入研究，计算机的功能将更加强大，更加智能化，而其体积也将更加微型化，更小、更轻便（见图 3-26）。

图 3-26 计算机的进化

【例 3-9】 熨斗的进化

熨斗对于健忘的人来说是一件危险的物品。可能经常由于沉浸于幻想或者忙于接电话而忘记将熨斗从衣物上拿开，心爱的衣物就因此留下了一个大洞！在这种情况下，如果熨斗能自己立起来该多好。

于是出现了"不倒翁熨斗"（如图 3-27 所示），将熨斗的背部制成球形，并把熨斗的重心移至该处，经过这样改进后的熨斗在使用者放开手后能够自动直立起来。熨衣物时，使用者用手扶着熨斗背部的把手，使熨斗保持水平状态，当使用者松开手时，熨斗就自动直立起来，不再同衣物接触，这样，衣物就不会被烫出洞。

那么，怎样才能有效增加系统的理想化程度?提高理想度可以按去除双重子系统、去除子系统、去除辅助功能、系统内部自服务、采用更综合的子系统、合并离散的子系统、整体置换简化系统等方法进化考虑。

（3）去除双重子系统　如果系统包含两个或两个以上的相似子系统，那么考虑将其中一个子系统代替另外一个子系统，这种系统就会得到简化。

【例 3-10】　汽车的轮胎

传统的汽车轮胎在外胎里面还有一个充有压缩空气的内胎。这种轮胎的特点是行驶温度高，不适合高速行驶，使用时内胎在轮胎中处于伸张状态，略受穿刺便形成小孔，使得轮胎迅速降压，因而不能充分保证行驶的安全性。为了弥补这些缺陷，当前汽车轮胎的内外胎合并成一个系统，轮胎不再使用内胎，空气直接充入外胎内腔（如图 3-28 所示）。这样消除了内外胎之间的摩擦，并使热量直接从轮辋散出，比普通轮胎降温 20%以上。无内胎轮胎提高了行驶安全性，在穿孔较小时能够继续行驶，中途修理比有内胎轮胎容易，无须拆卸轮辋，而且因为有较好的柔软性，所以可改善轮胎的缓冲性能，提高轮胎的使用寿命。

图 3-27　不倒翁熨斗

图 3-28　无内胎的轮胎

（4）去除子系统　消除对引进子系统的需要（或去除一种元件）可以考虑应用泡沫或真空、修复、自动相互作用等三种办法。

应用泡沫或真空就是考虑用泡沫或真空取代物体或系统的其中一部分，如例 3-11；修复就是当系统需要继续工作时，考虑一下修复或更新系统即将耗尽的子系统，如例 3-12；自动相互作用就是考虑让系统自身互相处理，这样就不用考虑使用专门工具来处理（或维持）系统，特别是将大块的物体分解成可以相互处理的零件，如例 3-13。

【例 3-11】　防止汽油蒸发

把汽油放置在敞开的油箱里，汽油蒸发很快。为了防止汽油蒸发，一种特制的泡沫元件被安装在油箱里，这样就能有效地阻止汽油的挥发（如图 3-29 所示）。

【例 3-12】　自动恢复的箭术靶盘

在很多次射击后，箭靶必须更换。图 3-30 为可自动恢复的箭术靶盘。这种靶盘由充满铁磁性物质的电磁环制成，电磁环被垂直放置，每次箭头射击后产生的洞都会及时得到修复。

图 3-29 使用泡沫元件防止汽油蒸发

图 3-30 可自动恢复的箭术靶盘

【例 3-13】 粉碎金属屑

用车床切削大块金属时会产生很多金属屑，金属屑缠绕在工件或车刀上，会造成工作效率降低。使用特殊车刀将金属屑分成两股，分割成的两股金属屑会与新产生的金属屑相互碰撞，破裂成比较小的碎片，从而提高工作效率（如图 3-31 所示）。

图 3-31 粉碎金属屑

（5）去除辅助功能 很多时候系统的辅助功能可以被去除（以及和这些辅助功能相关的子系统/部件），同时也不影响主要功能的实现。为了去除辅助功能，可以通过去除校正功能、去除预备操作（功能）、去除防护功能、去除外壳功能、去除其他辅助功能等方法实现。

去除校正功能就是针对一些系统固有的缺陷（有害动作）而设置的校正功能，如果引起缺陷的最根本原因可以消除，那么系统就不需要这个校正系统了，如例 3-14；去除预备操作（功能）就是考虑系统的每个预备操作（功能）的必要性，在没有任何预备操作的情况下，如果系统的原始功能还能实现，则可以去除预备操作（功能），如例 3-15；去除防护功能就是考虑系统的保护功能（操作）是否可以去除，如果可以消除有害动作，或者减少或消除有害功能造成的损失，则可以去除防护功能，如例 3-16；去除外壳功能就是系统元件常常安装在一个外壳里，如果系统不是很需要这个外壳，那么就可以去除这个外壳，如例 3-17；对一个特定技术系统，如果系统的辅助功能（操作）不需要，那么就可以考虑去除其他的辅助功能，如例 3-18。

【例 3-14】 去除颜料溶剂

传统金属颜料在使用过程中，有可能从溶剂里释放出一种有害物。采用静电场喷涂可以将粉末状的金属染料涂在物体表面，达到一定烘干温度后金属粉末就会熔化，在物体表面形成均匀的颜料涂层，整个过程中没有用到有害性的溶解剂（如图 3-32 所示）。

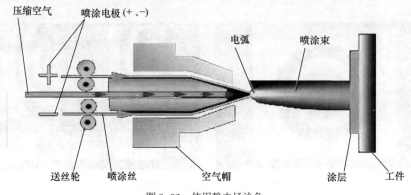

图 3-32   使用静电场涂色

【例 3-15】 金属元件表面的并和处理

金属元件表面加工的喷丸硬化法是一项被广泛采用的技术。其中一种喷丸硬化法是结合冷加工和塑性形变的表面处理方法，用高速冰球束（附有冰层的钢球）直接冲击高温刚体表面。为了得到持续的冰球束，将事先制成的钢球射入低温（0℃以下）容器中，从容器外喷入的水滴迅速包围在钢球外面，附有冰层的钢球形成冰球束，这样就使得冰球束在喷丸过程中既具有一定的强度又可以用冰冷却被处理的表面（如图 3-33 所示）。

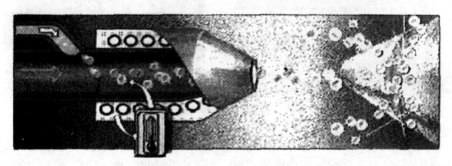

图 3-33   使用冰球束处理钢体表面

【例 3-16】 月球上使用的电灯泡

执行月球计划时，需要一个电灯，但是电灯的玻璃外壳很难承受火箭发射时产生的振动和加速时的冲击。最后的决定方案是：可以使用裸露的电灯丝，而不使用外边的玻璃灯罩。因为在月球上，没有空气，所以不用担心灯丝会被氧化。

【例 3-17】 没有弹壳的子弹

自动步枪每发射一枚子弹，就会从枪膛里出来一颗空弹壳。这种弹壳是钢质或铜质的，造成金属材料的浪费。德国生产的 C114.7 型自动步枪是专门为枪靶射击而设计的，这种步枪用的就是无壳子弹（如图 3-34 所示）。

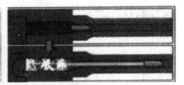

图 3-34 使用无壳子弹的自动步枪

【例 3-18】 自动开启的塑料袋

生活中使用塑料袋盛装各种各样的物品，塑料袋是由两块很平整的塑料片组成的，塑料片的边缘通过热滚筒的加压而黏合在一起，塑料袋的两面总是粘在一起，打开袋子和倒入粉末费时费力。如果袋子的其中一侧比另外一侧长，那么使用袋子时就会快速打开。

（6）系统内部自服务　为了达到这个目的，系统牺牲主要操作而实现辅助操作或者同时实现主要功能。根据技术系统的组成，选择辅助功能的实现转移到主要元件上。

【例 3-19】 邮戳印记鸡蛋

在家禽农场，鸡蛋滚到收集盘里，工人将收集盘上的鸡蛋包装到纸板箱里。工人所戴的手套有一个手指上有自带墨水的印章，工人戴着手套转移鸡蛋时就可以在鸡蛋上印上邮戳日期（如图 3-35 所示）。

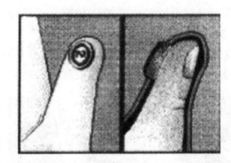

图 3-35 邮戳印记鸡蛋

（7）采用更综合的子系统　使用更综合的子系统或元件重新设计或重建系统，这样系统的维护和制造费用就会节省很多。

【例 3-20】 扫描打印复印一体机

随着技术的不断进步，原本独立的扫描仪、打印机、复印机发展为集以上功能于一体的一体机（见图 3-36），产品功能得到增强，但是价格却低于以上三台之和。

图 3-36 扫描打印复印一体机

（8）合并离散的子系统　将完成相同功能的子系统合并，对这些即将合并的子系统而言，预先使它们的主要功能相协调。

【例 3-21】　将收音机和电视组装

当电视-收音机刚走出市场时，其中的电视机、收音机、留声机和磁带录音机都分别有各自的扩音器。后来，一种独立的扩音器就被用到所有这些元件上（图 3-37）。普通的扩音器、普通的控制器也被用在后来的设计中。

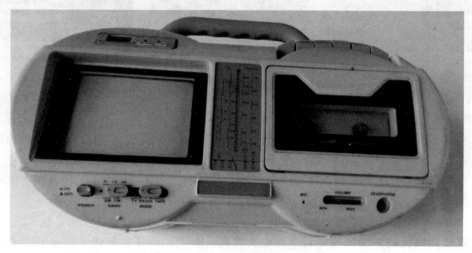

图 3-37　使用独立扩音器的电视-收音机

（9）整体置换简化系统　用一个可以实现同样功能的简单化的系统取代一个复杂的系统，也可以用一个"灵敏"的系统代替整个子系统或物体。

【例 3-22】　保持玻璃片平整

当发热的软玻璃片（用来制造盘子）在传送带上运输时，在滚筒之间的空隙处就会有下垂现象。为了传送热玻璃片而保持平整，玻璃片可以漂浮在熔锡池里（图 3-38）。

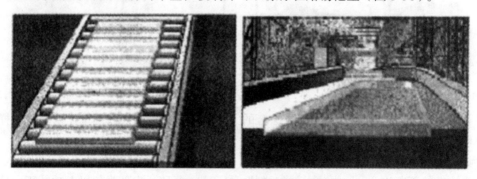

图 3-38　保持玻璃片平整

2. 动态性进化法则

在系统的进化过程中，技术系统总是通过增加动态化和可控性而不断得到进化。也就是说对有针对性变化的适应能力会提高，而这种有针对性的变化可以保证系统适应可变的系统工作条件，对环境的相互作用也会提高。提升系统的动态性能使系统功能更灵活地发挥作用，或作用更为多样化，提高系统动态性需要提高系统的可控性。其进化路线有以下几种方式。

（1）提高可移动性子法则　提高移动性子法则指出，技术系统的进化应该沿着系统整体可移动性增强的方向发展。根据提高移动性子法则，技术系统沿着不可动系统→部分可动系统→高度可动系统→整体可动系统的路线进行进化。

【例 3-23】 电话的进化

电话从早期话筒与话机无法分隔的不可动系统，逐渐进化到话筒与话机分离，两者间通过一小段电话线相连；后来进一步发展为子母机，话筒进化为一个相对独立的子电话机，两者之间无线连接，系统整体的可移动性明显增强；目前发展到人们普遍熟悉的移动电话，可移动化远远超过了子母机的使用空间（见图 3-39）。

图 3-39 电话的进化

（2）提高柔性子法则 现代化技术系统由刚性结构向更具适应性及灵活性的柔性结构发展，即沿着刚性体→单铰链→多铰链→柔性体→液体→气体→场的方向进行进化、发展，如图 3-40 所示。

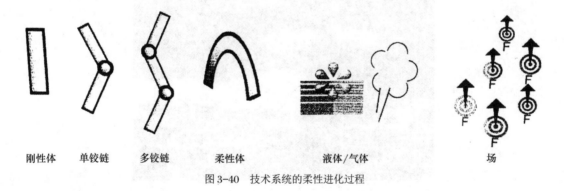

刚性体　单铰链　多铰链　柔性体　液体/气体　场

图 3-40 技术系统的柔性进化过程

【例 3-24】 切割工具的进化

图 3-41 为切割工具的进化过程。

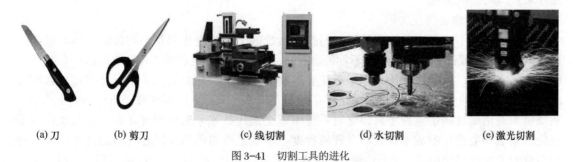

(a) 刀　(b) 剪刀　(c) 线切割　(d) 水切割　(e) 激光切割

图 3-41 切割工具的进化

【例 3-25】 传动系统的进化

图 3-42 为传动系统的进化过程。

连杆传动　　　　　链传动　　　　　带传动　　　　　液压传动　　　　　磁场传动

图 3-42　传动系统的进化

（3）提高可控性子法则　提高可控性子法则指出，技术系统的进化应该沿着增加系统内各部件可控性的方向发展，即技术系统按照直接控制→间接控制→引入反馈控制→自我控制的方向进行进化、发展。

【例 3-26】 路灯的控制

路灯是城市道路的标配，为大家出行带来方便。路灯消耗大量电力，因此对路灯的控制就非常有必要。路灯的控制（图 3-43）经历了以下过程：

① 直接控制。每个路灯都有开关，有专人负责定时分别开闭。

② 间接控制。用总电闸控制整条线路的路灯。

③ 引入反馈控制。通过感应光亮度的装置，控制路灯的开闭。

④ 自我控制。通过感应光亮度的装置，根据环境明暗自动开闭并调节亮度。

图 3-43　路灯的控制

在对产品进行设计的过程中，要提高系统的动态性，即使其以更大的柔性、可移动性和可控性来获得功能的实现。

3. 子系统不均衡进化法则

所谓子系统不均衡进化法则是指任何技术系统的子系统进化都是不均衡的。越是复杂的系统，其各个组成部分的进化越是不均衡。因为，改进某一特定参数，必然使得这一参数所属的子系统完美化，故其进化比其他子系统要迅速。子系统进化对其他子系统具有直接或间接的影响，不理想的子系统不能全面满足对系统日益改善的要求，因而导致矛盾。一个或几个子系统资源的枯竭加剧了这种矛盾，此时系统中就会出现技术矛盾和物理矛盾。而系统内的矛盾使得系统功能指标的成本高到不合理的程度。矛盾最终将使系统跃迁到新的进化阶段，整个系统的理想度得到提高。这个法则，在技术系统发展和进化的各个阶段都适用。掌握了子系统不均衡进化法则，可以帮助我们及时发现并改进系统中最不理想的子系统，从而提升整个系统的进化阶段。比如，计算机、汽车的发展、更新和换代恰恰是由于某些零部件技术的不均衡发展引起的。

子系统不均衡进化法则的含义如下。

① 技术系统中的每个子系统都是沿着自己的 S 曲线进化的。

② 技术系统中的各个子系统都是按照自己的进度来进化的，不同的子系统将依据自己的时间进度进化，是不同步、不均衡的。

③ 不同的子系统在不同的时间点到达自己的极限，整个技术系统的进化速度取决于技术系统中进化最慢的子系统的进化速度，这将导致子系统间矛盾的出现，这需要考虑系统的持续改进来消除矛盾。

④ 技术系统中不同的子系统在不同的时刻到达自己的极限，率先到达自身极限的子系统将"抑制"整个技术系统的进化，这种不均衡的进化通常会导致子系统之间产生矛盾，所以需要人们及时地发现并改进不理想的子系统。

在技术系统的进化过程中，技术系统进化的速度取决于最不理想系统的进化速度，最先达到极限的子系统成了抑制整个技术系统进化的障碍。很明显，通过消除这种障碍，可以使技术系统的性能得到较大幅度的改善。但是，在实际上设计人员容易犯的错误是花费精力专注于系统中已经比较理想的重要子系统，忙于改善那些非关键性的子系统，而对于"瓶颈"子系统却视而不见，忽略了"木桶效应"中的短板，结果导致整个系统发展缓慢。

【例 3-27】 自行车的进化

早在 19 世纪中期，自行车还没有链条传动系统，脚蹬直接安装在前轮轴上。此时，自行车的速度与前轮直径成正比。为了提高速度，人们采用了增加前轮直径的方法。但是一味地增加前轮直径，会使前后轮尺寸相差太大，从而导致自行车在前进中的稳定性变差，很容易摔倒。后来，人们开始研究自行车的传动系统，在自行车上装上了链条和链轮，用后轮的转动来推动车子的前进，且前后轮大小相同，以保持自行车的平稳和稳定。图 3-44 为自行车的进化。

图 3-44　自行车的进化

【例 3-28】 飞机机翼和发动机的不均衡发展

飞机的主要特性之一是它的飞行速度。在飞机发展的最早阶段，发动机功率很小。要使飞机能够飞起来，机翼面积必须很大。增加机翼的数量可以做到这一点，有双翼机、三翼机等。在第一次世界大战期间，飞机发动机功率得到显著增长，飞机的飞行速度达到200km/h。由于双翼飞机的阻力大，机翼设计限制了速度的进一步提高。这也造成了过大的燃油消耗，并因此妨碍了发动机的发展。

改进机翼设计和使用强度更高的材料使得升迁到单翼飞机设计。单翼飞机设计减小了阻力，并使发动机功率进一步增加。第二次世界大战结束时，飞机的飞行速度达到 700~750km/h 的极限。此时，往复式飞机发动机已经竭尽其进化资源。于是转向功率更加强大的喷气式发动机。对于相同的机翼设计，喷气式发动机使飞机的飞行速度达到声速。若要超过声速，则需要从平直机翼转变到气动特性得到改进的后掠机翼。三角机翼又取代了后掠机翼，使得飞行速度达到声速的 2~3 倍。图 3-45 为飞机机翼和发动机的不均衡进化过程。

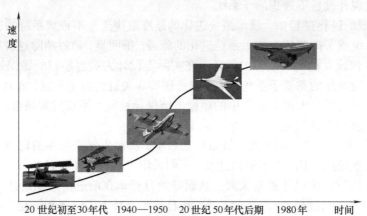

图 3-45　飞机机翼和发动机的不均衡进化

4. 向超系统进化法则

超系统是超出系统之外但又包含该系统的其他系统，如汽车与该汽车所在的交通系统，飞机和为该飞机加油的空中加油机。技术系统在进化的过程中，可以和超系统的资源整合成一个整体，也可以将某个子系统从原有技术系统中分离出来，形成超系统。当系统可用资源逐渐枯竭时，需要新的资源来支撑系统继续发展，如通过增加功能或降低花费来提高价值。

向超系统进化有两种方式。

（1）让技术系统和超系统的资源组合　将原有的技术系统与另外一个或多个技术系统进行组合，形成一个新的、更复杂的技术系统。原有的技术系统可以看作是新技术系统的一个子系统，而新的技术系统就是原有技术系统的超系统。也就是技术系统沿着单系统→双系统→多系统的方向进化。可以通过两种途径实现技术系统向超系统方向进化。

① 单系统与另一个单系统组合，形成双系统。

可以通过建立相似系统组成双系统（例 3-30）、互为补偿系统组成双系统、不同（包括相反）功能系统组成双系统（例 3-31）、相互竞争系统组成双系统、共生系统组成双系统（例 3-32）等方式实现单系统与另一个单系统组合成为双系统。

【例 3-29】 洗衣机的进化

最初的洗衣机是单功能单桶洗衣机，仅有洗衣功能。随着技术的发展，出现了双桶双功能洗衣机，不仅能提供洗衣的功能，还可以将衣物甩干，但是每次都需要将清洗后的衣服先取出来然后放进甩桶里甩干，会比较麻烦，因此出现了洗、甩双功能的单桶洗衣机。衣物甩干只是脱掉了水分，仍需要晾干，因此洗、甩、烘干等多功能单桶洗衣机应运而生。洗衣机的进化史如下：单功能单桶洗衣机→双功能双桶洗衣机→洗、甩双功能单桶洗衣机→洗、甩、烘干等多功能单桶洗衣机。

图 3-46 双体船

【例 3-30】 双体船

所谓的双体船（图 3-46）就是有两个船体（一个相似双系统）、稳定性很高的帆船。把两个船体紧紧地绑在一起，就会限制双体船的操作灵活性。事实上，可以用滑动联轴器连接这两个船体，当需要增加可操作性时，滑动联轴器就可以适当地调整两船体之间的距离以增加可操作性。

【例 3-31】 雾气消除

雾气给飞机场带来很多问题，比如航班的延迟、安全性问题等。那么如何才能消除雾气呢？可用"以毒攻毒"方式解决。在雾区喷射人工雾，这种人工雾里渗透了气雾剂的小颗粒。天然雾气所含的水珠和人工雾所含的水珠结合起来就会产生雨（图 3-47）。

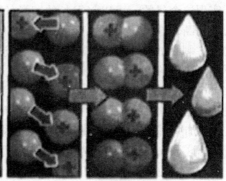

图 3-47 雾气消除

【例 3-32】 将冷却系统和呼吸系统合并

煤矿救生员所使用的工作制服上有一个冷却系统，这个冷却系统重 20kg。除此之外，每个救生员还要携带一个重 20kg 的呼吸器。这些重物在很大程度上妨碍了救生员的工作。为了减少重量，冷却系统和呼吸器可以合并成一个系统，这个新的系统使用液态氧。当液体氧蒸发时，就会产生所需要的制冷效果，然后氧气还可以用来呼吸。改进后的设备质量才 20kg。

② 一个单系统与几个单系统或者与一个更复杂的技术系统组合，形成一个多系统。

可以通过建立相似多系统（例 3-33）和具有替换特征的多系统（例 3-34）、由双系统组成多系统（例 3-35）和动态多系统（例 3-36）等方式实现多系统的构建。

【例 3-33】 3 颗种子的果树

人们总是希望得到一个长得旺盛，能快速生长的秧苗，那么怎样才能使这种可能性更大一些？可以这样做：在同一个小坑里放置 3 颗种子，两个月后，找出 3 棵秧苗里长得最旺盛的那一棵，然后把其余两棵秧苗的树枝都剪掉，将其根茎都嫁接在那棵最旺盛的秧苗上。这样保留下来的三根系统就能提供更多的水和营养，从而保证了秧苗更快地生长（图 3-48）。

图 3-48　促使秧苗快速生长的三根系统

【例 3-34】　扩孔

使用钻头打孔，不同孔径需要更换不同直径的钻头，操作起来较为麻烦。采用阶梯钻头（图 3-49）就可以实现同一个钻头打不同孔径的孔。

【例 3-35】　制作一个微丝电容器

在直径为 50~100μm 的电线上涂上一层玻璃后就得到了所谓的微丝。如果将成千上万的这种微丝段捆扎在一起，那么就可以形成一个具有高电压的电容器。问题是只有将细小的微丝头连接起来才能成为一个电容器。

为了实现这个目的，可以将很长的铜微丝和很长的镍微丝一起缠绕在短而粗的线轴上。将缠好的线切断，这样就露出了金属丝端部的切面。一端浸入一种可以溶解铜但不能溶解镍的反应物里，剩余的镍丝头焊接在一起就形成了一个电容器。然后将另一端浸入一种可以溶解镍但不能溶解铜的反应物里，剩余的铜丝就会焊接起来，这样一个电容器就制成了。

【例 3-36】　彩色纤维丝

通过从喷丝头里挤压液体的方法，可以获得纤维，将这些细小的纤维扭曲后就会制成纤维丝。通过附加染料就可以将这些纤维丝染色。为了改变颜色，系统（包括小管和喷头）都必须彻底清洗，这是一件既费时又费力的活。建议方法：线可以由绿色、红色、蓝色和透明的光纤做成。将这些颜色组合，就可以得到任何一种想要的颜色。图 3-50 为彩色纤维丝。

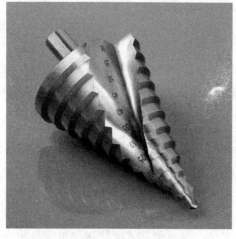

图 3-49　阶梯钻头

图 3-50　彩色纤维丝

（2）让系统的某个子系统（功能）转移到超系统（即外部环境）中。技术系统进化到极限时，它实现某项功能的子系统会从系统中剥离出来转移至超系统，成为超系统的一部分。在该子系统的功能得到增强的同时，也简化了原有的技术系统。

将原有技术系统中的一个子系统及其功能从技术系统中分离出来，并将它们转移到超系统内。分离出来的子系统被组合到超系统中，形成专用的技术系统。专用技术系统以更高的质量执行该子系统的功能。一方面原有技术系统由于剥离了该子系统而得以简化，另一方面由于从原技术系统中分离出来的子系统被组合进一个专用技术系统，使得该子系统的功能质量得以提高，从而使新技术系统的功能得以增加。

【例 3-37】 空中加油机

早期飞机的飞行航程只能由自身所携带油箱的大小决定。战斗机的巡航空域明显受到制约，进而也影响到军用机场的选址建设。即便在战斗过程中正处于攻击敌机的有利条件，若突然发现燃油告警，也只能悻悻而返了。随着现代战争的发展，战斗机航程的大幅增加趋势无法避免，这个问题曾使设计师大伤脑筋。多携带燃油意味着减少武器携带量，而武器携带量不足航程再远也变得毫无意义。最初，燃油箱是战机的一个子系统，

图 3-51 空中加油机

技术系统进化后，燃油箱脱离了战机进化至超系统，成为独立的空中加油机（见图 3-51）。飞机系统简化，不必再随机携带庞大的燃油箱。后来还衍生出"伙伴加油"方式，即战斗机通过携带小型加油舱可为其他同类战机加油。

【例 3-38】 手机与平板电脑充电

随着手机、平板电脑的屏幕越来越大，其耗电量也与日俱增。遇到此类问题，人们通常的想法就是采用更大容量的电池，但电池容量的增大也意味着体积的增大，而这又恰恰直接影响到系统原本就有限的空间。从备用电池到手机充电站，虽然能部分解决问题，但效果还不是很理想。当将电池从手机中剥离出来，成为移动电源这一超系统，两者之间的矛盾就被有效解决了（见图 3-52）。

图 3-52 手机与平板电脑充电

向超系统进化法则可以应用在技术系统进化的任何阶段。该法则是系统升迁的一种变体，这种性质可用于解决物理矛盾。将该法则与其他技术系统进化法则结合起来，可以预测技术系统的进化趋势。

在进化过程中，当技术系统耗尽了系统中的资源之后，技术系统将作为超系统的部分而被包含到超系统中，下一步的进化将在超系统级别上进行。

5. 向微观级进化法则

技术系统及其子系统在进化发展过程中，向着减少其尺寸的方向进化，倾向于达到原子核基本粒子的尺度。进化的终点是技术系统的元件作为实体已经不存在，而是通过场来实现其必要的功能，即达到最终理想解（IFR）。

一般来说，在技术系统中，组成元素首先是在宏观级别上进化，然后是在微观级别上进化。向微观级进化法则指出：在能够更好地实现原有功能的条件下，技术系统的进化应该沿着减小其组成元素尺寸的方向发展，其尺寸倾向于达到原子或基本粒子的大小，即元件从最初的尺寸向原子、基本粒子的尺寸进化。在极端情况下，技术系统的小型化意味着进化为相互作用的场。

该进化主要存在以下四种路径。

（1）向微观级转化　所谓向微观级转化具有以下几个含义：即宏观级的系统向微观级转化；由通常形状的平面系统向立体系统转化；高度集成系统向高度分离的子系统（如粉末、颗粒等）、次分子系统（泡沫、凝胶体等）、化学相互作用下的分子系统、原子系统转化。

【例 3-39】 播放机向微观的进化

播放机在电子科技高度发展的今天已经不是什么新奇的玩意了，可是回想 20 世纪 80 年代当第一台随身听面世的时候，人们是何等的惊讶。短短 20 多年，随身听已经有了翻天覆地的变化，这种变化体现了随身听向尽可能小、尽可能轻薄的方向进化。其进化路径为：录音机→随身听→便携 CD 机→MP3→耳环播放器（见图 3-53）。

图 3-53　播放机的进化

（2）向具有高效场的路径转化　突破机械场，向热场、磁场、电场、化学场和生物场等复合场作用的路径转化。本路径的技术进化阶段可表示为：应用机械交互作用→应用热交互作用→应用分子交互作用→应用化学交互作用→应用电子交互作用→应用磁交互作用→应用电磁交互作用和辐射。可以看出，动态性进化法则中，增加系统柔性方向发展中指出的技术系统进化阶段也是符合向高效场路径转化的。

【例 3-40】 打印机的进化

印刷术经历数代的演变发展到了微观水平，喷墨打印机是通过喷嘴将墨水喷到打印介质上，最初每英寸可喷 100 点，现在每英寸可喷 600 点，而激光打印机则是基于场的作用，通过光使纸张和碳粉具有感光性而形成打印的内容（见图 3-54）。

（3）向增加场效率的路径转化　本路径的技术进化阶段：应用直接的场→应用有反方向的场→应用有相反方向的场的合成→应用交替场/振动/共振/驻波等→应用脉冲场→应用带梯度的场→应用不同场的组合作用。

图3-54 打印机的进化

（4）向系统分割的路径转化 固体或连续物体→有局部内势垒的物体→有完整势垒的物体→有部分间隔分割的物体→有长而窄连接的物体→场连接零件的物体→零件间用结构连接的物体→零件间用程序连接的物体→零件间没有连接的物体。

五、S 曲线与进化法则的关系

S 曲线与技术系统的八大进化法则指明了技术系统进化的一般规律，它是 TRIZ 中解决问题发现问题的指导原则。对于我们理解技术系统的本质，预测其发展走向具有重要的意义。八大进化法则中，提高理想度法则是核心，是其他法则的基础，其余七项法则是围绕着提高系统的理想度法则而进行的。技术系统进化法则同 S 曲线的关系如图 3-55 所示。

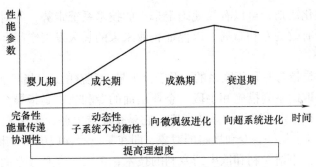

图3-55 技术系统进化法则同 S 曲线的关系

六、技术系统进化法则的应用

技术系统的八大进化法则是 TRIZ 中解决发明问题的重要指导原则，掌握好进化法则，可有效提高解决问题的效率。同时进化法则可以应用到其他很多方面，下面简要介绍五个方面的应用。

1. 产生市场需求

产品需求的传统获得方法一般是市场调查，调查人员基本聚焦于现有产品和用户的需求，缺乏对产品未来趋势的有效把握，所以问卷的设计和调查对象的确定在范围上非常有限，导致市场调查所获取的结果往往比较主观、不完善。调查分析获得的结论对新产品市场定位的参考意义不足，甚至出现错误的导向。

TRIZ 的技术系统进化法则是通过对大量的专利研究得出的，具有客观性和跨行业领域的普适性。技术系统的进化法则可以帮助市场调查人员和设计人员从进化趋势确定产品的进化路径，引导用户提出基于未来的需求，实现市场需求的创新，从而立足于未来，抢占领先位置，成为行业的引领者。

2. 定性技术预测

针对目前的产品，技术系统的进化法则可为研发部门提出如下预测：

① 对处于婴儿期和成长期的产品，在结构、参数上进行优化，促使其尽快成熟，为企业带来利润。同时，也应尽快申请专利进行产权保护，以使企业在今后的市场竞争中处于有利的位置。

② 对处于成熟期或衰退期的产品，避免进行改进设计的投入或进入该产品领域，同时应关注于开发新的核心技术以替代已有的技术，推出新一代的产品，保持企业的持续发展。

③ 明确符合进化趋势的技术发展方向，避免错误投入。

④ 定位系统中最需要改进的子系统，以提高整个产品的水平。

⑤ 跨越现系统，从超系统的角度定位产品可能的进化模式。

3. 产生新技术

产品进化过程中，虽然产品的基本功能基本维持不变或有增加，但其他的功能需求和实现形式一直处于持续的进化和变化中，尤其是一些令顾客喜欢的功能变化得非常快。因此，按照进化理论可以对当前产品进行分析，以找出更合理的功能实现结构，帮助设计人员完成对系统或子系统基于进化的设计。

4. 实施专利布局战略

技术系统的进化法则，可以有效地确定未来的技术系统走势，并对于当前还没有市场需求的技术事先进行有效的专利布局，以保证企业未来的长久发展空间和专利发放所带来的可观收益。

所谓专利战略是指与专利相联系的，用于谋求最大利益的，可指导企业在经济、技术领域的竞争中获胜而采取的系列措施和手段。企业层面的专利战略是指导企业在相关技术经济领域开展竞争的、具有一定前瞻性的系统研究，它是企业求生存、求发展的经营战略的一部分。它包括以下两层含义：第一，专利战略的对象，即在某技术领域中，有市场价值的、已获得专利权的专利技术或已申请专利和欲申请专利的技术；第二，专利战略的目标，即以市场为中心，开拓市场并占领和垄断市场，最终取得市场竞争的有利地位，获取最大利益。当前社会，有很多企业正是依靠有效的专利布局来获得高附加值的收益。在通信行业，高通公司的高速成长正是基于预先的、大量的专利布局，它在 CDMA 技术上的专利几乎形成全世界范围内的垄断。我国的大量企业，每年会向国外的公司支付大量的专利使用许可费，这不但大大缩小产品的利润空间，而且还会经常因为专利诉讼而官司缠身。

5. 选择企业战略实施的时机

一个企业也是一个技术系统，一个成功的企业战略能够将企业带入一个快速发展的时期，完成一次 S 曲线的完整发展过程。但是当这个战略进入成熟期以后，将面临后续的衰退期，所以企业面临的是下一个战略的制定。而且，随着科学技术飞速发展，企业之间竞争的核心已经不再是产品和服务，而是技术创新的竞争。企业技术创新的核心是将新技术应用于生产，使之转化为现实生产力，创造出更大的经济效益。八大进化法则，尤其是 S 曲线对选择一个企业发展战略制定的时机具有积极的指导意义。

由于技术系统是沿着 S 曲线演化的,因此,对企业相关的核心技术及其相关技术需要有预测性的演化分析,找到产业竞争环境与企业技术机会的结合点,完成企业在制定技术战略前的战略分析,选择好战略实施的时机。通常很多企业无法跨越 20 年的持续发展,原因之一就是忽视了企业也是按照 S 曲线的 4 个阶段完整进化的,企业没有及时进行下一个企业发展战略的有效制定,没有完成 S 曲线的顺利交替,以致被淘汰出局,退出历史舞台。所以企业在一次成功的战略制定后,不要忘记 S 曲线的规律,需要在成熟期开始着手进行下一个战略的制定和实施,从而顺利完成下一个 S 曲线的启动,实现企业的可持续发展。

第三节 技术进化法则应用案例

工程实例一 车轮的发明及其技术进化过程分析

车轮的发明存在技术进化的必然,古人拖运沉重的物体的时候,某个圆的东西,如一块石头或一段光滑的原木碰巧被压在被搬运物的下面,由于该圆形物体的作用,拖运工作突然间变得轻松起来。人们注意到这点并且开始在拖运重物的路上放很多这样的圆形物体,这样,拖运工作变得简单多了,如图 3-56(a)所示。但是,在路上放置很多这样的辊子是一件令人伤脑筋的事清。

事实上,如果重物下面的辊子能够旋转就更好。将辊子的中部磨薄,再将其通过原始式轴承绑在一个用于支承重物的平台上,一辆手推车就出现了,如图 3-56(b)所示。这就构成了由元件间的相互联系形成的工程系统。

(a)   (b)

图 3-56 圆形物助力于拖运重物

然而,这种手推车只能笔直地走,转弯却非常困难,因此也就不能够完全地适应工作环境的需要。如果有一个轴的话,情况就会好一些。但是在那种情况下又会产生新的问题,即在转弯时,外侧的车轮移动的距离要比内侧的车轮移动的距离长。

这就要求车轮必须是动态化的,它们必须与车轴分离并且安置在车轴的两边。这样在转弯时就没有东西阻止,两个轮子的行程不同了,单轴双轮的手推车比较容易控制,如图 3-57所示。

"动态化"原理意味着增加一个物体的运动自由度并改变它的一些参数。车闸就是车轮的动态化设计,这听起来似乎是荒谬的。一块普通的木板通过杠杆的作用压在车轮上就形成了一个高精度、有效、灵敏的机构。但此刻一个带有车闸的动态性的轮子（可以从静止到自由转动）对我们来说是非常重要的，如图 3-58 所示。

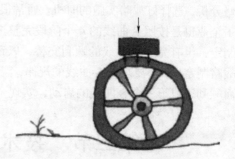

图 3-57　单轴双轮车结构

图 3-58　车轮车闸结构

但是，对于那些沉重的四轮手推车我们又能做些什么呢？为了获得比较好的可控制性，

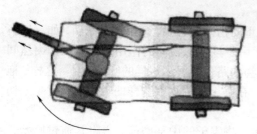

必须增加动态性。因此，人们又改良了车轮和一些其他元件的灵活性，并利用一个垂直的铰接点将一根转轴和两个轮子固定在一个平板上，再在转轴上绑一根木杆，拉车的牲畜就拴在这根木杆上，如图 3-59 所示。事实证明，这种设计的效果还不错。

图 3-59　四轮转向车结构

直到机动车发明后这种由牲畜拉的车才逐渐消失。由于加在控制机构之上的载荷太重了，"火车"或者说是它的驾驶员就不能够很好地控制前部的转轴。

这样，一种更加奇特的结构"马拉的蒸汽机车"出现了，如图 3-60 所示。当然，马是拉不动这么沉重的车辆的，这种车辆的后轮是由蒸汽机驱动的。那么，马又起到了什么作用呢？它担负着带动车辆前轮转动的任务。

因为木杆不易被安置在机车内部，所以用木杆掌舵的方法在很多时候就显得非常不方便。转弯的时候，木杆所需的空间往往已经被机车的其他部分所占用了，这样，"动态化"原理就再一次被派上了用场。用一个垂直的铰接点将每个转轴配件和轮子固定在机车的车体上，转轴配件间用一根拉杆相互连接。这样就有足够的空间来转动方向盘了，而且设置一个专门的齿条机构来控制拉杆向左或向右运动使得内外的车轮同步转动，如图 3-61 所示。

图 3-60　马拉的蒸汽机车结构

图 3-61　拉杆结构的转轴结构

下一步就是沿着转轴做动态化调整了。实践证明，必须巧妙地安装控制轮才能使轮胎的磨损量达到最佳状态并且比较容易地控制该汽车。这些控制轮必须在上部稍稍分离然后

向前聚合在一点，即车轮内向。车轮的位置必须根据轮胎样式、路面情况、驾驶方式等事先调整好，为了达到这个目的，人们将机身上的半轴装置制成可动的。但是，这仅仅是一种阶梯式的动态，我们只能在调整的时候移动车轮吊架，在操作时，它就被很可靠地固定住了，如图 3-62 所示。

这种安装可控轮的方法至今仍被广泛地使用着，同时，"动态化"发明原理也仍然发挥着作用。

例如，为什么不使后车轮同前轮一样可动呢？这样的一种控制方案根本就不用包括可控轮，只要将前后转轴都严格地固定在由前后两部分组成的车体之上，车体的中部由一个垂直的铰点连接在一起，如图 3-63 所示。在液压缸的帮助下这种机车很容易转动。

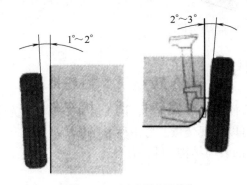

图 3-62　可动半轴装置结构

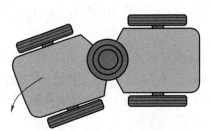

图 3-63　带垂直铰点的转向结构

这种方案在载重拖拉机的设计中被广泛采用。低压胎拖拉机、坦克和小型六轮越野车也经常采用这种方案来实现转弯，如图 3-64 所示。这种情况，两侧的轮胎用来刹车，其余的轮胎则在发动机的控制下转动。用这种方式，车辆能在任意一点转弯。但是由于控制系统中的可动配件减少了，这种方式在转轴方向上的动态性有所退步。除此之外，这种车辆在两个转弯之间直线行驶时有些笨拙。

图 3-64　六轮越野车结构图

就一辆汽车来说，通过增强其前轮或后轮可控性都可以改善它的可控制轮的动态性。要转弯的话，它们就要向相反的方向进行偏转。装有这种轮胎的汽车可控制性非常高。

如果在转弯时，后轮既可以和前轮向相反的方向进行偏转又可以和前轮同方向偏转的话，机车转弯时的可控制性就会增强。在后一种情况下，机车可以向一个方向转，这样，要停车就非常容易了，如图 3-65 所示。

现在，车轮已经变得很复杂了。如果工作情况允许的话，它们今后还可能会变得简单起来。例如，用四个能向任何方向转动的球状推进器来代替它们。理论上，根本就不应该存在车轮，车辆应该能够像直升机和气垫船一样按照驾驶员的意愿向任何方向移动。

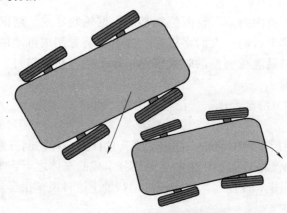

图 3-65　增强前后轮可控性结构

工程实例二　可变焦镜头系统的进化

摄影爱好者为了减少镜头携带的数量，喜欢使用可变焦镜头，该系统是一种具有光学结构的多元件系统，调节元件之间的轴向距离就可以实现变焦。另一种可变焦镜头系统利用了一对光学反射透镜，这种反射透镜有着特殊成形的表面结构，可以有选择性地限定界限，实现透镜焦距的改变。

所有传统可变焦透镜系统都有相同的缺点：透镜系统质量大，体积大，价格昂贵，制造费时（研磨，抛光）。

从 TRIZ 的观点（增加动态性和可控性）考虑，很明显要消除上诉缺点很简单：可以用柔韧材料制成的元件组成系统来替代由玻璃元件（透镜，镜子）组成的刚性镜头系统。

按"增加动态性"的进化线路，镜头系统可以沿着单镜头→可调双镜头系统→可调多镜头系统→弹性连续可调镜头系统→液体连续可调镜头系统→气体连续可调镜头系统→场控连续可调镜头系统阶段进化。

通过对专利数据和企业的决策进行详尽的分析，很大程度上肯定了这种进化趋势。其中单镜头→可调双镜头系统→可调多镜头系统阶段描述的是传统的镜头系统。弹性连续可调镜头系统→液体连续可调镜头系统→气体连续可调镜头系统等阶段对应的是连续可调镜头系统，可以在最近的许多专利和出版物中发现。场控连续可调镜头系统阶段的连续可调镜头系统还没有真正发展起来。

对于弹性连续可调镜头系统，可变焦镜头系统包括一个透镜元件，这种类型透镜元件由一种透明均匀的弹性材料制成，当透镜处于松弛状态或即将处于松弛状态时，就会自动成形，易实现预定的焦距。可以沿着光轴方向或光轴垂直方向来支持镜头元件，这样就可以应对镜头外围设备附近的径向拉应力（如美国专利 4444471）。如图 3-66 所示，镜头系统包括 4 个主要零部件，一个整体框架，弹性光学元件 12，两个部件组成的可调夹具 20，一个圆形玻璃框 38，一个圆柱形管状元件 40。光学元件 12 是一种三件结构，包括一个中心镜头元件 14、一个圆形柔性薄膜 16 和一个圆形超环体 18。在管状元件 40 的外表面有两个凹槽 72 ［如图 3-66（b）所示］，凹槽里相对应的有一对舌状物 30，可以在凹槽沿光轴 OO 方向，从夹具的前端面 22 开始滑动。当圆形玻璃框 38 以光轴 OO 为轴反向旋转，就会使管状元件 40 沿轴向移动，逐渐靠近弹性体，这时管状元件 40 的前部结构，包括辊子 66，就会和柔性薄膜 16

接触。随着管状元件 40 沿光轴 OO 逐渐向着光学元件移动，它的前部结构就会在柔性元件 16 上施加一种力的作用，该力的方向与光轴 OO 方向平行，同时这种压力将均一地作用于镜头元件 14 的外围，改变了镜头元件 14 形状，从而镜头元件的焦距也得到适当的改变［如图 3-66（b）所示］。因此，通过旋转玻璃框 38，可以实现镜头元件 14 形状的连续改变，即焦距的连续改变。

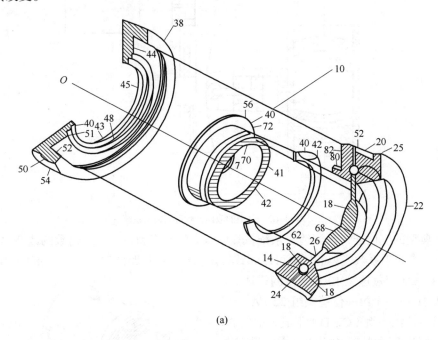

(a)

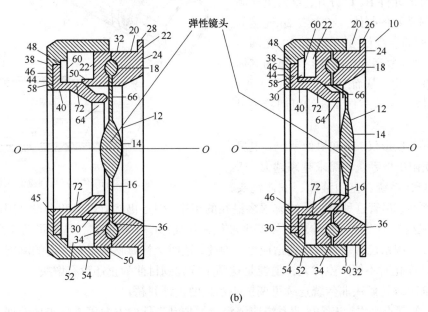

(b)

图 3-66　典型的弹性连续可调镜头系统的结构简图

对于液体连续可调镜头系统，在一个典型的液体镜头系统中（美国专利 4466706，图 3-67），一个形状/体积可变的空腔里充满了一种光学清晰液体，透过调整空腔的体积，作用在液体上的压力就会得到相应的调整。空腔的两端用弹性光学清晰薄膜封闭。这种薄膜可以随着作用于液体上压力的连续改变而连续弯曲变形，从而实现连续的曲率变化。一对轴向可调望远镜的套筒就可以形成一个小空间。小空间的两端用一对相对而言很薄的弹性光学透镜封闭。这种光学透镜由柔韧材料制成。这个透镜的曲率随着作用在液体上的压力的改变而相应地改变。

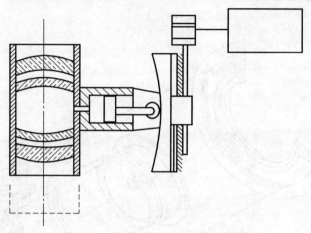

图 3-67　典型的液体连续可调镜头系统

对于典型的气体连续可调镜头系统，气体压力的改变和镜头放大倍数的改变是相对应的。改变作用于高折射系数气体的压力可以导致气体镜头系统焦距的改变。图 3-68（美国专利 4732 458）是对气体变焦透镜 10 示意性的描述。

镜头 10 由一个第一位镜头组 22（A，B）和一个第二位镜头组（C，D）组成，空穴 26 将不同的新月形元件 B、C 分开，空穴里充满了具有高折射系数的气体。和空穴 26 连接的是一个活塞/圆筒装配件 30。活塞 32 在圆筒 34 里可以来回往复运动，这样空穴里的气体压力就会发生变化，从而改变了镜头的焦距。

1. 非传统（液体/气体）连续可调镜头设计问题

对望远镜、投影仪、空间摄像系统、卫星摄像系统、太阳摄像系统的需求越来越大。所谓的太阳能摄像系统就是由液体、气体镜头

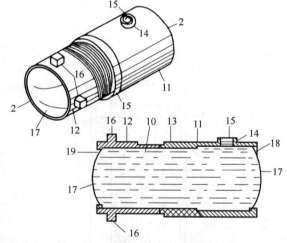

图 3-68　典型的气体连续可调镜头系统

组成的镜头系统。尽管这种镜头系统有很多潜在的用途，但是仍然有以下两个设计限制：一是外界环境或机构的振动使得液体或气体产生波纹，从而影响了精度；二是为了适应高速摄影的需要，连续可调系统必须具有快速适应性。为此，透明塑料薄膜需要有一定的刚度，这种塑料薄膜在高速变化时不能产生像差，遗憾是这两个问题到目前为止还没有解决。

2. 用 TRIZ 理论解决非传统连续可调镜头系统的设计问题

从 TRIZ 的观点来看，连续可调系统应该沿着增加动态性的方向更进一步地发展，建议采用以下几种改进设计方案：一是利用电场或磁场的变化控制液体镜头的特性，如图 3-69 所示；二是用对电场或磁场敏感的光学清晰液体代替传统固体镜头，如图 3-70 所示；三是利用具有非线性机械及光学特性的材料。

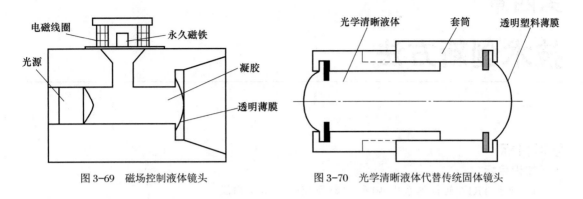

图 3-69 磁场控制液体镜头　　　　　图 3-70 光学清晰液体代替传统固体镜头

习题

1. 什么是系统? 系统有哪些基本特征?
2. 什么是技术系统?
3. 什么是 S 曲线? 在 S 曲线中有哪几个阶段? 每个阶段有何特征?
4. 技术系统进化法则有哪些?
5. 提高系统理想度的途径和方法有哪些?

第四章

技术创新方法

学习目标

知识目标

1. 理解 TRIZ 创新体系中 40 种创新原理的概念及内涵。
2. 掌握 39 个工程参数内涵。
3. 掌握矛盾矩阵表的使用方法。
4. 掌握分离原理的内涵。

技能目标

1. 会使用矛盾矩阵表解决属于技术矛盾范畴的专业技术难题。
2. 会使用分离原理解决属于物理矛盾范畴的专业技术难题。
3. 会转化技术矛盾与物理矛盾。

素质目标

1. 能提升利用 40 个原理训练类比思维能力，将 40 个发明原理应用到工作领域中。
2. 能判断特定的概念化或实质性的技术难题为矛盾属性技术系统，并利用 TRIZ 桥解决问题。

本章内容要点

重点介绍了 TRIZ 技术创新体系中 40 个发明原理的经典解释和各行业中的具体运用案例；介绍了利用 39 个通用工程参数定义技术矛盾属性的技术难题，通过矛盾矩阵表快速推荐相应的发明原理，结合技术系统的资源得到相应技术方案；介绍利用四种分离原理解决物理矛盾属性的技术难题。

第一节　TRIZ 创新原理

创新原理是人类在征服自然、改造自然的过程中所遵循的客观规律，是人类获得人工制造物时所遵循的发明创新原理。

从远古时期到近代社会，人们还没有系统地总结出这些规律。直到 1946 年，苏联阿奇舒勒发现、提炼并总结归纳出蕴含在发明创新现象背后的客观规律，展示出创新理论并让创新的过程走上了方法学的高速路，让创新变成了人人都可以掌握的一门知识。TRIZ 创新原理让原来创新过程变得并不神秘，只要人人掌握创新方法，普通人也可以进行创新工作！这就是 40 个发明原理的奥妙！

一、40 个发明原理概述

阿奇舒勒经过多年的研究、分析和总结，凝练出了 TRIZ 中最重要的、具有普遍用途的 40

个发明原理（见表 4-1）。40 个创新原理可以看作创新过程通用钥匙，应用于技术创新领域，掌握这 40 个创新原理，创新发明工作将会更加容易。

表 4-1　40 个创新原理

序号	原理名称	序号	原理名称
1	分割	21	减少有害作用的时间
2	抽取	22	变害为利
3	局部质量	23	反馈
4	增加不对称性	24	借助中介物
5	组合	25	自服务
6	多用性	26	复制
7	嵌套	27	廉价替代品
8	重量补偿	28	机械系统替代
9	预先反作用	29	气压和液压结构
10	预先作用	30	柔性壳体或薄膜
11	事先防范	31	多孔材料
12	等势	32	改变颜色
13	逆向思维	33	同质性
14	曲面化	34	抛弃或再生
15	动态特性	35	物理或化学参数改变
16	不足或过度的作用	36	相变
17	多维化	37	热膨胀
18	机械振动	38	强氧化
19	周期性作用	39	惰性环境
20	有效作用的连续性	40	复合材料

二、发明原理具体内容

发明原理可以促进加快创新过程和效率，在运用发明原理解决具体技术问题时，一方面要保持思维的开放性，另一方面，还要注意类比思维方法的应用。下面将对 40 个发明原理逐一进行介绍。为方便理解，举例说明每个发明原理在一些领域中的具体应用。

发明原理 1　分割

分割原理是指以虚拟或真实的方式将一个系统分成多个部分，以便分解（分开、分隔、抽取）或合并（结合、集成、联合）一种有益或有害的系统属性。分割原理具有以下三层含义：

① 将一个物体分割为相互独立的几个部分；

② 使一个物体分为容易组装和拆卸的部分；

③ 增加物体被分割的程度，以实现系统的改造。

1. 分割原理应用案例

【例 4-1】　水雾灭火（美国专利 6189625）

水滴喷射流用来扑灭室内火灾，水滴落在物体的表面时，让物体温度降低到材料的燃点以下，火便熄灭，但大部分水滴都流到燃烧物体的下面。

为了让所有的水只参与灭火，避免水滴流到燃烧物下方，可以采用文丘里管结构让水高速流经文丘里管的同时，吸入大量空气形成水雾喷射流（空气进一步分割水滴），水雾喷射流直接落到着火的物体表面上，包裹在燃烧物周围，防止了空气从外部进入，原理见图 4-1。

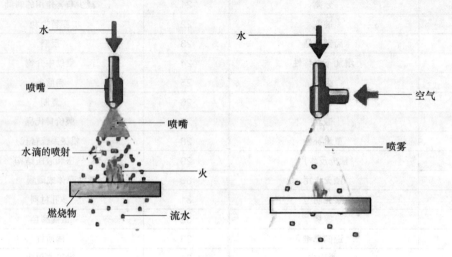

图 4-1　水滴经过压缩空气喷嘴形成水雾

2. 案例拓展及使用注意事项

应用实例：多管火箭炮；运载火箭的多个助推器；为降低噪声分割为室内机和室外机的空调；为防止产生流体锤和静电而分割若干腔室的油罐车；组合工装夹具；活动百叶窗；武器中的子母弹；用粉状焊接材料代替焊条改善焊接结果。

综合以上案例可知，如果系统因重量或体积过大而不易操纵，可将其分割为若干轻便的子系统，使每一部分均易于操纵。分割不仅仅适用于几何概念的实物，也可以用于非实体领域，如管理学和心理学上，也可以对组织和概念进行分割。

发明原理 2　抽取

抽取原理是指从整体中分离出有用的（或有害的）部分（或属性）。由于每个物体都是一个矛盾体，同时存在着正面和负面、必要和不必要的因素，我们可以通过抽取的方法使系统增值。抽取原理具有以下两个方面的含义：

① 将物体的"负面"部分或特征抽取出来；

② 从物体中抽取必要的部分或特性。

1. 抽取原理应用案例

【例 4-2】 非药物杀灭幼虫（美国专利 5653052）

用溶解氯（有毒物质）杀死幼虫，使得饮用水不含有幼虫，但水中残留的少量氯会恶化水质。利用幼虫很高的电导性，在相互绝缘的两个电极上加上交变电压，使得幼虫极化后感应出相反电荷，产生的交流电将幼虫加热到较高的温度从而杀死它们，见图 4-2。

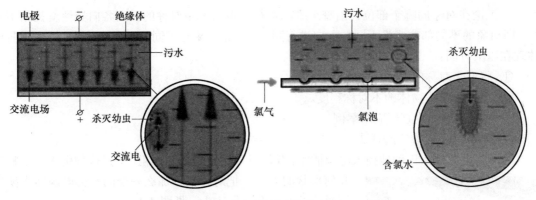

图 4-2　交变磁场在水中杀灭幼虫

2. 案例拓展及使用注意事项

应用实例：冰箱除味剂；高速公路上的隔音屏蔽；化工生产中的萃取工艺；用光纤或光缆分离光源；微波滤波器；只采集血液中的血小板献血；离子培植中的离子分离；火箭在冲出大气层的过程中将燃料燃尽的部分解体分离。

综合以上案例可知，可把系统中的功能或部件分成有用、有害部分，视情况抽取出来。切记抽取的目的是为系统增加价值。抽取可同样应用于非实物或虚拟情况。

发明原理 3　局部质量

局部质量原理是指在一个对象中，特殊的（特定的）部分应该具有相应的功能或条件，能够最好地适应其所在的环境，或更好地满足特定的要求。局部质量原理具体有以下三个方面的含义：

① 将物体、环境或外部作用的均匀结构，变为不均匀的；

② 让物体的不同部分具有不同功能；

③ 使物体的各部分处于各自动作的最佳状态。

1. 局部质量原理应用案例

【例 4-3】　瑞士军刀

图 4-3 所示为瑞士军刀，该刀具折叠着多种常用工具，如小刀、剪子、起瓶器、螺丝刀等，显然这把瑞士军刀的不同部分，具有不同的功能。

2. 案例拓展及使用注意事项

应用实例：晶体定向生长；玻璃钢化过程的温度梯度代替恒定、均一的温度；凸轮机构；可以设置不同区域不同温度的冰箱。

综合以上案例可知，不均匀的系统结构和环境往往是最具有适应性的。根据物体使用的实际情况，我们可以依照具体需求适当地改变物体局部的功能或形状，使效果达到最佳，重点要实现系统中资源的最优配置。

图 4-3　瑞士军刀

发明原理 4　增加不对称性

增加不对称性原理涉及从各向同性向各向异性的转换，或是与之相反的过程。各向同性是指，无论在对象的哪个部位，沿哪个方向进行测量，都是对称的。而各向异性就是指不对称，即对象的不同部位或沿不同的方向进行测量，测量结果是不同的。增加不对称性原理具体体现在以下方面：

① 将原来对称的物体变为不对称；

② 增加不对称物体的不对称程度。

1. 增加不对称性原理应用案例

【例 4-4】 不对称三脚插头

为了将电源插头正确地插入电源插座，我们可以把接地插脚加粗。通过这种引入一个特殊

图 4-4　安全型三脚插头

几何形状的方法，把对称的不那么安全的三脚电源插头换成不对称的安全型三脚插头，见图 4-4。

2. 案例拓展及使用注意事项

应用实例：将 O 形密封圈的截面由圆形改为椭圆形以改善密封性；使用不对称的搅拌叶片在容器中搅拌；在汽车轮胎的外缘增加一个稍微厚一些的边缘，以抵抗与街道两侧镶边石的撞击；非圆形截面的烟囱减少风对其的拖拽力；用散光片聚光。

综合以上案例可知，对系统的状态做出变更，如改变系统平衡、让系统倾斜、减少材料用量、降低总重量、调整物资流、变换支持负载等，可消除冗余（如重量）或提高性能（如密封）。

发明原理 5　组合

为了提高效率或改善性能，可以将相同的物体或相类似的操作进行组合。组合原理体现在以下两个方面：

① 在空间上，将相同的物体或相关操作加以组合；

② 在时间上，将相同或相关的操作进行合并。

1. 组合原理应用案例

【例 4-5】 勺子与吸管组合装置

餐饮行业中，饮用各种饮料时需要吸管或勺子两种工具。为了方便取用，利用组合原理，将一个带孔的空心勺和一个连接于勺把上的铲勺组合起来，如图 4-5 所示，铲勺上面还有一个槽。使用铲勺可以搅拌液体并取出饮料中的冰块，通过槽和空心勺则可以饮用液体。

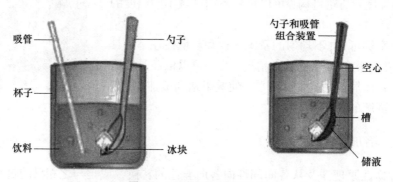

图 4-5　具有吸管功能的勺子

2. 案例拓展及使用注意事项

应用实例：水陆两用汽车；多轴机械加工组合机床；利用生物芯片可同时化验多项血液指标；同时分析多个血液参数的医疗诊断仪；综合参数测试仪。

综合以上案例可知，将新材料、新技术引入旧的系统中，在时间和空间上加以组合，可以提高系统性能。此原理也可用于心理学或人力资源等学科中，以改变工作中的人际关系。

发明原理 6 多用性

多用性或通用性是指将不同的功能或非相邻的操作合并，使一个对象具备多项功能，从而消除了这些功能在其他对象内存在的必要性，使对象具备多个对象的功能，从而具备多用性。多用性原理体现在以下方面：

① 使一个物体具备多项功能；

② 消除了该功能在其他物体内存在的必要性后，进而裁减其他物体。

1. 多用性原理应用案例

【例 4-6】 测温奶嘴

怎样测量婴儿的体温而不激起啼哭？图 4-6 为根据多用性原理设计的可以测量小孩体温的橡皮奶嘴。在奶嘴里充满甘油，同时还包括一个由天然胆固醇制成的热敏盘。这个热敏盘一般情况下是绿色的，当小孩的体温超过 37.7℃时，热敏盘就变成黑色。同时结合人工智能和互联网技术，奶嘴内置追踪器，通过低功耗蓝牙将数据发送到配套的 Android 或者 iPhone 应用，就可以测量宝宝的体温，又不用担心会把奶嘴给弄丢了。

图 4-6 可以测量小孩体温的橡皮奶嘴

2. 案例拓展及使用注意事项

应用实例：带有圆珠笔的教鞭；多功能手机；MP3；多功能厅；报警门铃；充气雨衣；全科医生；一辆摩托车的车架，既可以充当支架，又可充当燃油储存系统。

综合以上案例可知，在任意时间、地点和系统级别上，当系统具备多用性时，可以让系统具有更多的协作或者增值机会。

发明原理 7 嵌套

嵌套原理是指通过递归的方法将一个对象放入另一个对象的内部，或让一个对象通过另一个对象的空腔而实现嵌套，即对象间彼此吻合、彼此组合、内部配合。

1. 嵌套原理应用案例

【例 4-7】 牙刷柄内储存牙膏的牙刷

传统刷牙时是将一层牙膏挤在牙刷的刷毛上，有时牙膏从管中意外流出会弄脏衣物，影响外出时个人形象。图 4-7 为应用嵌套原理改进后的牙刷。将牙膏放在牙刷的空心手柄内（活塞与刷杆之间），利用转动驱动轮移动活塞，可让牙膏从刷杆的出口流出并覆盖在刷毛上。

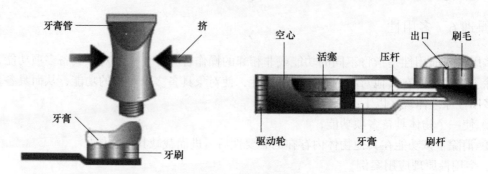

图 4-7　装有牙膏的牙刷

2. 案例拓展及使用注意事项

应用实例：套娃；套装式油罐，内罐装黏度较高的油，外罐装黏度较低的油；户外遥控伸缩式车库；嵌套量规、量具；伸缩式钓鱼竿；飞机的起落架；滑行门/推拉门；变焦透镜。

综合以上案例可知，嵌套可以尝试不同方向（如水平、垂直、旋转或包容），具体应用时需考虑空间的利用和被嵌套对象的重量。

发明原理 8　重量补偿

重量补偿原理是指通过一个相反的平衡力（浮力、弹力或其他类似的力）来阻碍（或抵消）一个不良的（或不希望有的）力。重量补偿原理体现在以下方面：

① 将某一物体与另一能提供上升力的物体组合，以补偿其重量；

② 通过环境（利用空气动力、流体动力或其他力等）的相互作用，实现物体的重量补偿。

1. 重量补偿原理应用案例

【例 4-8】 飞机飞行原理

如图 4-8 所示，飞机是重于空气的飞行器，当飞机飞行在空中时，就会产生作用于飞机的空气动力，飞机就是靠空气动力升空飞行的。飞机的升力绝大部分由机翼产生，空气流到机翼前缘，分成上、下两股气流，分别沿机翼上、下表面流过，在机翼后缘重新汇合向后流去。机翼上表面比较凸出，流管较细，说明流速加快，压力降低。而机翼下表面，气流受阻挡作用，流管变粗，流速减慢，压力增大。于是机翼上、下表面出现了压力差，垂直于相对气流方向的压力差的总和就是机翼的升力。这样重于空气的飞机借助机翼上获得的升力克服自身因地球引力形成的重力，从而翱翔在蓝天上。

2. 案例拓展及使用注意事项

应用实例：游泳救生圈；热气球；赛车上的阻流板；在圆木中注入发泡剂，使其更好地漂浮；轮船应用阿基米德定律产生可承重千吨的浮力；潜水艇；直升机的螺旋桨；曹冲称象；船在航行过程中船身浮出水面，以减少阻力。

图4-8 飞机飞行

综合以上案例可知，充分利用空气、重力、流体等进行举升或补偿，可抵消现有系统/超系统/环境中的不利作用（如力或重量）。重量补偿原理也适用于商业问题、人际关系或其他科学。

发明原理9 预先反作用

预先反作用原理是指根据可能出现的问题，提前采取行动来消除问题、降低问题的危害或防止问题的出现。预先反作用原理体现在以下方面：

① 事先施加机械应力，以抵消工作状态下不期望的过大应力；

② 如果问题定义中，需要某种相互作用，那么事先施加反作用。

1. 预先反作用原理应用案例

【例4-9】 钢筋预加预应力

如图4-9所示，在灌注混凝土之前，对钢筋施加拉应力。因为预应力钢结构在构件的荷载加上去之前，给构件施加预应力，这样就会产生一个与荷载作用产生的变形方向相反的变形。当荷载要给构件沿其作用方向发生形变之前，必须首先把这个与荷载相反的变形抵消，然后

图4-9 浇混凝土之前的预压缩钢筋

才能继续使构件沿荷载方向发生变形。这样，预应力就像给构件多施加了一道防护一样，改进了构件的力学性能。

2. 案例拓展及使用注事项

应用实例：给畸形的牙戴上矫正牙套；在步枪射击时必须预先用肩膀抵紧枪托，以化解射击时的后坐力；给卷好的纸卷勒上橡皮筋，或者用夹子把卷好的纸夹住；汽车减震器；给木材渗入油脂来阻止腐朽；酸碱缓冲溶液；缓冲器能吸收能量，减少冲击带来的负面影响。

综合以上案例可知，预先反作用的应用关键在于预先采取行动来抵消、控制或防止潜在故障的出现，包括人或自然的相互作用，如压力、危机等。

发明原理 10　预先作用

预先作用原理是指在真正某种作用之前，预先执行该作用的全部或一部分。预先作用原理体现在以下方面：

① 预先对物体（全部或部分）施加必要的改变；
② 在最方便的位置预先安置物体，使其在第一时间发挥作用，避免时间的浪费。

1. 预先作用原理应用案例

【例 4-10】　预存高压氧维持膨胀气泡的温度（美国专利 6354220）

水下爆炸装置的主要破坏因素是气泡损坏。当气泡膨胀时，气泡压力过高导致气泡中的气体温度下降，降低了其破坏目标的效果。如果在气泡中加入氧化剂以维持较高的温度就可以提升其破坏目标的效果，因此水下爆炸装置设计的关键是怎样将液态水（氧化剂）快速分散到膨胀的气泡中以达到维持温度的目的。

根据预先作用原理，可以将水下爆炸物提前放置到充满高压氧的壳体中，氧气会快速将引爆产物氧化。即在初始引爆区周围施加高压氧，可以降低向初始引爆区施加氧化剂的设备的复杂性（见图 4-10）。

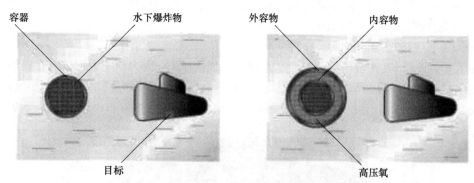

图 4-10　预先贮存的氧气增大水下爆炸物的破坏因数

2. 案例拓展及使用注意事项

应用实例：不干胶粘贴（只需揭出透明纸，即可用来粘贴）；邮票打孔；建筑楼道里放置灭火器；悬挂式盘子；预先涂上胶的壁纸；（胶片）感光底层预先的清洁处理；在印制电路板中用预先制造的胶片连接各碎片；已充值的公交卡；道路上转弯、分岔或出口的预先提示牌；柔性制造单元。

综合以上案例可知，可在某一事件或过程之前采取行动，目的在于增强安全性、简化事情的完成过程、维持正确作用、增加智力、产生某种优点及使过程简单化等。

发明原理 11 事先防范

采用预先准备好的应急措施补偿物体相对较低的可靠性。

1. 事先防范原理应用案例

【例 4-11】 提前分解塑料

众所周知，塑料很难分解，所以造成了很严重的环境污染问题。为了解决这个问题，根据事先防范原理，将玉米淀粉加工成化合物可以用来促进塑料分解（图 4-11）。在塑料结构组织里混入玉米分子，再加上湿气和微生物的作用，塑料就会很容易地在土壤里分解。

图 4-11 加入玉米分子促使塑料分解

2. 案例拓展及使用注意事项

应用实例：图书中的防盗磁卡；飞机上的降落伞和备用伞包；应急楼梯/防火通道；码头边上的防护轮胎；电闸里的保险丝；显影剂可依据胶卷底片上的磁性条来弥补曝光不足。

综合以上案例可知，为了防止或补偿低可靠性的物体，可事先采取对策，因此，在复杂、高产量的系统中，可能产生无法接受的失效，假如不能完全排除失效，事先准备或修补低可靠度就变得很重要；同时针对有高风险及高成本失效的状况进行事先准备。

发明原理 12 等势

改变工作条件，使物体上升或下降。等势原理与三个主要概念有关，可单独使用，也可合并使用。等势原理具体体现在以下三个方面：

① 在系统或程序内所有的通过点，建立在同一个势能状态下已达成系统效益；

② 在系统内部建立相关性，使系统可以支持等势状态；

③ 建立连续与完全相连接的结合与关系。

1. 等势原理应用案例

【例 4-12】 三峡船闸

三峡船闸位于湖北省宜昌市长江上游 38km 处三峡大坝坛子岭北侧，是三峡工程重要的通航建筑物之一，为双线连续五级船闸。船闸全长 1621m，上下游总落差 113m，船是如何通过船闸的呢？先打开一端，船闸里的水位逐渐与外面相等，外面的船就可以开进船闸，然后把这一端船闸关闭，打开另一端的船闸，船闸里的水位逐渐与外面相等，船就可以开到另一端去。即利用两个不同高度的水域设置水闸，如图 4-12 所示。

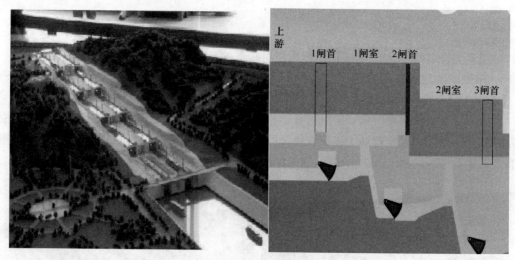

图 4-12　三峡大坝五级船闸

2. 案例拓展及使用注意事项

应用实例：工厂中与操作台同高的传送带；供乘客登上飞机的舷梯；仓库内搬运货物的叉车；轮船码头上的龙门吊车；自动送料小车。

综合以上案例可知，通过改变工作状况，物体就不需要被举起或降低，要点是避免直接对抗重力，可以通过环境、结构或系统所提供的资源，以最低的附加能量消耗来有效地消除不等位势（有害作用）。

发明原理 13　逆向思维

逆向思维是 TRIZ 最重要的原理之一。假如某事物以某特定方式构成或作用，尝试通过相反的方式构成或执行操作，以避免伴随的问题。具体体现为以下三个方面：

① 用相反的动作替代要求指定的动作；

② 让物体可动部分不动，不动部分可动；

③ 将物体上下或内外颠倒（或过程）。

1. 逆向思维原理应用案例

【例 4-13】 带滚轮的防弹盾牌

在防爆领域中，利用手持式防弹盾牌能够保护使用人员的一部分身体，以避开攻击。但是现有的手持式防弹盾牌并不能保护整个身体，同时增加手持式防弹盾牌的面积，会使手持式防弹盾牌在使用时变得沉重、巨大，不利于行动。

利用逆向思维原理，在防弹盾牌上安装若干个与地面接触的滚轮，每个与地面接触的滚轮都可以独立沿垂直轴转动。这种与地面接触的滚轮装置可以使防弹盾牌在平坦的地面上向任何方向滚动，而不必将其携带在身上，如图 4-13 所示。

2. 案例拓展及使用注意事项

应用实例：转子和定子彼此逆向旋转的两向旋转发电机；乘客随滚动电梯上下楼；加工中心中将工具旋转变为工件旋转；将剩余不多的润肤霜瓶子倒立放置。

综合以上案例可知，尝试让系统以某种方式反转或颠倒，执行相反动作而不是被制式行动所主导，使物体的活动部分改变为固定的，让固定的部分改变为活动的，系统往往会由

图 4-13 带滚轮的防弹盾牌

此获得新功能、新特征、新作用和新对象。

发明原理 14 曲面化

使用弯曲或球面的元件取代线性的元件，使用转动取代直线运动，使用滚轮、球或螺线，具体体现在以下三个方面：

① 从直线部分过渡到曲线部分，从平面过渡到球面，从正六面体或平行六面体过渡到球形结构；

② 使用柱状、球体、螺旋状等物体；

③ 从直线运动过渡到旋转运动，利用离心力。

1. 曲面化原理应用案例

【例 4-14】 利用凹面反射镜改善亮度

一般建筑物为了有更好的亮度，采用坐北朝南的方法。而温室为了有足够的光照，在北部安装了凹面反射镜（图 4-14），这样通过白天反射太阳光以改善北部的光照。

2. 案例拓展及使用注意事项

应用实例：两表面间引入圆倒角，减少应力集中；圆珠笔和钢笔的球形笔尖，使书写流畅；家具底部安装球形轮，以利移动；古代用圆木运输货物；焦炭输送机；斜齿轮提供均匀的承载能力。

图 4-14 凹面反射

综合以上案例可知，建筑设计中以曲线取代直线、以球面取代平面，在机械运动中以旋转运动取代线性往复运动均是曲面化原理的具体应用。因此在技术系统中寻找直线、平面及立方体等线性属性，运用曲面化原理尝试改变到非线性属性后可能出现新的功能。

发明原理 15 动态特性原理

使系统的状态或特性，变成短暂、临时、可移动、可调整、具有弹性或可变化的。具体体现在以下三个方面：

① 物体（或外部介质）的特性变化应当在每一工作阶段都是最佳，即自动调节物体，使

其在各动作、阶段的性能最佳；

　② 将物体分成彼此相对移动的几个部分；

　③ 使不动的物体成为可动的。

　1. 动态特性原理应用案例

【例 4-15】 可移动式攀岩训练机

对于喜爱攀岩的运动者们来说，为避免天气影响，将攀岩训练机放置在室内，固定式攀岩训练机通常有数十米高，放置地点有局限性。

如果将固定式攀岩墙改变成可移动式攀岩训练机，使用支撑物将框架固定在地面上，用一台电机驱动框架上的连续皮带转动，以带动相连接的独立面板（面板内有脚蹬窝）。同时，框架的倾斜度在一定范围内可调（图 4-15 所示），更加方便了攀岩运动者的训练。

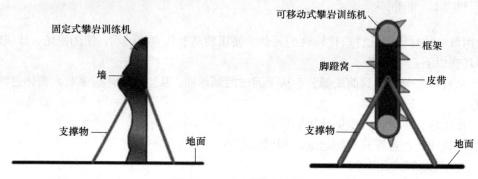

图 4-15　可移动式攀岩训练机

　2. 案例拓展及使用注意事项

应用实例：形状记忆合金；可调整反光镜；折叠椅；笔记本电脑；可弯曲的饮用吸管；用来检查发动机的柔性内孔窥视仪；电动旋灯画面上的动物看上去是在动。

综合以上案例可知，使物体特性或环境在作业各阶段自动调整，改变无法移动的物体为可移动或可互换的，让系统中的某些几何结构成为柔性的、可自适应的，往复运动的部分成为旋转的，让相同的部分可以执行多种功能，使系统可兼容于不同的应用或环境。

发明原理 16　不足或过度的作用

如果难以取得百分之百所要求的功效，则应考虑取得略小或略大的功效，这样可能会将问题大大简化。

　1. 不足或过度的作用原理应用案例

【例 4-16】 针管精准抽取液体

用针管抽取液体时不能吸入准确的计量，而是先多吸再把多余的液体排出至适当量，这样可以简化操作难度（见图 4-16）。

【例 4-17】 测量仪精准测量血压

用测量仪测量血压时，必须先向气袋中充入较多的气体，然后慢慢排除，显示正常的血压，见图 4-17。

　2. 案例拓展及使用注意事项

应用实例：打磨地面，先在缝隙处抹上较多的填充物，然后打磨平滑；为电参数设计适当的安全富裕量；浇注用料，要稍微多于实际铸件的重量；"矫枉过正"；用化学试剂攻击云块（不足作用）；汽车补底漆（过度作用）。

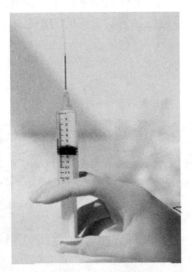

图 4-16　针管抽液

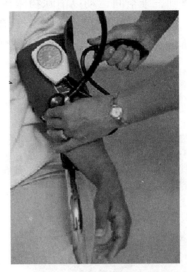

图 4-17　血压测量仪

综合以上案例可知，当所期望的效果难以百分之百实现时，则可以用同样的方法完成"稍少于"或"稍多于"期望的效果，以使问题简化。

发明原理 17　多维化

改变线性系统的方位，使其从垂直变成水平、水平变成对角线或水平变成垂直等。具体体现为以下五个方面：

① 如果物体做线性运动（或分布）有困难，则使物体在二维度（即平面）上移动，相应地，在一个平面上的运动（或分布）可以过渡到三维空间；

② 利用多层结构替代单层结构；

③ 将物体倾斜或侧置；

④ 用指定面的反面；

⑤ 利用投向相邻面或反面的光流。

1. 多维化原理应用案例

【例 4-18】　螺旋立式锅炉

螺旋立式锅炉（图 4-18）由一圆柱锅炉室、固体燃料喂送管、金属立式螺旋带组成。热气体穿过锅炉室壁和管子之间的间隙中形成了螺旋通道，延长了热空气的通过时间，增加了热量传递，改善了立式锅炉的效率。

【例 4-19】　立体停车场

立体停车场（图 4-19）最大的优势就在于其能够充分利用城市空间，被称为城市空间的"节能者"。它是一种类似于电梯的停车设备，只需车主将车辆开到停车设备内，就会自动送至空位，取车时也只需制卡即可。

2. 案例拓展及使用注意事项

应用实例：螺旋梯；立交桥；垃圾自动卸载车；多层印制电路板。

综合以上案例可知，将物体变为二维（如平面）运动，以克服一维直线运动或定位的困难；或过渡到三维空间运动以消除物体在二维平面运动或定位的问题；单层排列的物体变为多层排列。另外，本原理涵盖的范围不只在几何上，也包括加入具有影响力的新系统特征与参数，考虑新增变数、新交互作用和场域之间的关系。

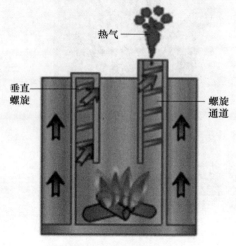

图 4-18　螺旋立式锅炉

图 4-19　立体停车场

发明原理 18　机械振动

对于一个方法使用振动或周期性振荡，使它变成规则与周期性的变化，具体体现在以下五个方面：

① 使物体振动；

② 如果已在振动，则提高它的振动频率（直至达到超声波频率）；

③ 利用共振频率；

④ 用压电振动器替代机械振动器；

⑤ 利用超声波振动和电磁场耦合。

1. 机械振动原理应用案例

【例 4-20】　栅格振动分离冰中的油

图 4-20 为栅格振动分离冰中的油。被油污染的冰块处于水上栅格边缘之下，栅格振动碰撞栅格下的水中冰块，这种冲击将油从冰块表面分离出来，使油滴升到水面上。反复进行这一过程，几乎将所有的油滴都从冰块上脱离然后浮到水面，达到液体净化或分离的目的。

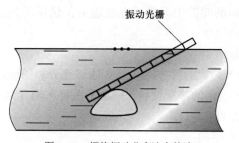

图 4-20　栅格振动分离冰中的油

【例4-21】　振动雾化器强化热表面的热传递

通常使用各种不同的冷却系统来冷却热的表面。如热管外侧接触冷却剂，通过冷却剂蒸发再液化不断进行热传递，但是热传递的量由冷却剂的流速精确控制，冷却剂的流速是由热管的芯吸材料中的毛细管的抽吸作用决定的，而增大毛细管的抽吸力会使设计复杂化。

但根据机械振动原理，在冷却壁上加一个振动器，通过振动将液滴雾化，与热表面接触后，液体蒸发，热表面被冷却。蒸汽直接到达冷却的振动表面，与冷却表面接触后发生凝结，然后再次被雾化为小液滴。蒸发-凝结循环重复进行，可以有效地使热的表面冷却。图4-21为振动雾化器工作原理。

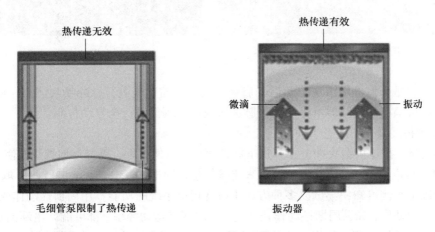

图4-21　振动雾化器工作原理

2. 案例拓展及使用注意事项

应用实例：选矿用的机械振动筛；磁振送料机；拉胡琴时的滑弦（琴弦振动频率变高，声音变尖）；超声波可以探伤、测厚、测距、遥控和超声成像；音叉；共鸣腔加热氢原料实现火箭自动点火；高精度时钟使用石英振机芯。

综合以上案例可知，使物体处于振动状态或高频振动状态，采用不稳的、变化的但同时是可控的系统，往往会产生多种新特征。

发明原理19　周期性作用

改变施行作用的方式，可以达到所要的效果，具体体现在以下三个方面：

① 从连续作用过渡到周期作用（脉冲）；

② 如果作用已经是周期的，则改变运动频率；

③ 利用脉冲的间歇完成其他作用。

1. 周期性作用原理应用案例

【例4-22】　蛙泳

蛙泳是一次划手、一次蹬腿、一次头出水面的组合，完成一次呼吸（见图4-22）。

【例4-23】　脉冲除尘器

脉冲除尘器（图4-23）是指通过喷吹压缩空气的方法除掉过滤介质（布袋或滤筒）上附着的粉尘。根据除尘器的大小可能有几组脉冲阀，由脉冲控制仪或 PLC 控制，每次开一组脉冲阀来除去它所控制的那部分布袋或滤筒的灰尘，而其他的布袋或滤筒正常工作，隔一段时间后下一组脉冲阀打开，清理下一部分除尘器。

图 4-22　蛙泳

图 4-23　脉冲除尘器

清灰过程是分室停风清灰，然后开启脉冲阀用压缩空气进行脉冲喷吹清灰，使滤袋清灰彻底，并由可编程序控制器对排气阀、脉冲阀及卸灰阀等进行全自动控制。

2. 案例拓展及使用注意事项

应用实例：挖煤机钻头冲上水并加上脉冲压力，以便更好、更容易地挖煤；使用 AM（调幅）、FM（调频）、PWM（脉宽调制）来传输信息；冲击钻；电锤；心肺呼吸；取样示波器。

综合以上案例可知，尝试以多种方式来改变现有系统的功能；用周期性动作或脉冲动作代替连续动作；如果周期性动作正在进行，改变其运动频率，都可能产生新的功能。评估系统功能中的关键作用，找出方法达到所要的结果。每次修改一个作用以试探这些变化可能产生的新功能，也探索如何应用这些变化，使系统朝所想要的最终结果前进。

发明原理 20　有效作用的连续性

建立连续性的作用或移除所有停滞、间接的运动以提高效率，具体体现在以下方面：

① 物体的所有部分一直满负荷工作；

② 消除空转和间歇运转。

1. 有效作用的连续性原理应用案例

【例 4-24】　车轮旋转过程修复车轮

火车车轮必须有一个特殊的形状，以实现和铁轨理想地接触。然而，随着使用的磨损，火车车轮会逐渐变形。这种效应一定要消除，所以要经常把轮子拆下来调整外形，如图 4-24 所示。

图 4-24　在车轮的旋转过程中修复车轮外形

一种重新获得车轮原来形状的办法更好：在轮子运动的过程中通过轮子的旋转使得轮子被转向。火车上安装的特殊切割工具可以帮助完成这些。

2. 案例拓展及使用注意事项

应用实例：连续流工艺；点阵打印机，喷墨打印机；半波整流电路变成全波整流电路；建筑或桥梁的某些关键部位必须连续浇筑水泥，一气呵成。

综合这些应用案例可知，要重点搜寻动态系统的间歇时刻或损失能量（动作），任何"从零开始"或使工作中断的"过渡过程"，都可能损害到整个系统的效率，必须予以消除。

创新原理21　减少有害作用的时间

若某事物在一个给定速度下出现问题，则使其速度加快。即快速执行一个危险或有害的作业，以消除有害作用。

1. 减少有害作用的时间原理应用案例

【例4-25】　无针注射器

图4-25　无针注射器

此类注射器没有传统注射器的针头，如图4-25所示。它是将药物先储藏在一个出药舱内，然后通过其内部的机械装置产生高速、高压药物流将药物直接压入人的皮肤内。由于注射器注射速度极快，因此不会损坏皮下组织和血管，且有减痛的效果。

【例4-26】　高温巴式消毒法

当今使用的巴氏杀菌程序种类繁多。一种是将牛奶加热到62~65℃，保持30min。采用这一方法，可杀死牛奶中各种生长型致病菌，灭菌效率可达97.3%~99.9%，经消毒后残留的只是部分嗜热菌及耐热性菌以及芽孢等，但这些细菌多数是乳酸菌，乳酸菌不但对人无害反而有益健康。巴氏消毒法（原理如图4-26所示）能在较短时间内处理食品，最大限度地使食品的色、香、味以及营养成分免受高温长时间处理而破坏。

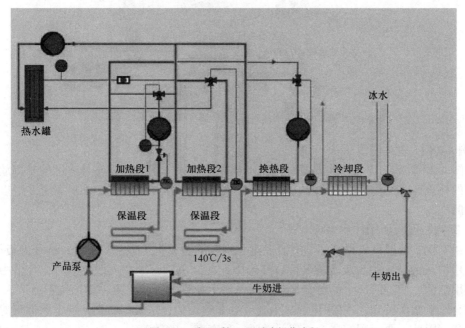

图4-26　高温瞬间巴氏消毒操作流程

2. 案例拓展及使用注意事项

应用实例：发动机快速转过共振转速范围；照相用闪光灯；快速通过有辐射源的区域；快速切割塑料管以免其变形；牙医使用高速电钻，避免烫伤病人口腔组织；焊接元件时，尽量缩短接触时间，避免过热对人员造成伤害。

综合以上案例可知，若一个动作执行期间出现有害（或危险）的功能、事件或状况时，可以通过减少有害作用时间的方法来消除其有害作用。

创新原理 22　变害为利

害处已经存在，寻找各种方式从中取得有用的价值。具体体现在以下三个方面：
① 利用有害因素（尤其是对环境有害的影响）获得有益的效果；
② 使用另一个有害的作用来中和，以此消除物体所存在的有害作用；
③ 加大有害因素的程度，使其不再有害。

1. 变害为利原理应用案例

【例 4-27】 利用有机废弃物制备乙醇、沼气和生物柴油的联产方法（CN201310009358）

一种利用有机废弃物制备乙醇、沼气和生物柴油的联产方法中提到，将木质纤维素原料预处理进行酶解产糖，乙醇发酵后，向酶解残渣添加畜禽粪便，通过厌氧发酵制取沼气，沼渣通过食腐性昆虫转化，有机废水用作培养微藻，昆虫和微藻用来制备生物柴油，为人类带来有益的效果，见图 4-27。

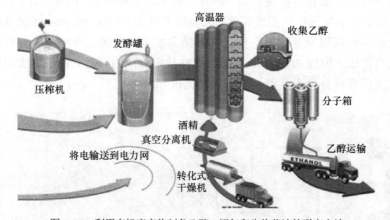

图 4-27　利用有机废弃物制备乙醇、沼气和生物柴油的联产方法

【例 4-28】 森林逆火灭火

如图 4-28 所示，以火攻火是森林消防员惯用的灭火方法之一。在林火区的外围放火，利用燃烧的林火产生的内吸力，使所放的火扑向林火方，把林火向外蔓延的火路烧断，以达到灭火的目的。

2. 案例拓展及使用注意事项

应用实例：处理垃圾得到沼气或者发电；将废纸做成再生纸；炉渣砖；秸秆做板材原料；发电厂用炉灰的碱性中和废水的酸性；整容中，在红色胎记处注入绿色颜料；疫情中各种疫苗，利用细菌、病毒所产生的毒素来刺激人体产生免疫力；从蛇毒中提炼抗毒血清。

综合以上案例可知，"有用"或"有害"并非绝对的，是人们在某一特定条件下对某些问题的诠释。因此，要运用好这个原理，需要一种态度上的转变。

图4-28　逆火灭火

创新原理 23　反馈

将一种系统的输出作为输入返回到系统中，以便增强对输出的控制。具体体现在以下两方面：

① 通过引入反馈来改善系统性能；

② 如果系统已经引入了反馈，则改变其大小或作用。

1. 反馈原理应用案例

【例 4-29】　无线远程城市照明管理系统

如图4-29所示，无线远程城市照明管理系统还具有自动报警和监测功能，管理人员在办公室就能及时了解监控范围内的所有路灯的故障发生地点和状态，为及时进行修复提供了有力的保障，为本系统的正常运转提供了坚实可靠的技术保障。

图4-29　无线远程城市照明管理系统

2. 案例拓展及使用注意事项

应用实例：空调的传感器精确地控制温度；楼道的声控灯；车上的仪表；钓鱼用的浮漂；加工中心的自动检测装置；自动工艺控制——确定工艺动作加强的时间；自动浇注电炉根据金属液温度确定电路输入功率。

综合以上案例可知，将系统中任何（有用或有害）改变所产生的信息，都视作一种反馈信息源，用来执行矫正系统的作用。将任何有用或有害的改变均视为一种反馈信息源。若反馈已被运用，则寻找各种方式，来改变其幅度，并且寻找当前利用反馈影响系统或情况的各种方式。

创新原理 24　借助中介物

利用某种可轻松去除的中间载体、阻挡物或过程，在不相容的部分、功能、事件或情况之间经调解或协调而建立的一种临时链接。具体体现在以下两方面：

① 使用中介物实现所需动作；

② 把一物体与另一极易去除（分开）的物体暂时结合。

1. 借助中介物原理应用案例

【例 4-30】　中间物晶种

加入晶种（图 4-30）进行结晶是控制结晶过程、提高结晶速率、保证产品质量的重要方法

图 4-30　晶种

之一，对于不易结晶（也就是难以形成晶核）的物质，常采用加入晶种的方法，在溶液进入介稳区内适当温度时加入晶种，以提高结晶速率。

2. 案例拓展及使用注意事项

应用实例：弹琴指令（或拨子）；机加工中为钻头或丝锥定位的导套；使用夹具固定零组件以保证其他零组件装配；饭店上菜的托盘；化学反应中引入催化剂；钳子、镊子帮助人手。

综合以上案例可知，在不匹配或有害的结构（功能、事件、状态或团体）之间，经协调而建立一种临时连接——中介物，它是某种可轻松去除的中间载体、分隔物或过程。

创新原理 25　自服务

在执行主要功能（或操作）的同时，以协同或并行的方式执行相关功能（或操作），具体体现在以下两方面：

① 物体通过自补充或自恢复功能而服务于自身；

② 利用废弃的资源、能量或物资。

1. 自服务原理应用案例

【例 4-31】　自修复耐热涂层消除热裂纹（美国专利 6579636）

具有较强抗氧化能力的航天飞机高温涂层由两层组成，下层为氮化硅基材料，上层为复合陶瓷。氮化硅和复合陶瓷的热膨胀系数有很大的差异，先加热而随后冷却的过程使耐热涂层上出现裂纹。

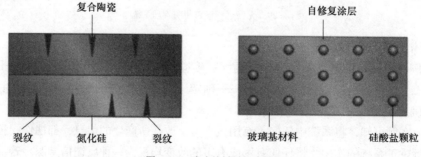

图 4-31　玻璃基材料的自修复

如果将涂层的成分改为玻璃基材料，如在飞机飞行过程中，将耐热涂层加热到玻璃基材料的软化点，可以在航天飞机的维护过程中去掉裂缝，软化后的玻璃基材料对裂缝进行修复，见图 4-31。

【例 4-32】 涡轮增压

在现有的技术条件下，涡轮增压装置（图 4-32）是唯一能使发动机在工作效率不变的情况下增加输出功率的机械装置。涡轮增压装置其实就是一种空气压缩机，利用发动机排出的废气惯性冲力来推动涡轮室内的涡轮，涡轮带动同轴的叶轮，叶轮压缩输送由空气滤清器管道来的空气，使之增压之后进入气缸。当空气的压力和密度达到可以使更多的燃料充分燃烧时，相应地增加燃料量和调整一下发动机的转速，就可以实现增加发动机的输出功率了。

图 4-32 涡轮增压装置

2. 案例拓展及使用注意事项

应用实例：自动补充饮水机；不倒翁玩具；自攻螺纹；数码相机中的超声波除尘系统自主清除感光元件（CCD/COMS）上的灰尘；利用热电厂余热供暖；自动喷灌的喷头的摆动或回转利用了水流的冲力；利用排气管的废气来充气的充气式千斤顶；汽车使用发动机余热取暖。

综合以上案例可知，可利用或采用一个系统的基本功能来实现自服务或实现辅助服务。在许多情况下，自服务就是巧妙利用自然控制机构的某种功能，如重力、水力、毛细管等物理、化学或几何效应。

创新原理 26 复制

利用一个拷贝、复制品或模型来代替因成本过高而不能使用的事物，具体体现在以下三个方面：

① 使用更简单、更便宜的复制品代替难以获得的、昂贵的、复杂的、易碎的物体；

② 用光学复制品或图形来代替实物；

③ 如果已使用可见光复制品，进一步扩展到红外线或紫外线复制品。

1. 复制原理应用案例

【例 4-33】 "荧光猫"

如图 4-33 所示，韩国科学家利用改变基因的技术，复制出"荧光猫"，在紫外线照射下，

图 4-33 紫外线灯光照射下的猫

(左为普通的猫，右为荧光猫)

"荧光猫"呈现红色。这项技术可帮助人类遗传性疾病的治疗和珍稀动物的保护。

研究人员称，这种技术可以应用于克隆那些与人类遭受同样疾病困扰的动物，也可以帮助开发干细胞治疗法。猫有 250 多种遗传疾病，这些疾病同时也会影响到人。科学家认为，这一研究有助于治愈人类遗传性疾病，帮助珍稀动物的繁殖再生，比如濒临灭绝的老虎。

2. 案例拓展及使用注意事项

应用实例：虚拟现实系统，如飞行员虚拟训练系统；利用模型飞机来做风洞试验，以评价其气动性能；用复制品或印刷品来代替昂贵或珍奇的艺术品；在生产过程启动前利用计算机模拟生产过程；用卫星相片测量来替代实地考察；制作集成电路的紫外重复曝光照相机；采用声谱图来评估胎儿的健康状况；用红外图像来检测热源，如农作物病虫害的监测。

综合以上案例可知，如果系统（或某种情况）缺乏可用性、成本过高或易损坏，就需要找到某种可用的、成本低的或耐用的复制品来替代。但要记得考虑改变复制品的比例。同时，不要光考虑实物模型，还可以考虑计算机模型、数学模型、流程图或其他能够满足要求的模拟技术。

创新原理 27 廉价替代品

用廉价的物品代替一个昂贵的物品，在某些质量特性上做出妥协（例如使用寿命等）。

1. 廉价替代品原理应用案例

【例 4-34】一次性保护罩

使用洗涤剂清洗汽车轮胎，洗涤剂容易对轮胎中央部分的金属表面造成腐蚀。一般采用塑料制作的保护罩进行保护，在使用后保护罩必须要清洗并干燥。图 4-34 为借助 4 个永久磁铁将纸板圆盘做成的一次性保护罩。这种保护罩可安装在车轮上保持一段时间，因造价低廉，车轮洗完后，可以将保护罩扔掉。

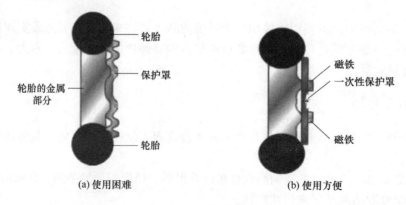

(a) 使用困难   (b) 使用方便

图 4-34 一次性保护罩

2. 案例拓展及使用注意事项

应用实例：一次性的可降解餐具（筷子、勺、刀、叉、碗、杯、饭盒、桌布等）；抛弃型纸尿布、纸裤、眼镜、医疗口罩、注射器等；用人造金刚石代替钻石制作玻璃刀的刀头。

综合以上案例可知，廉价替代品原理着重于将系统（或某种情况中）的高成本材料用能提供所需结果的廉价材料来替代。或者，用许多廉价材料替代高成本材料，这些廉价材料放置、分布或排列的方式可使其产生协同作用，从而提供所需特性。其次，寻找简单对象替代复杂对象。最后，考虑舍弃一些良好的特性或属性（例如：使用寿命长）。

创新原理 28　机械系统替代

利用物理场或者其他的形式、作用和状态来代替机械的相互作用、装置、机构及系统，具体体现在以下四个方面：

① 用光学系统、声学系统、电磁学系统或影响人类感觉的系统来代替机械系统；
② 采用物体相互作用的电场或电磁场；
③ 场的替代：从恒定场到可变场，从定时场到随时间变化的场，从随机场到有组织的场；
④ 将场和铁磁离子组合使用。

1. 机械系统替代原理应用案例

【例 4-35】 超声波脱除毛发

图 4-35 为超声波脱除毛发示意图。将不需要毛发的毛囊暴露在超声波下，使其作用在毛囊内的液体上，对毛囊产生破坏作用。可见毛发与毛球之间的机械连接断裂，毛发连同毛囊部分就会被除掉，能防止或减缓毛发的再生。

【例 4-36】 电磁搅拌

为了生产高质量的金属，在金属的熔化过程中就必须持续不断地搅动金属。传统的机械搅动存在很多缺点，在高温下很难实现良好的力学性能，如图 4-36 所示。

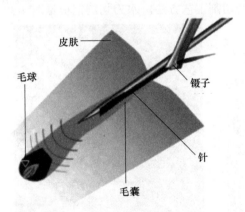

图 4-35　超声波脱除毛发示意

图 4-36　使用电磁能搅动金属

最近几年，开始使用电磁混频器来实现更有效的拨动。将一些与普通电感发电机线圈相类似的线圈放置在熔炉下面以产生流动性的电磁场。该电磁场在可导的熔融金属上产生的电力学压力可以搅动金属。这种方法的一个有用结果就是可以产生应用于金属的以热能形式存在的额外能量。

2. 案例拓展及使用注意事项

应用实例：用声音栅栏替代实物栅栏（如光电传感器控制小动物进出房间）；在天然气中掺入难闻的气味给用户以泄漏警告，而不用机械或电子传感器；洗手间红外感应开关警笛；移动电极静电除尘；打印机利用电磁场控制油墨颗粒。

综合以上案例可知，首先着眼于用物理场替代机械相互作用、装置、机构或系统。若不存在要替代的机械系统，则考虑是否可利用某种生物（动物或植物）感觉来实现替代：视觉—光学，听觉—声音，嗅觉—气味或味觉等。在替代时运用与某一或某些物质或对象相互作用的热场、化学场、电场、磁场或电磁场或它们相互的组合。

创新原理 29　气压和液压结构

运用气压或液压技术来替代普通系统元件或功能，即使用气体或液体代替物体的固体零部件，从而可利用气体、液体产生膨胀，或利用气压、液压起缓冲作用。

1. 气压和液压结构原理应用案例

【**例 4-37**】 汽车缓冲安全装置

1953 年 8 月 18 日，美国人约翰赫特里特获得了"汽车缓冲安全装置"的美国专利。图 4-37 所示为汽车安全气囊示意图。当汽车发生正面碰撞时，安全气囊控制系统检测到冲击力（减速度）超过设定值，安全气囊电脑立即接通充气元件中的电爆管电路，点燃电爆管内的点火介质，火焰引燃点火药粉和气体发生剂，产生大量气体，在 0.03s 的时间内将气囊充气，使气囊急剧膨胀，冲破方向盘上的装饰盖板，向驾驶员和乘员膨胀鼓开，使驾驶员和乘员的头部和胸部压在充满气体的气囊上，缓冲对驾驶员和乘员的冲击，随后又将气囊中的气体放出。

【**例 4-38**】 "水刀"

可以对任何材料进行任意曲线的一次性切割加工（除水切割外其他切割方法都会受到材料品种的限制）。切割时不产生热量和有害物质，材料无热效应（冷态切割），切割后不需要或易于二次加工，安全、环保，成本低、速度快、效率高，可实现任意曲线的切割加工，方便灵活、用途广泛。水切割是目前适用性最强的切割工艺方法。水刀切割钢板见图 4-38。

图 4-37　汽车安全气囊

图 4-38　水刀切割钢板

2. 案例拓展及使用注意事项

应用实例：气垫运动鞋，减少运动对足底的冲击；利用气垫移动重型设备；运输易损物品时，经常使用发泡材料作保护；木工使用的气动钉钉枪（压缩空气驱动）；吸盘；可伸缩液压支架；液态炸药；减缓玻璃门开关速度的缓冲阻尼器。

综合以上案例可知，利用系统的可压缩性或不可压缩性的属性，改善系统。空气及液体的属性在系统中具有许多用途。能否用一个气动或液压元件替代一个易出故障的元件？通过使用流体（定义为气体或液体）能否产生一种更好的过程结果？系统中是否包含具有可压缩性、流动性、弹性及能量吸收等属性的元件？

创新原理 30 柔性壳体或薄膜

将传统构造替换为薄膜或柔性壳体，具体体现在以下两方面：

① 使用柔性外壳和薄膜替代传统的结构；

② 用柔性外壳和薄膜把对象和外部环境隔开。

1. 柔性壳体或薄膜原理应用案例

【例 4-39】 热敏薄膜控制种子发芽（美国专利 5129180）

种子上覆盖一层热敏聚酯薄膜（图 4-39），如果聚酯的温度低于发芽温度（t_g），聚酯基本上不透水，种子不会发芽。如果温度超过 t_g，聚酯就会大量透水，种子吸收水分后开始发芽。

【例 4-40】 德国美诺公司（Miele）洗衣机蜂巢式滚筒技术

Miele 特有的蜂巢式滚筒技术可以确保洗衣滚筒和衣物之间始终有一层水流隔开，为衣物提供保护。Miele 的蜂巢式护理系统，包含一个全新的获得专利的蜂巢式滚筒，如图 4-40 所示。这一全新滚筒最引人注目的特色就是其平坦的、装饰着细微刻纹的蜂巢形格式表面。这一结构可以确保滚筒和织物间始终由一层水膜隔开，为织物提供完美的保护。

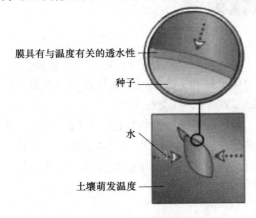

图 4-39 热敏聚酯薄膜

图 4-40 蜂巢式滚筒

2. 案例拓展及使用注意事项

应用实例：真空铸造时在模型和砂型间加一层柔性薄膜，靠塑料薄膜将砂型的型腔面和背面密封起来，借助真空泵抽气产生负压而形成足够强度的薄膜开关；在网球场地上采用充气薄膜结构作为冬季保护措施；透明医用胶带；保鲜膜。

综合以上案例可知，在一个采用传统构造的系统内，首先应考虑哪些类型的薄膜或柔性壳体构造能改进工艺、降低成本或提高可靠度？怎样将一个问题与其环境隔离？能否提供一种解决方案？怎样才能利用薄膜或柔性壳体执行该任务？

发明原理 31 多孔材料

通过在材料或对象中打孔、开空腔或通道来增强其多孔性，从而改变某种气体、液体或固体的形态，具体体现在以下两方面：

① 使物体变得多孔或加入多孔物体，如多孔嵌入物或覆盖物；

② 如果物体是多孔结构，在小孔中事先填入某种物质。

1. 多孔材料原理应用案例

【例 4-41】 活性炭

在活性炭原料的活化过程中，逐渐形成巨大的表面积和复杂的孔隙结构，孔隙的大小对吸附质有选择吸附的作用。活性炭含有大量微孔（图 4-41），具有巨大无比的表面积，能有效地去除色度、臭味，可去除二级出水中大多数有机污染物和某些无机物，包含某些有毒的重金属。

图 4-41   活性炭的多孔结构

2. 案例拓展及使用注意事项

应用实例：泡沫金属；为减轻物体重量，在物体上钻孔，或使用多孔性材料；蜂窝；用多孔的金属网吸走接缝处多余的焊料；竹纤维；多孔的灯泡；气凝胶。

综合以上案例可知，可通过产生孔穴、气泡、毛细管等来增强物体的多孔性。这些孔隙可以不包含任何实物（可以是真空的），也可以提供某一种或多种有用的气体、液体或固体。采用多孔结构可以增强功能性，如减轻重量、作为过滤器。此原理不单指机械系统，甚至包含任何多孔的资源、物质、空间、时间、资讯、场或功能。

发明原理 32   改变颜色

改变对象或系统的颜色，以便提升系统价值或解决问题。具体体现在以下四个方面：

① 改变物体或环境颜色；

② 改变物体或环境的透明度；

③ 采用有颜色的添加物，使不易被观察到的对象或过程被观察到；

④ 如果已经添加了颜色，则考虑增强发光追踪或原子标记。

1. 改变颜色原理应用案例

【例 4-42】 黑色炉灰融化冰面

1903 年，德国北极探险队的一艘轮船不幸卡在冰面上不能移动，尽管距离流动海水只有 2km，船员们还是不能打破冰面，甚至使用炸药也不能解决问题。最后使用炉灰解决了这个难题，船员们把炉灰撒在冰面上，黑色的炉灰吸收极地日光的能量，沿着冰面融化出了一条水路（图 4-42）。

图 4-42 使用黑色炉灰吸收的能量融化冰面

2. 案例拓展及使用注意事项

应用实例：洗相的暗房中要采用安全的光线；随光线改变透明度的感光玻璃；测试酸碱度的化学试纸；在半导体制作过程中利用照相平板印刷术将透明的物质变为不透明的，使技术人员可以容易地控制制造过程；利用紫外光识别伪钞；感温汤勺；为了观察一个透明管路内的水是处于层流还是紊流，使带颜色的某种流体从入口流入。

综合以上案例可知，改变系统或部件颜色，可用来区分系统的特征，如促进检测、改善测量或标识位置、指示状态、外表（视觉）控制。

发明原理 33 同质性

若两个或多个对象或者两者或多种物质彼此相互作用，则其应包括相同的材料、能量或信息。

1. 同质性原理应用案例

【例 4-43】 可食用的餐具

可以让你逃避洗碗"重任"的食用餐具，煎饼做的勺子、叉子，还有精心烘焙出来的调料杯，乃至蔬菜小碗，每一个都十分漂亮，与丰盛的菜肴相映成趣，将主餐吃完，我们还可以嚼嚼餐具，当作餐后蔬果甜点，如图 4-43 所示。

图 4-43 可食用餐具

【例 4-44】 环保营养花盆

在室内养些绿植，不仅能够装点家居，美化环境，还能改善室内空气质量。但是植物想要继续成长，小花盆往往不能满足根部的需要。如图 4-44 所示，这款环保营养花盆，只要将花盆打碎，然后连同花盆将植物一起埋到更加宽敞的土里就好了，而由营养物质凝结而成的花盆还可以为植物的继续生长提供能源支持。

图 4-44　环保营养花盆

2. 案例拓展及使用注意事项

应用实例：登山鞋的鞋底尽量接近岩石的硬度；用汽油去除衣物上的油渍；鲨鱼状的潜水艇有利于研究真的鲨鱼；模拟母亲怀抱自动摇摆的婴儿床；捕蚊灯。

综合以上案例可知，在系统中利用此原理时，要找出材料、作用、对象、特征或功能的同质性，可以从改变的技术性与非技术性方面同时进行。此外边缘化的一致性是指一种或多种物质间的一致性，也就是说两种物质的材料必须足以接近而不会产生严重的损害。

发明原理 34　抛弃或再生

抛弃或再生事实上是两条合二为一而得。抛弃是从系统中去除某事物。再生是将某事物恢复到系统中以进行再利用。主要体现在以下方面：

① 当物体中的某个元素完成其功能或变得不再有用时，可采用溶解、蒸发等手段来消除它，或在系统运行过程中改变它；

② 在工作过程中补充被消耗的部分。

1. 抛弃或再生原理应用案例

【例 4-45】 可吸收性缝合线

在外科手术中使用的可吸收性缝合线（图 4-45）是采用壳聚糖与胶原蛋白复合成束，经醛类交联得到的一种可吸收外科手术缝合线。该材料具有生物可降解性，生物相容性好。伤口缝合后，随着伤口的愈合，缝线自动在体内降解，通过酶的作用，最终代谢成二氧化碳和水排出体外。伤口愈合后，不留痕迹，对人体无不良反应。

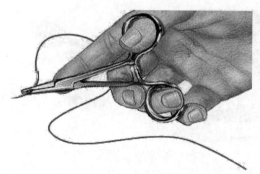

图 4-45　可吸收性缝合线

2. 案例拓展及使用注意事项

应用实例：火箭点火起飞后逐级分离抛弃；可降解的垃圾袋；不用水的干洗手用清洁剂；在淀粉纸包装上喷水，可以使其体积减少至 1/1000，减少环境污染；再生能源；割草机的自刃磨刀机；汽车发动机的自动调节系统。

综合以上案例可知，在此原理中，时间是很重要的，一旦完成某种功能，应立刻从系统中将它移除，或者立刻将它回收以便再度使用。

发明原理 35　物理或化学参数改变

改变一个对象或系统的属性，以提供一种有用的益处。具体体现在以下四个方面：

① 改变对象或系统的物理状态；

② 改变浓度或密度；

③ 改变柔性；

④ 改变温度或体积。

1. 物理或化学参数改变原理应用案例

【例 4-46】　超空泡鱼雷

我国正在研发的新式"空气泡"高速鱼雷，采用俄罗斯仍在研讨的高速光缆纤维辅导传输指令体系。超空泡是一种物理现象，当物体在水中运动速度超过 100kn❶时，后部就会构成奇特的水蒸气泡，叫作"超空泡"流体。

超空泡鱼雷（图 4-46）是一种超空泡武器，鱼雷头部装有空泡发生器产生局部气泡，后由通气管向局部气泡注入气体，使之膨胀成为超空泡鱼雷。

【例 4-47】　原油的远距离输送

向原油中注入二氧化碳或者二氧化碳与氮气的混合气体，充分混合后，原油变为泡沫，其黏度降低。带气泡原油的黏度低于不带气泡原油的黏度，这样就能够有效地使用泵对原油进行远距离的传输，图 4-47 所示。

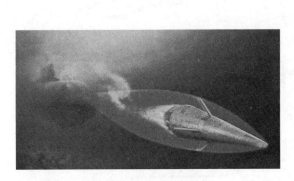

图 4-46　超空泡鱼雷

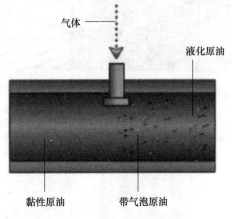

图 4-47　原油的运输

2. 案例拓展及使用注意事项

应用实例：液态牛奶与奶粉，奶粉更利于运输；用液态的洗手液代替固体肥皂，可以定量控制使用，减少浪费；橡胶硫化可改变其弹性和耐用性；洗衣柔顺剂可以让洗涤过的衣物更加柔软和蓬松，同时还可以消除衣物上的静电；烧制陶瓷。

综合以上案例可知，系统或对象的性质，包括物理或化学的状态、密度、导电性、力学弹性、温度、几何结构等，可利用多种策略进行改变。几何的改变可增加在某方向的弹性；温度的改变对系统特性的影响，产生状态或性质的改变；加入化学物以改变特性；利用密度或导电性的改变，传送系统信息。

---

❶ 1kn=1nmile/h（海里每小时）=1.852km/h，读作"节"。

发明原理 36　相变

利用一种材料或情况的相变，来实现某种效应或产生某种系统改变。典型的相变包括：

① 气体到液体，以及相反过程；

② 液体到固体，以及相反过程；

③ 固体到液体，以及相反过程。

1. 相变原理应用案例

【例 4-48】　一款自然的空调百叶窗

图 4-48 为一款自然的空调百叶窗，除了采用太阳能为空调工作提供能源支持以外，它还使用水作为冷却剂，通过水的蒸发让室内空气温度下降。当屋外热风透过百叶窗的夹缝吹入屋内的时候，冷却剂就会发挥作用，将热风温度调低。如此一来，这款新型空调就避免了其他空调密闭的弊端，可以在调整温度的同时，保证室内的空气流通。

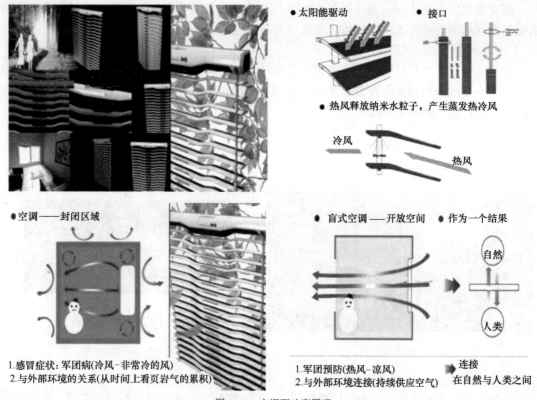

图 4-48　空调百叶窗原理

【例 4-49】　无声爆破

把一些硅酸盐和氧化钙之类的固体，加水后，搅拌成固体，再放入须填充的地方，发生水化反应，固体硬化，温度升高，体积膨胀，把岩石涨破（图 4-49）。

化学无声爆破法，其主要原料为普通的生石灰。当生石灰与水反应时，体积会迅速膨胀，可产生高达 29.4MPa 的压力，足以使水泥构件、岩石等发生静破碎。

2. 案例拓展及使用注意事项

应用实例：用干冰所产生的二氧化碳蒸气制造舞台的烟雾效果；相变贮能；工业上采用冰盐制冷；在活塞中使用蜡，当蜡受热膨胀，活塞扩展，当蜡遇冷收缩，活塞缩回；阻水防洪的沙包。

图 4-49　无声爆破岩石

综合以上案例可知，相变通常是气体、固体、液体三者之间相互转化，利用这些相变，产生吸热或放热、体积变化等有用的力。

发明原理 37　热膨胀

利用对象受热膨胀的基本原理来产生"动力"，从而将热能转换成机械能或机械作用。具体体现在以下两方面：

① 利用材料的热膨胀或热收缩；

② 组合使用不同热膨胀系数的几种材料。

1. 热膨胀原理应用案例

【例 4-50】　双金属片热敏开关

双金属片热敏开关，即双金属片，是两条粘在一起的金属片。由于两片金属的热膨胀系数不同，对温度的热敏程度也不一样，温度改变时就能产生弯曲，从而实现开关功能，如图 4-50 所示。

2. 案例拓展及使用注意事项

应用实例：将热收缩薄膜包在产品外面，然后加热，薄膜遇热收缩而包紧产品，充分显示产品的外观；当办公楼内起火时，自动喷淋系统顶端装有乙醚的玻璃顶针就会因受热而胀裂，让水自动喷出；水银温度计；热敏开关；凹陷的乒乓球，可用热水浸泡恢复原形。

综合以上案例可知，此原理更广泛的应用形式，是转变某种形式的能量成为另一种形式的能量，以产生某种特定的结果。考虑在此系统内使用了哪些材料，这些材料是否会受热影响。如果受热影响，如何利用受热后产生的变化，提供想要的功能？热膨胀可以是正面或负面的作用，寻找用热使材料膨胀或收缩的方法。在这个系统中，同样的热能是否使一种材料收缩而另一种材料膨胀？假如把热移除，系统内会发生什么变化？

图 4-50　双金属片热敏开关

发明原理 38　强氧化

加速氧化过程（增加氧化作用的强度），以改善系统的作用或功能，利用一级向更高一级的氧化过程。

1. 强氧化原理应用案例

【例 4-51】 臭氧消毒杀菌

对床单消毒和灭菌的装置由紫外光和臭氧发生器以及可折叠的消毒和灭菌室组成。在紫外线的作用下，空气中的部分氧气转化为臭氧，其浓度可以达到 50~90ppm（空气中使用臭氧参考浓度 $1ppm=2.14mg/m^3$），照射 1~2h，对床单进行消毒及灭菌处理。图 4-51 为臭氧消毒杀菌示意图。

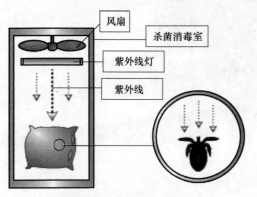

图 4-51　臭氧消毒杀菌

2. 案例拓展及使用注意事项

应用实例：为在水下持久呼吸，水下呼吸器中储存浓缩空气；使用纯氧-乙炔法进行更高温度的切割；用纯氧杀灭伤口的（厌氧）细菌；用电离射线处理空气或氧气，使用离子化的氧气；在化学试验中使用离子化氧气加速化学反应；臭氧溶于水中去除船体上的有机污染物。

综合以上案例可知，使用氧化剂，增加系统内部的价值。确定目前氧化程度，然后评估提升氧化程度的影响。评估目前含氧量，探索每次转变产生的效应：首先，从空气到氧气；使空气变成纯氧；加入离子以产生有离子的氧气；最终变成臭氧。这样一步步转变直到完成最佳氧化。在非物理系统中，氧化剂是可以任意加入的物质，以加速或活化整个程序。

发明原理 39　惰性环境

制造一种中性（惰性）环境，以支持所需功能。具体体现在以下三个方面：

① 使用惰性环境替代通常环境；

② 添加惰性或者中性添加剂到物体中；

③ 在真空中完成某种操作。

1. 惰性环境原理应用案例

【例 4-52】 4000km/h 真空管磁悬浮列车

人类为了跑得更快，就在轮子与地面的摩擦力上做文章——铺设钢轨，发明了火车——摩擦力是越小越好啊！但是，可不可以更干脆、更决绝，就让摩擦力是零呢？于是，有了磁悬浮列车。磁悬浮列车还是有空气阻力的，于是人们尽量在车体形状上做文章，流线型、流线型、流线型……空气阻力还是有，速度还是没提高，可不可以更干脆、更决绝，就让空气阻力是零呢？于是有了真空管列车，如图 4-52 所示。

真空管道磁悬浮星际列车（简称真空磁悬浮列车），是还未建设出来的一种火车。此种列车在密闭的真空管道内行驶，不受空气阻力、摩擦及天气影响，且客运专线铁路造价比普通铁路还要低，速度可达到 4000~20000km/h，超过飞机的数倍，耗能也比飞机低很多。这种列车关键技术之一是消除管道里空气形成真空，真空可以消除列车一切阻力，同时真空可以消除爆音破坏，因为不消除爆音破坏，当列车超超高速运行时就可能会解体。

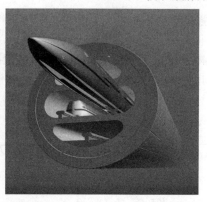

图 4-52 4000km/h 真空管磁悬浮列车

2. 案例拓展及使用注意事项

应用实例：用氩气等惰性气体填充灯泡，做成霓虹灯；添加泡沫吸收声振动；白炽灯泡；利用抽真空原理来做吸尘器；利用太空的高真空、超低温和强辐射来实现生物变异和基因变异。

综合以上案例可知，在使用此原理前，必须先了解系统相关的风险——哪些会对实现功能造成障碍？然后决定哪些必须被保护，而后为相关的参数创造一个惰性的氛围或环境。考虑环境或氛围的可能形式：真空、气体、液体或固体；固态的惰性环境可能包括中性化的镀膜、颗粒或组件。同时考虑是否需要整体或局部，考虑非化学的钝化即不产生有害交互作用。

发明原理 40 复合材料

将两种或多种不同的材料（或服务）紧密结合在一体而形成复合材料。

1. 复合材料原理应用案例

【例 4-53】 "果冻"帮忙挡住子弹

纷飞的弹片是导致士兵脑损伤的重要原因。尽管现代士兵普遍装备防弹头盔，但随着武器技术的进步，普通防弹头盔已经不足以抵挡新式枪弹的攻击。在这种情况下，各个国家都在抓紧研发能提高头盔防护能力的新结构和新材料。例如，美军正在尝试将 NFL 运动员头盔中使用的结构应用到标准防弹头盔中。英国科学家近期宣布，他们成功开发出了一种名为 D30 的新材料，并计划用这种凝胶状物质来加强英军士兵头盔的防弹性能，如图 4-53 所示。

在常态下，D30 又轻又软，看上去就像是果冻，可以被随意挤压成各种形状。但在遇到高速冲击的时候（例如被子弹击中）会急剧变硬，将冲击力减少一半。"可以将这种材料放置在防弹头盔的内侧。在正常情况下，凝胶会保持松弛状态，又轻又软，不会影响士兵的正常活动。"D30 的发明者理查德·帕尔默介绍说，"一旦受到高速撞击，分子将互相交错并锁在一起，变紧变硬，将子弹或弹片的冲击力减弱一半，防止它们穿透头盔。"

英国国防部希望，能尽快将这种凝胶用于新型防弹衣和其他防护装备中，给英军目前配备的大号头盔和笨重的防弹衣减肥。

2. 案例拓展及使用注意事项

此外，复合的环氧树脂/碳素纤维高尔夫球

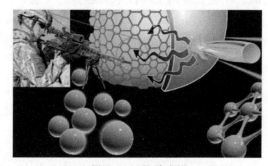

图 4-53 D30 聚合体

杆更轻，强度更高，而且比金属更具有柔韧性，用作航空材料时也是相同的情况；玻璃纤维制成的冲浪板更轻，更容易控制，而且与木制的相比更容易做成各种不同的形状；防火衣；快速排汗衣；陶瓷绝缘子；由不同专家组成的团队，会拥有多重长处。

综合以上案例可知，此原理更广泛地理解是考虑组成成分，可以是指高科技材料，也可以是状况，该原理与"同质性"原理是相反的。

第二节   利用技术矛盾解决工程问题

一、矛盾的概念及分类

矛盾是事物自身包含的既对立又统一的关系，矛盾就是对立统一。马克思主义矛盾论认为任何事物都是作为矛盾统一体而存在，矛盾是事物发展的源泉和动力，它是指事物既对立又统一的辩证本性及其在人们思维中的反映。"对立统一"这一观念在中国古代被浓缩于太极图中，两鱼互纠互倚，阴鱼白睛，阳鱼黑睛。阴中有阳，阳中有阴。矛盾双方在一定条件下相互依存，一方的存在以另一方的存在为前提，双方共处一个统一体中，同时矛盾着的双方，依据一定的条件，各自向相反的方向转化。

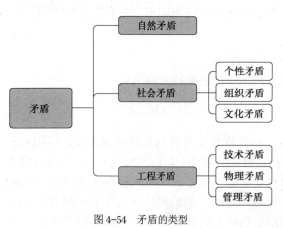

图 4-54　矛盾的类型

如图 4-54 所示，矛盾包含自然矛盾、社会矛盾和工程矛盾等多个方面。自然矛盾是由于自然规则的限制而在目前阶段不可能解决的矛盾；社会矛盾是指社会各阶级或阶层基于不同的利益关系或财产分配关系所产生的种种矛盾和不和谐现象，社会矛盾分为个性矛盾、组织矛盾和文化矛盾；工程矛盾又分为技术矛盾、物理矛盾和管理矛盾。

所谓技术矛盾，是指在一个技术系统中，当一个参数被改进时，另一个参数就变差，如发动机功率增大，但耗油量升高；物理矛盾则是指同一个参数的两个互相对立的特性，如温度的冷与热、几何尺寸的长与短、物体的软与硬等；管理矛盾是指为了避免某些现象或希望取得某些结果，需要做一些事情，但不知道如何去做，由于管理矛盾对技术创新无启发价值，不能表现出工程技术问题解的可能方向，因此它不属于 TRIZ 的主要研究内容。

TRIZ 理论认为，技术系统创新的标志是解决或去除系统中的矛盾，而产生新的有竞争力的解。发明问题的核心是发现矛盾并解决矛盾，未克服矛盾的技术不是创新技术。技术系统进化过程就是不断解决系统所存在矛盾的过程。技术人员在设计过程中不断发现并解决矛盾，是推动技术系统向理想方向进化的动力。

二、技术矛盾的定义

技术矛盾是由系统中两个因素导致的，这两个因素相互促进、相互制约。所有的人工系统、机器、设备、组织或工艺流程，它们都是相互联系、相互作用的参数的综合体。TRIZ 理论将这些因素总结成通用参数来描述系统性能，如速度、强度、温度、长度等。如果改进系统中一个元素的参数，而引起系统中另一个参数的恶化，就是同一系统中不同参数之间产生了矛盾，称为技术矛盾。

1. 技术矛盾的特点

技术矛盾解决具体问题的特点表现在：一是实现"无折中设计"，传统的解决技术问题的方法是在两个参数中寻求"折中"，但每个参数都不能达到最佳值，技术矛盾解决技术问题则是努力寻求突破性方法消除矛盾，实现"无折中设计"；二是通过技术矛盾可以彻底解决两个参数之间的问题，达到消除矛盾的目的；三是通过技术矛盾的解题流程，可以更为透彻地分析出问题产生的根本原因，以及解决矛盾的工具及发明原理。

2. 技术矛盾的表现形式

技术矛盾通常表现为以下三种形式：一是在技术系统中，一个子系统引入一种有用性能后，导致另一个子系统产生一种有害性能，或增强了已存在的有害性能；二是消除一种有害性能导致另一个子系统有用性能的变坏；三是有用性能的增强或有害性能的降低使另一个子系统或系统变得更加复杂。

3. 应用技术矛盾的解题步骤

技术矛盾的解题过程是：先将一个用通俗语言描述的待解决的具体问题，转化为利用 39 个通用参数（TRIZ 术语）描述的技术矛盾——所谓标准的"问题模型"。实际应用中，把构成矛盾的双方内部性能用 39 个工程参数中的某两个来表示，然后针对这种类型的问题模型，进一步利用解题工具——矛盾矩阵，找到针对物体的创新原理。依据这些创新原理，人们受到启发，经过演绎与具体化，最终找到解决具体实际问题的一些可行方案。

解决技术矛盾的一般解题模式如图 4-55 所示。

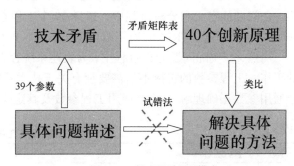

图 4-55　技术矛盾解题模式

三、利用 39 个工程参数描述工程问题

1. 39 个通用工程参数

阿奇舒勒通过对大量专利文献进行详细分析研究，总结提炼出工程领域内常用的表达系统性能的 39 个通用工程参数，工程参数一般是物理、几何和技术性能的参数，如表 4-2 所示。

表 4-2　39 个通用工程参数

通用工程参数名称	通用工程参数名称	通用工程参数名称
1.运动物体的重量	4.静止物体的长度	7.运动物体的体积
2.静止物体的重量	5.运动物体的面积	8.静止物体的体积
3.运动物体的长度	6.静止物体的面积	9.速度

续表

通用工程参数名称	通用工程参数名称	通用工程参数名称
10.力	20.静止物体的能量消耗	30.作用于物体的有害因素
11.应力或压强	21.功率	31.物体产生的有害因素
12.形状	22.能量损失	32.可制造性
13.结构的稳定性	23.物质损失	33.操作流程的方便性
14.强度	24.信息损失	34.可维修性
15.运动物体作用时间	25.时间损失	35.适应性及通用性
16.静止物体作用时间	26.物质或事物的数量	36.系统复杂性
17.温度	27.可靠性	37.控制和测量的复杂度
18.光照度	28.测量精度	38.自动化程度
19.运动物体的能量消耗	29.制造精度	39.生产率

注：表中经常用到运动物体（Moving Objects）与静止物体（Station-ary Objects）两个术语。运动物体指受到自身或外力作用后，可以改变所处空间位置的物体。静止物体指受到自身或外力作用后，并不改变所处空间位置的物体。在这里，物体可以被理解为一个系统。判断一个物体是运动物体还是静止物体，要根据该物体当时所处的状态来决定。

如何将一个具体的问题转化并表达为一个 TRIZ 问题呢？TRIZ 理论中的一个方法是使用通用工程参数来进行问题的表达。这 39 个通用工程参数是连接具体问题与 TRIZ 理论的桥梁。在问题的定义和分析过程中，选择 39 个工程参数中相适应的参数来表述系统的性能，将一个具体的问题用 TRIZ 的通用语言表述出来，即用 39 个通用工程参数表示技术矛盾。

当然，在实际问题分析过程中，为表述系统存在的问题，工程参数的选择是一个难度较大的工作。工程参数的选择不但需要拥有关于技术系统的全面的专业知识，还要对 TRIZ 的 39 个通用参数正确理解。39 个通用工程参数及其定义详见表 4-3。

表 4-3   39 个通用工程参数定义

序号	参数名称	解释
1	运动物体的重量	运动物体的重量指重力场中的运动物体作用在阻止其自由下落的支撑物上的力
2	静止物体的重量	静止物体的重量指重力场中的静止物体作用在阻止其自由下落的支撑物上的力
3	运动物体的长度	运动物体的长度指运动物体的任意线性尺寸，而不一定是自身最长的长度。它不仅可以是一个系统的两个几何点或零件之间的距离，也可以是一条曲线的长度或一个封闭环的周长
4	静止物体的长度	静止物体的长度指静止物体的任意线性尺寸，而不一定是自身最长的长度。它不仅可以是一个系统的两个几何点或零件之间的距离，也可以是一条曲线的长度或一个封闭环的周长
5	运动物体的面积	运动物体的面积指运动物体被线条封闭的一部分或者表面的几何度量，或者运动物体内部或者外部表面的几何度量。面积是以填充平面图形的单位正方形个数来度量的，例如，面积不仅可以是平面轮廓的面积，也可以是三维表面的面积，或一个三维物体所有平面、凸面或凹面的面积之和
6	静止物体的面积	静止物体的面积指静止物体被线条封闭的一部分或者表面的几何度量，或者静止物体内部或者外部表面的几何度量。面积是以填充平面图形的单位正方形个数来度量的，例如，面积不仅可以是平面轮廓的面积，也可以是三维表面的面积，或一个三维物体所有平面、凸面或凹面的面积之和

序号	参数名称	解释
7	运动物体的体积	运动物体的体积以填充运动物体或者运动物体占用的单位立方体个数来度量，体积不仅可以是三维物体的体积，也可以是与表面结合、具有给定厚度的一个层的体积
8	静止物体的体积	静止物体的体积以填充静止物体或者静止物体占用的单位立方体个数来度量，体积不仅可以是三维物体的体积，也可以是与表面结合、具有给定厚度的一个层的体积
9	速度	速度指物体的速度或者效率，或者过程、作用与完成过程、作用时间之比
10	力	力指系统间相互作用的度量。在经典力学中，力是质量与加速度之积。在 TRIZ 中，力是试图改变物体状态的任何作用
11	应力或压强	应力、压强指单位面积上的作用力，也包括张力。例如，房屋作用于地面上的力；液体作用于容器壁上的力；气体作用于汽缸-活塞上的力。压强也可以表示为无压强（真空）
12	形状	形状指一个物体的轮廓或外观。形状的变化可能表示物体的方向性变化，或者表示物体在平面和空间两种情况下的形变
13	结构的稳定性	结构的稳定性指物体的组成和性质（包括物理状态）不随时间改变而变化的性质。它表示了物体的完整性或者组成元素之间的关系。磨损、化学分解及拆解都代表稳定性的降低，而增加物体的熵，则是增加物体的稳定性
14	强度	强度指物体受到外力作用时，抵制其发生变化的能力；或者在外部影响下抵抗破坏（分裂）和不发生形变的性质
15	运动物体作用时间	运动物体的作用时间指运动物体具备其性能或者完成作用的时间、服务时间及耐久时间等。两次故障之间的平均时间，也是作用时间的一种度量
16	静止物体作用时间	静止物体的作用时间指静止物体具备其性能或者完成作用的时间、服务时间及耐久时间等。两次故障之间的平均时间，也是作用时间的一种度量
17	温度	温度表示物体所处的热状态，反映在宏观上系统热动力平衡的状态特征，也包括其他热力学参数，如影响到温度变化速率的热容量
18	光照度	光照度指照射到物体某一表面上的光通量与该表面面积的比值，也可以理解为物体的适当亮度、反光性和色彩等
19	运动物体的能量消耗	运动物体的能量消耗指运动物体完成指定功能所需的能量，其中也包括超系统提供的能量
20	静止物体的能量消耗	静止物体的能量消耗指静止物体完成指定功能所需的能量，其中也包括超系统提供的能量
21	功率	单位时间内所做的功、完成的工作量或者消耗的能量
22	能量损失	能量损失指做无用功消耗的能量。为了减少能量损失，有时需要应用不打通的技术手段，来提高能量的利用率
23	物质损失	物质损失指物体在材料、物质、部件或子系统上，部分或全部、永久或临时的损失
24	信息损失	信息损失指系统数据或者系统获取数据部分或者全部、永久或临时损失，通常也包括气味、材质等感性数据

序号	参数名称	解释
25	时间损失	指一项活动持续时间、改进时间的损失，一般指减少活动内容时所浪费的时间
26	物质或事物的数量	物质的数量是指物体（或系统）的材料、物质、部件或者子系统的数量，它们一般能被全部或者部分、永久或临时地改变
27	可靠性	可靠性指物体（或系统）在规定的方法和状态下完成指定功能的能力。可靠性常可以被理解为无故障操作概率或无故障运行时间
28	测量精度	测量精度指对系统特征的实测值与实际值之间的误差，减少误差将提高测量精度
29	制造精度	制造精度指所制造的产品在性能特征上，与技术规范和标准所预定内容的一致性程度
30	作用于物体的有害因素	作用于物体的有害因素指环境或系统对于物体的（有害）作用，它使物体的功能参数退化
31	物体产生的有害因素	物体产生的有害作用指使物体或系统的功能、效率或质量降低的有害作用，这些有害作用一般来自物体或者与其操作过程有关的系统
32	可制造性	可制造性指物体或系统制造过程中简单、方便的程度
33	操作流程的方便性	在操作过程中，如果需要的人数越少，操作步骤越少，以及所需的工具减少，同时又有较高的产出，则代表方便性越高
34	可维修性	可维修性是一种质量特性，包括方便、舒适、简单、维修时间短等
35	适应性及通用性	适应性、通用性指物体或系统积极响应外部变化的能力；或者在各种外部影响下，具备以多种方式发挥功能的可能性
36	系统复杂性	系统复杂性指系统元素及其相互关系的数目和多样性。如果用户也是系统的一部分，将会增加系统的复杂性。人们掌握该系统的难易程度是其复杂性的一个度量
37	控制和测量的复杂度	控制或者测量一个复杂系统需要高成本、较长时间和较多人力去完成，如果系统部件之间的关系太复杂，也会使得系统的控制和测量困难。为了降低测量误差而导致成本提高，也是一种测试复杂度增加的度量
38	自动化程度	自动化程度指物体或系统，在无人操作的情况下，实现其功能的能力。自动化程度的最低级别，是完全的手工操作方式。中等级别，则需要人工编程，根据需要调制程序，来监控全部操作流程。而最高级别的自动化，则是机器自动判断所需操作任务、自动编程和自动监控
39	生产率	生产率指在单位时间内系统执行的功能或者操作的数量；或者完成某一功能或操作所需时间，以及单位时间的输出；或者单位输出的成本等

2. 通用工程参数分类

为了应用方便和便于理解，可以对 39 个通用工程参数进行分类。依据不同的方法可有不同的分类。

（1）根据 39 个通用工程参数的特点，可分为物理及几何参数、技术负向参数、技术正向参数 3 大类。

① 通用物理及几何参数，共 15 个：运动物体的重量，静止物体的重量，运动物体的尺寸，静止物体的尺寸，运动物体的面积，静止物体的面积，运动物体的体积，静止物体的体积，速度，力，应力或压强，形状，温度，光照度，功率。

② 通用技术负向参数，这些参数变大或提高时，使系统或子系统的性能变差，共 11 个：运动物体作用时间，静止物体作用时间，运动物体的能量消耗，静止物体的能量消耗，能量损失，物质损失，信息损失，时间损失，物质或事物的数量，作用于物体的有害因素，物体产生的有害因素。

③ 通用技术正向参数，这些参数变大或提高时，使系统或子系统的性能变好，共 13 个：结构的稳定性，强度，可靠性，测量精度，制造精度，可制造性，操作流程的方便性，可维修性，适应性及通用性，系统复杂性，控制和测量的复杂度，自动化程度，生产率。

（2）根据系统改进时的工程参数的变化，可分为改善的参数、恶化的参数两大类。

① 改善的参数：系统改进中将提升和加强的特性所对应的工程参数。

② 恶化的参数：根据矛盾论，在某个工程参数获得提升的同时，必然会导致其他一个或多个工程参数变差，这些变差的工程参数称为恶化的参数。

改善的参数与恶化的参数就构成了技术系统内部的矛盾，TRIZ 理论就是通过克服这些矛盾，从而推进系统向理想化进化的。

3. 提取技术矛盾案例练习

对矛盾的分析与提炼，关键是要搞清楚系统（物体）是什么，哪个（些）通用工程参数得到了改善，哪个（些）通用工程参数又由此而恶化了。下面是针对一些实际案例来做的识别通用工程参数、提取技术矛盾的练习。

【例 4-54】 快速分拣陨石

每分钟都有几十块陨石撞击到地球上。由于对陨石成分和结构的分析能提供更多关于太阳系的信息，所以科学家需要获得更多的陨石。但区分陨石和普通岩石很困难，必须耗费大量的时间在地球表面将陨石挑拣出来，但往往仅能得到约百万分之一。这就产生了技术矛盾，即必须寻找大量陨石，但会大大增加寻找的时间。

改善的通用工程参数是 37 控制和测量的复杂度：为了得到陨石，必须对地面上所有的石块进行分析；恶化的通用工程参数是将耗费大量时间，即 25 时间损失。

因此，本案例的技术矛盾是控制和测量的复杂性和时间损失。

【例 4-55】 清理靶标碎片

在射击运动员的训练中需要有供练习的靶标，当运动员击中靶标后，靶标破裂成大量的碎片落到地面上，难以打扫。这个问题的技术矛盾初始可表述为：具有一定体积的飞行靶标对射击运动员的训练是必要的，但靶标碎片又将地面弄脏乱。

改善的通用工程参数是：希望增大靶标体积（工程参数 7 运动物体的体积）；恶化的通用工程参数是：靶标碎片对地面产生作用（工程参数 31 物体产生的有害因素）。

因此，本案例的技术矛盾是运动物体的体积和物体产生的有害因素。

【例 4-56】 高层建筑

为了在有限的地皮上充分地利用空间，很多城市不得不启动高层楼房建设项目。但是楼房一旦建得很高（改善了静止物体的长度、面积、体积等），会带来一系列的问题。比如高层楼房的抗震性能下降（恶化了强度或稳定性）；南层楼房影响周边建筑的采光效果（恶化了物体产生的有害因素）；过于集中的楼房（改善了物质的数量）还会造成局部交通堵塞（恶化了时间损失）等问题。在这个案例中的技术矛盾表现有：

增加了楼层高度（改善参数）会造成抗震性能下降（恶化参数），所带来的技术矛盾是静止物体的长度和强度或者静止物体的长度和稳定性。

楼层高所以其影子面积大（改善参数），影响周边建筑的采光效果（恶化参数），所带来的技术矛盾是静止物体的面积和物体产生的有害因素。

过于集中的楼房占地面积过大（改善参数），会造成局部交通堵塞，从而浪费大家出行的时间（恶化参数），所带来的技术矛盾是静止物体的面积和时间损失。

四、利用矛盾矩阵法解决技术矛盾工程问题

1. 解决技术矛盾的方法比较

解决技术矛盾问题的传统方法是在多个要求间寻求折中，即优化设计。但是基本矛盾不解决，能够对参数做优化的程度是有限的，因为矛盾双方彼此相关，优化了一个参数，就恶化了另一个参数，因而每个参数都不能达到最佳值。一般情况下，人们获得的多是一种折中方案，并非最优解决方案。而 TRIZ 则是努力寻求突破性方法以消除矛盾，其目标是通过消除矛盾来解决问题，得到较为彻底的解决方案，让矛盾的双方实现双赢，即让矛盾的双方——两个通用工程参数都达到最佳值。

2. 矛盾矩阵表的构成

阿奇舒勒将工程参数的矛盾与创新原理建立了对应关系，整理成 39×39 的矩阵，称为矛盾矩阵表。矛盾矩阵表浓缩了对大量专利研究所取得的成果，矩阵的构成非常紧密而且自成体系，这大大提高了解决技术矛盾的效率。

在矛盾矩阵中，表的第一行和第一列所列的都是 39 个通用工程参数中的参数。不同的是，第一列所列的是系统需要改善的参数的名称；而第一行所列的是系统在改善那个参数的同时，导致恶化了的另一个参数的名称。39×39 的工程参数从行、列两个维度构成的矩阵方格共 1521 个，其中 1263 个方格中，每个方格中都有几个数字（如表 4-4 所示），这几个数字表示解决对应的技术矛盾时对人们最有用的那些创新原理的编号，就是 TRIZ 所推荐的解决对应工程矛盾的发明原理的号码。矛盾矩阵建议大家优先采用这些创新原理解决技术矛盾。值得注意的是在矛盾矩阵中，相同序号的行和列的参数所构成的矛盾，不是技术矛盾，而被称为物理矛盾。

【例 4-57】 某一对技术矛盾是：为了改善生产车间的"温度"条件，导致了产品流水线上"生产率"指标的降低。我们可以利用矛盾矩阵来解决这一对技术矛盾。具体的步骤是：在矛盾矩阵表的第一列里找出温度这一参数，在第一行里找出生产率这一参数；温度所在的行与生产率所在的列的交叉处，有一个单元格；单元格内有三个数字，即 15、28、35；这就是解决问题的创新原理（或启示）。也就是说，15 号、28 号、35 号创新原理，常被人们用来解决温度与生产率之间的技术矛盾。

下面举例说明如何查找阿奇舒勒矛盾矩阵。根据问题分析所确定的工程参数，包括改善的工程参数和恶化的工程参数，查找阿奇舒勒矛盾矩阵。

【例 4-58】 利用矛盾矩阵查找创新方法

某一对技术矛盾是，为了改善某技术系统的"强度"条件，而导致了"速度"的降低。可以利用矛盾矩阵来解决这一对技术矛盾（表 4-4）。具体的步骤是：在矛盾矩阵表中沿"改善

的工程参数"找到"14强度"这个参数，然后沿"恶化的工程参数"方向，找出"9速度"这个参数；强度所在的行与速度所在的列的交叉处，对应到矛盾矩阵表的方格中，方格中有系列数字，即8、13、26、14；这些数字就是建议解决此对工程矛盾的创新原理的序号。也就是说，8号、13号、26号、14号创新原理，通常被人们用来解决强度与速度之间的技术矛盾。

表4-4　矛盾矩阵

改善的工程参数	恶化的工程参数	运动物体的重量	静止物体的重量	运动物体的长度	静止物体的长度	运动物体的面积	静止物体的面积	运动物体的体积	静止物体的体积	速度
		1	2	3	4	5	6	7	8	9
1	运动物体的重量	+	−	15, 8, 29, 34	−	29, 17, 38, 34	−	29, 2, 40, 28	−	2, 8, 15, 38
2	静止物体的重量	−	+	−	10, 1, 29, 35	−	35, 30, 13, 2	−	5, 35, 14, 2	−
3	运动物体的长度	8, 15, 29, 34	−	+	−	15, 17, 4	−	7, 17, 4, 35	−	13, 4, 8
4	静止物体的长度		35, 28, 40, 29,	−	+	−	17, 7, 10, 40	−	35, 8, 2, 14	
5	运动物体的面积	2, 17, 29, 4	−	14, 15, 18, 4	−	+	−	7, 14, 17, 4		29, 30, 4, 34
6	静止物体的面积	−	30, 2, 14, 18	−	26, 7, 9, 39	−	+		−	−
7	运动物体的体积	2, 26, 29, 40	−	1, 7, 4, 35	−	1, 7, 4, 17	−	+	−	29, 4, 38, 34
8	静止物体的体积	−	35, 10, 19, 14	19, 14	35, 8, 2, 14	−			+	−
9	温度	2, 28, 13, 38	−	13, 14, 8		29, 30, 34	−	7, 29, 34	−	+
10	力	8, 1, 37, 18	18, 13, 1, 28	17, 19, 9, 36	28, 10	19, 10, 15	1, 18, 36, 37	15, 9, 12, 37	2, 36, 18, 37	13, 28, 15, 12
11	应力或压强	10, 36, 37, 40	13, 29, 10, 18	35, 10, 36	35, 1, 14, 16	10, 15, 36, 28	10, 15, 36, 37	6, 35, 10	35, 24	6, 35, 36
12	形状	8, 10, 29, 40	15, 10, 26, 3	29, 34, 5, 4	13, 14, 10, 7	5, 34, 4, 10		4, 14, 15, 22	7, 2 35	35, 15, 34, 18
13	结构稳定性	21, 35, 2, 39	26, 39, 1, 40	13, 15, 1, 28	37	2, 11, 13	39	28, 10, 19, 39	34, 28, 35, 40	33, 15, 28, 18
14	强度	1, 8, 40, 15	40, 26, 27, 1	1, 15, 8, 35	15, 14, 28, 26	3, 34, 40, 29	9, 40, 28	10, 15, 14, 7	9, 14, 17, 15	8, 13, 26, 14
15	运动物体作用时间	19, 5, 34, 31	−	2, 19, 9	−	3, 17, 19	−	10, 2, 19, 30	−	3, 35, 5

3. 应用矛盾矩阵表的步骤

应用阿奇舒勒矛盾矩阵解决技术矛盾时，可以遵循以下步骤来进行：

① 确定技术系统的名称和主要功能。对技术系统进行详细分解，划分系统的级别，列出超系统、系统、子系统各级别的零部件，以及各种辅助功能。对技术系统、关键子系统、零部件之间的相互依赖关系和作用进行描述。定位问题所在的系统和子系统，对问题进行准确描述。避免对整个产品或系统进行笼统的描述，以具体到零件为最佳，建议使用"主语+谓语+宾语"的工程描述方式，定语修饰词尽可能少。

② 确定技术系统应改善的特性，确定并筛选设计系统被恶化的特性。因为，提升欲改善的特性的同时，必然会带来其他一个或多个特性的恶化，对应筛选并确定这些恶化的特性。因为恶化的参数属于尚未发生的，所以确定起来需要"大胆设想，小心求证"。对所确定的参数，对应表 4-2 所列的 39 个通用工程参数进行重新描述。对工程参数的矛盾进行描述，欲改善的工程参数与随之被恶化的工程参数之间存在的就是矛盾。如果所确定的矛盾的工程参数是同一个参数，则属于物理矛盾，将在后面章节中进行详细解读。对矛盾进行反向描述，假如降低一个被恶化的参数的程度，欲改善的参数将削弱，或另一个恶化的参数被改善。

③ 查找阿奇舒勒矛盾矩阵表，得到阿奇舒勒矛盾矩阵所推荐的创新原理序号。

④ 按照序号查找创新原理，得到创新原理的名称。查找创新原理的详解，将所推荐的创新原理逐个应用到具体的问题上，探讨每个原理在具体问题上如何应用和实现。

⑤ 如果所查到的创新原理都不适用于具体的问题，则需要重新定义工程参数和矛盾，再次应用和查找矛盾矩阵。

⑥ 如此反复直到筛选出最理想的解决方案。

解决技术矛盾的一般解题模式如图 4-56 所示。首先，将一个用通俗语言描述的待解决的具体问题，转化为 39 个通用工程参数描述的技术矛盾。然后，利用矛盾矩阵，找到针对问题的创新原理。依据这些推荐创新原理，经过演绎与具体化，探讨每个原理在具体问题上如何应用和实现，最终找到解决具体实际问题的一些可行方案。如果所查到的创新原理不能很好地解决具体的问题，可重新定义工程参数和矛盾，再次应用和查找矛盾矩阵，直到筛选出最理想的解决方案。

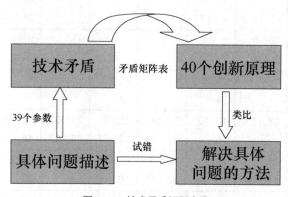

图 4-56 技术矛盾解题步骤

39 个通用工程参数专门用于描述技术系统所发生的问题的参数属性，对具体问题实现一般化表达。矛盾矩阵表作为解决技术矛盾的工具，说明了具体在什么情况下该使用哪些创新原理来解决具体问题，其结果是可以让矛盾的双方实现"双赢"，同时提高了解决技术矛盾的效率。

但是，在技术系统中"参数属性"不明显（找不到矛盾，但是有问题存在）的情况下，采用矛盾矩阵法解决实际问题也存在短板。

4. 利用矛盾矩阵解决实际问题

（1）工程实例：防弹衣改进设计　纤维织成的防弹衣用于保护执法人员和军事人员免于遭受手枪子弹的袭击。如图 4-57 所示，纤维织成的防弹衣由于有多层纤维结构层，具有层叠式结构。纤维在结构层内相互以适当的角度定向排列。当结构层连接好后，所有的纤维都以相互垂直的方向定向排列，如图4-57所示。

为了使纤维织成的防弹衣具有足够的防护能力，这种防弹衣必须具有足够的厚度。增加防弹衣的厚度会使其重量增加，灵活性降低。此外，这种厚度的防弹衣也不能充分通风。换句话说，较厚的防弹衣穿着时不太方便。由此定义技术矛盾：增加运动物体的长度（防弹衣的厚度）会降低操作流程的方便性（防弹衣的舒适性）。

通过查询阿奇舒勒矛盾矩阵，得知可能的解集是［15，29，35，4］四个创新原理。应用第4号增加不对称性原理，将物体的对称形式变为不对称形式。在防弹衣的结构内使纤维呈不对称定向排列。通过将每层以相对于第一层呈20°~70°范围的不同角度旋转，将防弹衣的各定向层内的纤维定向转换为不对称的排列形式。

防弹衣结构内不对称的纤维定向相对于纤维定向排列的防弹衣来讲，会使很大一部分纤维沿子弹飞行的方向定向。沿子弹飞行方向排列的大部分纤维可以确保结构防弹衣在受子弹冲击的方向具有更高的强度。在具有同等保护效果的情况下，防弹衣的厚度和重量减小了。因而，通过减小防弹衣的厚度提高了其舒适性，同时不会降低防弹衣的保护效果。图4-58为新型防弹衣设计。

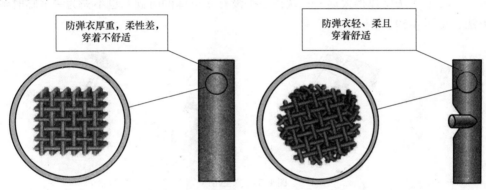

图4-57　防弹衣多层纤维结构层　　　　　图4-58　新型防弹衣纤维层

（2）工程实例：失重状态下的锤子　在太空中，航天员面临着一些我们在地面上无法想象的问题，一些设备在太空失重状态下无法正常工作或根本无法工作。例如，我们在地面上使用锤子时，其重量会抵消冲击后可能的反弹；而在太空中，由于没有重力，发生碰撞后，锤子会以非常危险的速度反弹向使用者的头部。现在的问题是，如何设计能够在太空中使用锤子？

首先，让我们来定义技术矛盾。很明显，这里要改善的参数是锤子产生的冲击力（力），而恶化的参数是很可能伤人的锤子的反弹作用（物体产生的有害因素）。转化为由39个通用工程参数描述的标准技术矛盾，即为力与物体产生的有害因素之间的矛盾。查询矛盾矩阵后找到创新原理［13，3，36，24］。这些创新原理内容如下：

创新原理13　逆向思维原理

① 用相反的动作代替问题定义中所规定的动作；

② 让物体或环境可动部分不动，不动部分可动；

③ 将物体上下或内外颠倒。

创新原理3　局部质量原理

① 将物体、环境或外部作用的均匀结构变为不均匀的；

② 让物体的不同部分各具不同功能；

③ 让物体的各部分处于完成各自功能的最佳状态。

创新原理 36　相变原理

利用物质相变时产生的某种效应，如体积改变，吸热或放热。

创新原理 24　借助中介物原理

① 使用中介物实现所需动作；

② 把一物体与另一容易去除的物体暂时结合。

综合应用上述创新原理 24①、3①、36、13①，我们需要改变锤子的局部结构、在锤子的局部引入一种和锤子（固态）相比具有不同物态的中介物，利用该中介物在锤子冲击时产生的逆向思维抵消锤子的反弹。根据创新原理的启发，我们已经有了明确的解题方向。

综合应用各个创新原理的启示，我们需要找一种高密度的液态中介物置于锤头的空腔内，该液体在锤子下落时位于锤头空腔的顶部；冲击的瞬间，液体下落时产生的惯性力场将抵消锤子的反弹力场。我们可以很容易地想到，使用水银是不错的解决方案，这也是实际的工程解决方案。

另外，受到使用中介物原理的启示，我们还可以使用限程带子或者绳索来限定锤子的回弹行程，让锤子无法反弹得太远——这在手头没有太空锤的时候，也不失为一个临时解决问题的方法，见图 4-59。

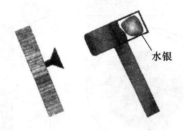

水银

图 4-59　太空用锤

第三节　利用物理矛盾解决工程问题

一、物理矛盾的定义及分类

1. 物理矛盾的定义

阿奇舒勒定义了物理矛盾：对同一个对象的某个特征提出了互斥的要求就是物理矛盾。比如说，要求系统的某个参数既要出现又不存在，或既要高又要低，或既要大又要小等等。从功能实现的角度，物理矛盾可表现在：

① 为了实现关键功能，系统或子系统需要具有有用的一个功能，但为了避免出现有害的另一个功能，系统或子系统又不能具有上述有用功能；

② 关键子系统的特性必须是取大值，以取得有用功能，但又必须是小值以避免出现有害功能；

③ 系统或关键子系统必须出现以获得一个有用功能，但系统或子系统又不能出现，以避免出现有害功能。

2. 物理矛盾的分类

物理矛盾可以根据系统所存在的具体问题，选择具体的描述方式来进行表达。总结归纳物理学中的常用参数，主要有 3 大类：几何类、材料及能量类、功能类。每大类中的具体参数和矛盾见表 4-5。

表 4-5　物理矛盾的类型

类别	物理矛盾			
几何类	长与短	对称与非对称	平行与交叉	厚与薄
	圆与非圆	锋利与钝	窄与宽	水平与垂直
材料及能量类	多与少	密度大与小	导热率高与低	温度高与低
	时间长与短	黏度高与低	功率大与小	摩擦系数大与小
功能类	喷射与堵塞	推与拉	冷与热	快与慢
	运动与静止	强与弱	软与硬	成本高与低

3. 物理矛盾与技术矛盾的区别

技术矛盾和物理矛盾都反映的是技术系统的参数属性。就定义而言，技术矛盾是技术系统中两个参数之间存在着相互制约；物理矛盾是技术系统中一个参数无法满足系统内相互排斥的需求。相对于技术矛盾，物理矛盾是一种更尖锐的矛盾，创新中需要加以解决。

二、分离原理的定义

1. 空间分离原理

所谓空间分离，是将矛盾双方在不同的空间上分离开来，或降低问题解决的难度。

使用空间分离前，先确定矛盾的需求在整个空间中是否都在沿着某个方向变化。如果在空间的某一处，矛盾的一方可以不按一个方向变化，则可以使用空间分离原理来解决问题。也就是说，当系统或关键子系统的矛盾双方在某一个空间上只出现一方时，就可以进行空间分离，如图 4-60 所示。

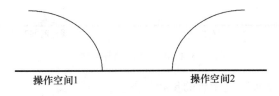

图 4-60　空间分离原理图

利用空间分离原理解决物理矛盾的步骤如下。

第一步：定义物理矛盾。找到存在矛盾的参数，以及对该参数的要求。

第二步：利用空间分离原理。定义空间，如果想实现技术系统的理想状态，上面参数的不同要求应该在什么空间得以实现？

第三步：判断第二步中两个空间是否存在交叉。如果不存在交叉，则可以使用空间分离原理，如果存在交叉，则需要尝试其他分离方法。

图 4-61　鸳鸯火锅

【例 4-59】 鸳鸯火锅

在吃火锅的时候，人们的口味不同，有些人喜欢辣的，有些人不喜欢辣的，但是大家又必须共同进餐，所以就把火锅在空间上分离开来，一半辣一半不辣，如图 4-61 所示。

【例 4-60】 安瓿瓶封口问题

用安瓿瓶封装药品需要用到火焰将瓶口熔融密封，这就需要足够高的温度，但是温度高又会对瓶内药品有影响，这就需要温度既要高又要低。采用空间分离，在瓶口处温度高，在盛装药品的地方温度低，如图 4-62 所示。

图 4-62　安瓿瓶封口问题

2. 时间分离原理

所谓时间分离，是将矛盾双方在不同的时间段分离开来，以获得问题的解决或降低问题的解决难度。使用时间分离前，先确定矛盾的需求在整个时间段上是否都在沿着某个方向变化。如果在时间段的某一段，矛盾的一方可以不按一个方向变化，则可以使用时间分离原理来解决问题，如图 4-63 所示。也就是说，当系统或关键子系统在某一时间段中只出现一方时，就可以进行时间分离。

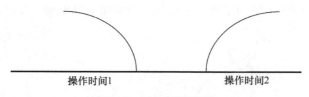

操作时间1　　　　　　操作时间2

图 4-63　时间分离原理图

利用时间分离原理解决物理矛盾的步骤如下。

第一步：定义物理矛盾。找到存在矛盾的参数，以及对该参数的要求。

第二步：利用时间分离原理。定义时间，如果想实现技术系统的理想状态，上面参数的不同要求应该在什么时间得以实现？

第三步：判断第二步中寻找到的两个时间段是否存在交叉。如果不存在交叉，则可以使用时间分离原理，如果存在交叉，则需要尝试其他分离方法。

【例 4-61】 折叠式自行车

在骑自行车的时候，我们希望自行车体积要大，以便能够载人或者载物，但是，当停放自行车的时候，又希望节省停车场所的空间。折叠式自行车解决了这一物理矛盾，在使用的时候展开自行车，在停放或携带的时候，折叠起来，如图 4-64 所示。

图 4-64　折叠式自行车

【例 4-62】　狂风超声速战斗机

对于航载飞机的机翼来说，为了具有更好的承载能力，以提高更大的升力，我们希望它大一些；但是为了在航空母舰有限的面积上多放飞机，我们又希望它小一些。矛盾集中在几何尺寸既想大又想小的物理矛盾上，采用折叠式机翼可以实现机翼面积的时间分离来解决这一物理矛盾，起飞的时候展开机翼，在空中的时候让机翼折叠起来，如图 4-65 所示。

图 4-65　狂风超声速战斗机

该飞机是英国、德国、意大利三国联合成立的帕那维亚飞机公司的狂风超声速战斗机，能够得到平直翼和三角翼优良的飞行特性，极大地节约了起飞或降落过程（平直翼在低速飞行中可得到较大的升力，从而缩短跑道的长度，借此节约了能量）和高速飞行过程（三角翼在高速飞行中可以轻易地突破音障，减轻机翼的受力，提高飞机在高速飞行时的强度，最终的结果是降低了能量的消耗）中的能量。

3. 条件分离原理

所谓条件分离原理，是将矛盾双方在不同的条件下分离开来，以获得问题的解决或降低问题的解决难度。在进行条件分离前，先确定在各种条件下矛盾的需求是否都在沿着某个方向变化，如果在某种条件下，矛盾的一方可不按一个方向变化，则可以使用条件分离原理来解决问题，如图 4-66 所示。也就是说，当系统或关键子系统矛盾双方在某一种条件下只出现一方时，则可以进行条件分离。

图 4-66　条件分离原理图

利用条件分离原理解决物理矛盾的步骤如下。

第一步：定义物理矛盾。找到存在矛盾的参数，以及对该参数的要求。

第二步：利用条件分离原理。定义时间/空间，如果想实现技术系统的理想状态，上面参数的不同要求应该在什么时间/空间得以实现?

第三步:判断第二步中寻找到的两个时间/空间是否存在交叉。如果对参数的不同要求可按照某种条件实现分离和切换,则尝试使用条件分离原理。如果存在交叉,则需要尝试其他分离方法。

【例 4-63】 跳水池

跳水池里的水要软,以减轻水对运动员的冲击伤害,但又要求水必须硬,以支撑运动员的身体,水的软硬取决于跳水者的入水速度。解决的方法是采用充满气泡的跳水池(如图 4-67 所示)解决这一物理矛盾,实现条件上的分离。

图 4-67 跳水池的水

【例 4-64】 汽车安全带

图 4-68 汽车安全带

为了保证汽车碰撞时乘员的安全,必须使用安全带将乘员牢固地固定在座椅上,但是在平时,乘员又希望能够在座椅上灵活活动。这样物理矛盾就产生了。解决方案就是利用条件分离原理,设计出紧急锁止式收卷器,使得在正常情况下安全带对人体上部不起约束作用,当乘员向前弯腰时,安全带可以从收卷器中拉出,但是在汽车减速度超过预定值或车身严重倾斜时,收卷器会将安全带卡住而对乘员产生有效的约束,如图 4-68 所示。

4. 系统级别分离原理

所谓系统级别分离原理,是将同一参数的不同要求在不同的系统级别上实现,即将矛盾双方在不同层次分离,以获得问题的解决或降低问题的解决难度。当矛盾双方在系统、子系统、超系统的层次只出现一方,而该方在其他层次不出现时,则可以进行系统级别分离。

利用系统级别分离原理解决物理矛盾的步骤如下。

第一步:定义物理矛盾。找到存在矛盾的参数,以及对该参数的要求。

第二步:利用系统级别分离原理。定义时间/空间,如果想实现技术系统的理想状态,上面参数的不同要求应该在什么时间/空间得以实现?

第三步:判断第二步中寻找到的两个时间/空间是否存在交叉。如果对参数的不同要求可按照不同的系统级别（如系统+子系统、系统+超系统）实现分离，则尝试使用系统级别分离原理。如果存在交叉，则需要尝试其他分离方法。

【例 4-65】　静电过滤器

标准空气过滤器含有一层多孔过滤材料。当气流通过过滤材料时，它的气孔可将灰尘颗粒吸附。如果孔的直径过小，尽管可以很好地将灰尘吸附，但会将过滤器早早地堵塞。如果孔的直径过大，虽不能将过滤器早早地堵塞，但又不能很好地将灰尘吸附。这样物理矛盾就产生了。

解决方案是采用系统级别分离原理。静电过滤器的滤芯是一组平板电极。在相邻的电极间有小的空气间隙，每个电极与其他的电极相互绝缘。相互间隔的电极与高压直流电源的正负极相连接。

要过滤的气流沿电极表面通过间隙。电极间的静电场使灰尘颗粒分子极化，并形成它们自己的电极。极化后的灰尘颗粒的分子使其正极与负电极的表面相吸，而负极与正电极的表面相吸。从而，灰尘吸附在电极的表面而将其从空气中除去。静电过滤器电极间的空气通道将起到大直径孔的作用，灰尘堵塞通道会很慢，同时，静电场将起到小直径孔的作用，静电场将拦住小的灰尘颗粒使其落在电极表面。

三、利用分离原理解决物理矛盾

1. 物理矛盾解决工程问题的路径

解决物理矛盾的核心思想是实现矛盾双方的分离，矛盾的分离一般采用空间分离、时间分离、条件分离和系统级别分离四种分离方法。一般先将具体工程问题抽象成物理矛盾，然后确定解决物理矛盾的分离原理，最后选择对应的发明原理，结合实际情况得出解决问题的具体方案，其原理与路径如图 4-69 所示。解决物理矛盾的过程大致可以分为以下三个步骤。

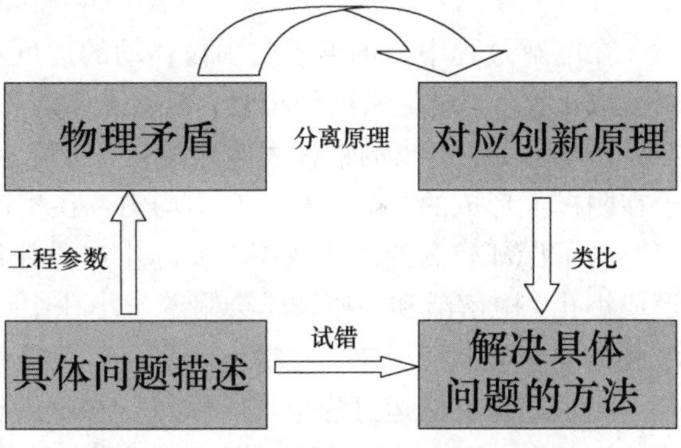

第一步：分析技术系统。

确定技术系统的所有组成元素，通过分析找出矛盾的根源，找出导致当前问题出现的逻辑链，从这个逻辑链上找到需要改善的参数。

图 4-69　物理矛盾解决具体工程问题的路径

第二步：定义物理矛盾。

物理矛盾是对同一个对象的某个特性提出了互斥的要求。根据第一步中找出的承载物理矛盾的关键参数，将物理矛盾明确地定义出来。

第三步：解决物理矛盾。

定义了物理矛盾以后，就可以使用分离方法来寻找解决问题的思考方向了。判断两种要求的时间或者空间是否交叉，如果不交叉，寻找恰当的分离原理解决问题。

【例 4-66】　电解铜板的防腐

通过矿石冶炼得到的铜，通常都含有硫化物 CuS 和 Cu_2S，称为粗铜。利用电解法对铜进行提纯时，将粗铜（含铜 99%）预先制成厚板作为阳极，纯铜制成薄片作为阴极，用硫酸

(H₂SO₄)和硫酸铜（CuSO₄）的混合液作为电解质。通电后，铜从阳极溶解成铜离子（Cu^{2+}）向阴极移动，到达阴极后获得电子而在阴极析出纯铜。粗铜中的某些杂质（如比铜活泼的铁和锌等）会随铜一起溶解为离子。比铜不活泼的杂质（如金和银等）会沉淀在电解槽的底部，称为"阳极泥"。这样生产出来的铜板称为电解铜，根据中华人民共和国国家标准 GB/T 467—2010 的规定，电解铜中杂质元素总含量应不大于 0.0065%。随后，电解铜板会被熔化，铸成各种型材。电解铜的生产原理如图 4-70 所示。

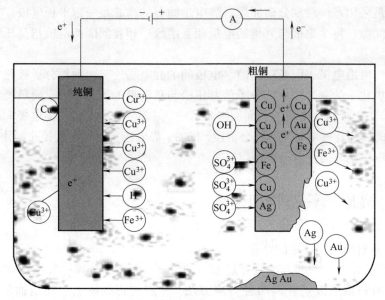

图 4-70   电解铜的生产原理

在电解过程中，铜离子向阴极移动的速度和铜离子在阴极获得电子并析出的速度与电流密度成正比。当电流密度较小时，铜离子移动和析出的速度慢，铜离子在阴极上形成的结晶颗粒分布均匀，生产出的铜板表面光滑；当电流密度较大时，铜离子移动和析出的速度快，铜离子在阴极上形成的结晶颗粒分布不均匀，在生产出的铜板表面会形成一些小孔。

为了保证较高的生产效率，实际生产中往往会采用较大的电流密度，导致结晶过程中会形成小孔，电解液和一些杂质会附着于小孔中。在后续储运时，在潮湿的空气中，杂质、电解液和纯铜会与氧气反应，在铜板表面会出现绿斑。

为了避免在储运过程中产生绿斑，在电解铜板从电解槽中取出之后，会被放入到专用的清洗设备中，用水和清洗液对铜板表面进行清洗，希望去除表面小孔中附着的电解液和杂质。但是，这需要消耗大量的水和清洗液。如何解决这个问题？

可以用分离原理解决上述问题，具体步骤如下。

第一步：分析技术系统。

① 确定技术系统的所有组成元素。作为一个技术系统，电解铜生产设备由以下几部分组成：电解槽、电解液、电流、阳极板、阴极板、铜离子、杂质、水和清洗液。

② 找出问题的根源。在本案例中，当电流密度较小时，铜离子移动和析出的速度慢，铜离子在阴极上形成的结晶颗粒分布均匀，铜板表面光滑；当电流密度较大时，铜离子移动和析出的速度快，铜离子在阴极上形成的结晶颗粒分布不均匀，在表面会形成一些小孔。通过分析可以清楚地看出，当前问题是如何产生的，各个相关参数是如何被串起来成为一个链状结构的，如图 4-71 所示。

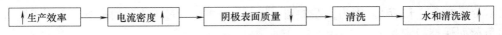

图 4-71 电解铜板的逻辑链

用自然语言可以描述为：为了改善（提高）生产效率，就改善（提高）电流密度，直接导致了阴极形成小孔，即阴极表面质量的恶化（降低），间接导致了电解液与杂质附着于小孔中。为了去除表面小孔中的电解液和杂质，利用水和清洗液进行清洗，导致了水和清洗液的大量消耗（恶化）。

可以看到，当电流密度较小时，阴极上形成的电解铜板表面光滑，并不会形成小孔。只是为了提高生产效率，采用了较大的电流密度，才导致结晶过程中形成了小孔，使得电解液和一些杂质附着于小孔中。因此，在本问题中，电解铜板表面形成小孔的根本原因是"较大的电流密度"。

③ 定义关键参数。在本案例中，可以选择"电流密度"作为本问题的关键参数。

第二步：定义物理矛盾。

按照物理矛盾的定义模板，可以将上述问题中的物理矛盾定义为：电解铜生产设备中电流密度应该大，以便取得较高的生产率；同时，电流强度又应该小，以便电解铜板表面不产生小孔。

第三步：解决物理矛盾。

定义了物理矛盾以后，就可以使用分离方法来寻找解决问题的思考方向了。时间分离：在时间上将矛盾双方互斥的需求分离开，即通过在不同的时刻满足不同的需求，解决物理矛盾。

应用时间分离意味着在生产过程中，为了保证较高的生产效率，可以采用较大的电流密度；而在电解的最后阶段，为了保证电解铜板的表面光滑（不产生小孔），可以采用较小的电流密度。

结论：在电解的过程中采用较大的电流密度，只在电解铜板生成表面层的时候，将电流密度降低。这样一来，就可以在保证较高的生产效率的同时，避免电解铜板表面产生小孔。

2. 分离原理与发明原理的对应关系

解决物理矛盾类型的工程问题时，首先通过物理矛盾解题步骤，准确地描述出物理矛盾，然后利用四大分离原理找出恰当的发明原理来找出解决工程问题的方案。

分离原理和 40 个发明原理的关系，如表 4-6 所示。

表 4-6 分离原理和 40 个发明原理的对应关系

分离原理	空间分离原理	时间分离原理	条件分离原理	系统级别分离原理
对应的发明原理	原理 1：分割 原理 2：抽取 原理 3：局部质量 原理 4：增加不对称性 原理 7：嵌套 原理 13：逆向思维 原理 17：多维化 原理 24：借助中介物 原理 26：复制 原理 30：柔性壳体或薄膜	原理 9：预先反作用 原理 10：预先作用 原理 11：事先防范 原理 15：动态特性 原理 16：不足或过度的作用 原理 18：机械振动 原理 19：周期性作用 原理 20：有效作用的连续性 原理 21：减少有害作用的时间 原理 29：气压和液压结构 原理 34：抛弃或再生 原理 37：热膨胀	原理 1：分割 原理 5：组合 原理 6：多用性 原理 7：嵌套 原理 8：重量补偿 原理 13：逆向思维 原理 14：曲面化 原理 22：变害为利 原理 23：反馈 原理 25：自服务 原理 27：廉价替代品 原理 33：同质性 原理 35：物理或化学参数改变	原理 12：等势 原理 28：机械系统替代 原理 31：多孔材料 原理 32：改变颜色 原理 35：物理或化学参数改变 原理 36：相变 原理 38：强氧化 原理 39：惰性环境 原理 40：复合材料

【例 4-67】 打桩问题

在把混凝土桩打入地基的过程中，人们希望桩头比较锋利，以便使桩容易进入地面；同时又不希望桩头过于锋利。因为，在桩到达指定的位置后，过于锋利的桩头，不利于桩承受较重的负荷而保持稳定。

运用空间分离原理，人们解决混凝土打桩的问题，如图 4-72 所示。在桩的上部附加一个锥形的圆环，并将该圆环与桩牢牢地固定在一起，从空间上将矛盾进行分离。这样一来，既保证了混凝土桩容易打入地基，同时又可以使混凝土桩能够承受较大的载荷。

运用时间分离原理，人们解决混凝土打桩的问题，如图 4-73 所示。在混凝土桩的导入阶段，采用锋利的桩头将桩打入地面；当桩到达指定的位置后，将桩头分成两半或者采用内置的爆炸物破坏桩头，使得桩头有较大的面积而可以承受较大的载荷。

运用条件分离原理，人们解决混凝土打桩的问题，如图 4-74 所示。我们在桩上增加一些螺纹结构。当把桩旋转起来时，桩就向下运动；如果桩不旋转，桩就保持静止，从而解决了方便地导入桩与使桩承受较大的载荷之间的矛盾。

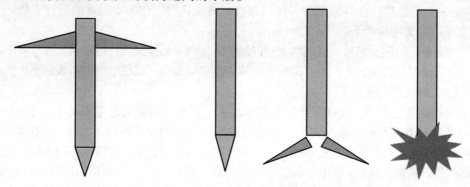

图 4-72　运用空间分离原理解决打桩问题　　　　图 4-73　运用时间分离原理解决打桩问题

运用系统级别分离原理，人们解决混凝土打桩的问题，如图 4-75 所示。我们将原来一根较粗的桩，用一组较细的桩来代替，从而方便地解决了导入桩与桩承受较重的载荷之间的矛盾。

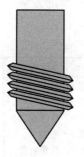
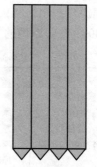

图 4-74　运用条件分离原理解决打桩问题　　　　图 4-75　运用系统级别分离原理解决打桩问题

第四节　技术矛盾转化为物理矛盾

一、物理矛盾和技术矛盾的关系

无论是物理矛盾还是技术矛盾，它们都反映的是技术系统的参数属性，因此，它们之间又是相互联系的。技术矛盾涉及的是一个系统，物理矛盾涉及的是一个组件，物理矛盾更能体现核心矛盾。

在解决实际问题的过程中，技术矛盾与物理矛盾可以相互转化，许多技术矛盾通过分解细化后可以转化为物理矛盾，此时可以用分离原理来解决；另一方面，每条分离原理都与一些发明原理之间存在着一定的关系，利用这些发明原理可以为解决物理矛盾提供更广阔的思路，从而更好、更快捷地获得问题的解决方案。所以，技术矛盾与物理矛盾之间，是可以相互转化的，如图4-76所示。

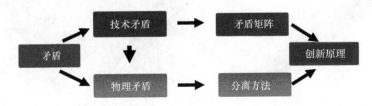

图4-76　矛盾问题的解决路径

【例4-68】　安瓿瓶的密封

前文所举安瓿瓶密封的例子可以定义为技术矛盾。生产率（A）与物体产生的有害因素（B）构成技术矛盾，即提高封口用的火焰温度，提高了生产率（A），同时增加了产生的有害因素（B）。

该工程问题又可以变成物理矛盾。选温度作为另一参数（C），物理矛盾可描述为：为了提高生产率（A），需要增加温度（C），同时为了避免产生的有害因素（B），需要降低温度（C）。工程参数"C"既要热又要冷，就构成典型的物理矛盾，如图4-77。

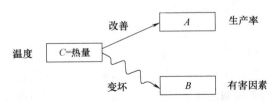

图4-77　安瓿瓶密封技术矛盾与物理矛盾的转化

二、技术矛盾向物理矛盾转化的方法

技术矛盾总是涉及两个基本参数A与B，当A得到改善时，B变得更差；物理矛盾仅涉及系统中的一个子系统或部件，而对该子系统或部件提出了相反的要求。从技术矛盾出发确定物理矛盾的核心是确定另一参数或物体C，该参数或物体C控制着技术矛盾的两个参数A与B。往往技术矛盾的存在隐含物理矛盾的存在，有时物理矛盾的解比技术矛盾的解更容易。具体分为以下三个步骤。

第一步：定义技术矛盾。

第二步：提取物理矛盾。在这对技术矛盾中找到一个参数及其相反的两个要求。

第三步：定义理想状态。提取技术系统在每个参数状态的优点，提出技术系统的理想状态。

【例 4-69】 圆珠笔

圆珠笔之所以能够写字，是因为笔头里的钢珠在滚动时，能将速干油墨带出来转写到纸上，如图 4-78 所示。据说，日本的圆珠笔笔芯里装的干油墨，足够书写 2 万个字。但是，书写的字数多了以后，钢珠与钢圆管之间的空隙会渐渐变大，这样油墨就会从缝隙中漏出来，常常会沾污衣物等，使人感到十分不愉快。

图 4-78　圆珠笔

第一步：定义技术矛盾。

圆珠笔方便书写，但是漏墨容易污染衣物等。

第二步：提取物理矛盾。在这对技术矛盾中找到一个参数及其相反的两个要求。

钢珠与钢圆管之间的空隙小不容易漏油；钢珠与钢圆管之间的空隙大容易书写。

第三步：定义理想状态。提取技术系统在每个参数状态的优点，提出技术系统的理想状态。空隙既应该小，不容易漏油；又应该大，便于书写。

习题

1. 定义 39 个通用工程参数有什么意义？

2. 什么是技术矛盾？有什么特点？试列举生活中你所遇到的几个技术矛盾的实例。

3. 简述矛盾矩阵表的作用与使用方法。试找出解决"强度与速度"之间的技术矛盾的创新原理。

4. 叙述技术矛盾的解题步骤。

5. 在现代社会，越来越多的人购买小汽车。但是，随着小汽车保有量的增加，必然会引来一系列各种各样的问题，比如交通堵塞，能源消耗的增加，城市环境的污染等。显而易见，在这个案例中，存在着很多待解决的技术问题。请你从这些实际问题中，提炼出 1~2 个技术矛盾，并考虑如何利用矛盾矩阵获得解决方案。

第五章

技术创新的分析工具

学习目标

知识目标

1. 了解技术系统的基本概念。

2. 掌握技术系统的功能分析法、组件分析法、因果分析法、资源分析法、裁剪分析法等 TRIZ 创新思维模型及其使用步骤。

技能目标

1. 会使用 TRIZ 创新工具进行技术系统模型创建。

2. 会使用 TRIZ 创新工具对技术系统模型进行分析并解决实际问题。

素质目标

1. 能确定 TRIZ 创新技术系统模型并使用其分析工具。

2. 能设计创新技术系统模型并提出解决方案，进而解决实际问题。

本章内容要点

介绍了技术系统分析、功能分析、组件分析、因果分析、资源分析、裁剪分析等技术创新的分析工具；介绍面对实际技术难题怎样构建相应的技术系统创新模型，并且根据技术系统创新模型所对应的创新工具解决实际问题。

对于复杂工程问题，首先需要对工程问题进行分析，将抽象的系统转化为特定的 TRIZ 问题模型，按照 TRIZ 提供的问题分析方法，充分挖掘技术系统内外部资源，从而选择合适的 TRIZ 工具快速科学地找到最有效的解决问题的方案。

第一节　技术系统分析

一、技术系统的层级

系统反映了人们对事物的一种认识论，揭示了客观世界的某种本质属性，其内容就是系统论或系统学。它是由若干组件以一定结构形式构成的具有某种功能的有机整体。系统必备的三个条件是：

① 至少要有两个或两个以上的组件。

② 组件之间相互联系、相互作用、相互依赖和相互制约，按照一定方式形成一个整体。

③ 整体具有的功能是各个组件的功能中所没有的。

系统的层级包括子系统、系统和超系统，即系统是由组件组成的，若干组成系统的组件本身也是一个系统（即这些组件由更小的组件组成），则称这样的组件为子系统。反之，若一个系统是较大系统的一个组件，则称较大系统为超系统。比如汽车系统如图 5-1 所示，组成汽车的发动机、变速器、底盘等组件均是汽车系统的子系统，而汽车行驶在道路上，道路则构成汽车的超系统。

图 5-1　汽车系统

将技术系统作为对象进行整体思考就构成系统思维。系统思维就是把认识对象作为系统，从系统和组件、组件和组件、系统和环境的相互联系、相互作用中综合地考察认识对象的一种思维方法。系统思维能极大地简化人们对事物的认知，具有整体性、结构性、立体性、动态性、综合性等一系列特征。

二、系统分析

系统分析从广义上说就是系统工程，从狭义上说就是对特定的工程问题利用数据资料和有关管理科学的技术和方法进行研究，解决方案和决策的优化问题。系统分析（System Analysis）是美国兰德公司于 20 世纪 40 年代末首先提出，最早应用于武器技术装备研究，后来转向国防装备体制与经济领域。随着科学技术的发展，其适用范围也逐渐扩大，包括制订政策、组织体制、物流及信息流等方面的分析。

1. 系统分析的要素

① 确定期望达到的目标。复杂系统是多目标的，常用图解方法绘制目标图或目标树。确立目标及其手段是为了获得可行方案。可行方案是诸方案中最强壮（抗干扰）、最适应（适应变化了的目标）、最可靠（任何时候都可正常工作）、最现实（有实施可能性）的方案。

② 确定达到预期目标所需要的各种设备和技术。

③ 确定达到各方案所需的资源与费用。

④ 确定方案的数学模型。

⑤ 确定评价标准。按照既定的费用和效果，确定评价标准。

2. 系统分析的实质

首先是应用科学的推理步骤，使系统中一切问题的剖析均能符合逻辑原则，符合事物发展规律，尽力避免其中的主观臆断性和纯经验性。然后借助于数学方法和计算手段，使各种方案的分析比较定量化，以具体的数量概念来显示各方案的差异。最后根据系统分析的结论，设计出在一定条件下达到人尽其才、物尽其用的最优系统方案。

3. 系统分析的原则

系统分析时必须坚持外部条件与内部条件相结合、当前利益与长远利益相结合、局部利益与整体利益相结合、定量分析与定性分析相结合的原则。

4. 系统分析的步骤

在系统分析时，对研究的对象和需要解决的问题进行系统的说明，目的在于确定目标和说明该问题的重点和范围。

① 收集资料。在系统分析基础上，通过资料分析各种因素之间的相互关系寻求解决问题的可行方案。

② 根据系统的性质和要求，建立各种数学模型。运用数学模型对比并权衡各种方案的利弊得失。

③ 确定最优方案。分析之后，若不满意所选方案，则可按原步骤重新分析。一项成功的系统分析需要对各方案进行多次反复循环与比较，方可找到最优方案。

5. 基于 TRIZ 的系统分析

TRIZ 的系统分析包括功能分析和组件分析两部分。功能分析是从系统抽象的功能角度来分析系统，分析系统执行或完成其功能的状况。组件分析是从系统具体的组件角度来分析系统，分析每一个组件实现功能的能力状况。基于 TRIZ 的系统分析流程如图 5-2 所示。

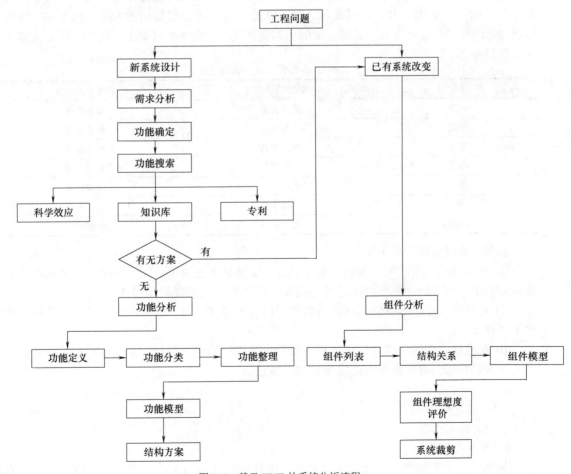

图 5-2 基于 TRIZ 的系统分析流程

第二节　功能分析

同技术系统进化法则一样，功能分析主要用于解决系统性矛盾。不同的是，技术系统进化法则主要从系统整体上、从大的方面考量，为技术系统或产品的进化发展提供方向决策。功能分析的主要目的是将抽象的系统具体化，以便于设计者了解产品所需要具备的功能与特征。除对系统整体进行功能分析之外，还会深入到系统组件之中，进行细致的功能分析。

一、功能的概念

19世纪40年代，美国通用电气工程师迈尔斯首先提出功能的概念，并把它作为工程研究的核心问题。他认为，顾客买的不是产品本身，而是产品的功能。在设计科学的研究过程中，人们逐渐认识到产品设计中工作原理构思的关键，往往是满足产品的功能要求。

任何产品都具有特定的功能，功能是产品存在的理由，产品是功能的载体，功能附属于产品，又不等同于产品。功能是产品或者技术系统特定工作能力抽象化的描述，它与产品的用途、能力、性能等概念不尽相同，为了更加明确地描述功能，TRIZ一般采用"动词+名词"的形式来表达。含义比较抽象而宽阔，以利于人们拓展思路。台虎钳的功能不能说是"螺旋加压"，而是"形成压力"；形成压力除了螺旋之外，还有很多别的方法，如气动、液压、电磁力、凸轮等，这样定义，实现功能的思路就开阔了。表5-1列举了几种产品功能定义的例子，以供参考。

表5-1　几种产品功能定义

产品	不好的功能定义	好的功能定义
电炉	提供火源	提供热源
电线	传电	传送电流
电话	传递语音	传递信息
电灯	照明	提供光源
桌腿	支撑桌面	支撑重量
笔	写字	流出墨水
洗衣机	清洁衣服	分离污垢

功能的描述应符合以下要求：

① 简洁准确。简洁明了地描述某个功能，能准确地反映该功能的本质，与其他功能明显地区别开来。例如转动轴的功能是传递扭矩，变压器的功能是转换电压。

② 定量化。是指尽量使用可测量的数量语言来描述功能。定量化是为了表述功能实现的水平或程度。

③ 抽象化。功能的描述应该有利于打开设计人员的设计思路，描述越抽象，越能促进设计人员开动脑筋，寻求种种可能实现功能的方法。

二、功能的分类

1. 基本功能

基本功能是实现产品用途的主要功能。电灯泡的基本功能是提供光源；电冰箱的基本功能是冷藏食品；手表的基本功能是显示时间；洗衣机的基本功能是清洁衣物。

一个产品可能有多个基本功能，如电视机有显示图像和音响功能；洗衣机除了分离污垢，还有甩干功能。

2. 辅助功能

辅助功能是为了更有效地实现基本功能而附加的功能。如，电冰箱的基本功能是冷藏，但为了有效地实现这一基本功能，还要给电冰箱附加上保温的功能，这就是辅助功能；手表的基本功能是显示时间，防水、防震、防磁、夜光是附加的辅助功能，以使手表在非常环境中也能正常显示时间。

辅助功能在产品的成本中占的比重很大，有时竟高达 70%~80%。因此，功能分析的重点往往是针对辅助功能，以改善辅助功能，裁剪辅助功能，降低成本。

3. 有害功能

基本功能的实现，总会伴生有害功能，这是必然。简单来说，一切用电产品，也就是要消耗能源的产品，消耗能源就是有害功能。于是就要研究如何降低能耗，这就是一个功能分析问题。一般情况下，应该消除或降低有害功能。但有时有害功能与基本功能是由产品的一个功能组件产生而不可分离，使处理有害功能遇到困难。如电灯泡的灯丝通电而发光实现基本功能，由于电阻的存在灯丝发热，损耗了95%的电能，发光、发热都是这一根灯丝，所以，要消除这个有害功能是不可能的。除非放弃灯丝，产生新的概念，采用新的原理，产生新的灯具，如 LED 半导体发光二极管。这也说明，实现同一个功能，可以用不同的方法，以消除或降低有害功能。在一些基本功能与有害功能分离的情况下，采用创新的方法消除有害功能是可能的。解决技术矛盾就是消除有害功能。在很多情况下，至少要降低有害功能，绝不能熟视无睹。如发动机驱动汽车行驶产生尾气这个有害功能，严重污染环境。于是发明了汽车尾气净化器，以降低、消除尾气这个有害功能。

有害功能也是一种资源。更胜一筹的是变害为利，充分利用有害功能，产生经济效益。例如利用废渣、废气、废水、余热等。

4. 不足功能

无论是基本功能能力不足，还是辅助功能能力不足，都会使基本功能不能实现。如手工用榔头在木板上钉又细又长的钉子，一打钉子就弯了，不能实现钉钉子的功能，这是钉子纵向刚度功能不足；又如手工钉钉子，要求在木板上 1min 钉 100 个小钉子。这个功能不能实现，于是就要考虑研发钉钉机提高效率。所以，为解决不足功能也会产生新产品。不足功能对实现基本功能的影响，往往显而易见，力度不够、速度不够快、温度不够高等。有时也要进行因果分析，找出功能不足的原因，采用创新方法，增强功能强度。

5. 过度功能

过度功能犹如大马拉小车，一方面浪费了资源，另一方面也可能使基本功能造成有害的后果，如火太大把饭烧煳了。一些辅助功能的过度功能往往不易发现，如材质用得过好、加工精度过高、轴承精度等级过高等，这些辅助功能的过度功能使产品成本增加，但对基本功能的实现并无明显影响。所以，要发现这些过度功能，在进行功能分析的时候，要对承载辅助功能的组件进行问题检核，以发现过度功能。

三、功能分析的目的

功能是产品的生命。任何一个产品如果没有功能，就没有存在的意义。用户购买产品主要是购买产品的功能，而不是产品本身。如果一个产品不具备用户所需要的功能，用户是不会购买的。所以，设计、生产、制造一个产品，就是要赋予产品必要的功能。但是，即使是一个简单的产品，使其实现一个有用的功能，也会产生、出现这样那样的问题，一般都会随之产生有害的功能。所以，要实现产品有用的功能，就会产生有害功能，随之有很多问题需要解决。功能分析总的目的，是要寻找、发现、解决产品功能系统中存在的各种功能性问题，以优化技术系统功能结构，降低各种资源消耗，以最小的代价使技术系统完善实现功能，朝向理想化的方向进一步发展。具体要从下面几个方面进行功能分析，这也就是功能分析的目的。

① 检核技术系统中存在的无用功能、多余功能，并予以清除；

② 检核技术系统中存在的不足功能、过度功能，并予以完善；

③ 检核技术系统中存在的有害功能，予以消除，或减轻有害作用，或变害为利；

④ 把 TRIZ 理论中最终理想解、技术矛盾、物理矛盾、物场矛盾、物理效应、进化法则、资源利用、创新思维等，有选择地应用于对产品组件的研究分析，以获取创新成果；

⑤ 进行功能的转移与裁剪，以使产品结构更简化，成本更低，更趋于理想化；

⑥ 把新原理、新技术、新材料、新工艺引进技术系统，使系统功能更趋完善，向更高一级的阶段发展。

总之，功能分析的目的，就是追求合理性，追求创新性，对系统中的各种功能进行变换——提升、降低、转移、裁剪，用新的成果代替，尽可能用最少的消耗和最低的成本，使产品实现必要的功能。功能分析融合各种创新方法，产生新的概念，从而可能衍生新的产品，使产品更新换代。所以，功能分析可能使一个产品发生根本性的改变，以向更理想的方向发展进步。

四、功能系统图与结构系统图

为了分析一个产品的功能，需要知道这个产品有哪些功能，以及这些功能之间的相互关系，相应地也需要知道，为了完成这些功能，这个产品由哪些组件构成。功能系统图和产品系统图以框图的形式表达。一个产品有总功能，总功能又由若干分功能组成，分功能又可能由下一层的若干子功能组成，于是形成一个产品的功能系统图。

图 5-3 为豆浆机的功能系统图，由于豆浆机功能相对比较简单，没有画出分功能下面的子功能；在功能系统图的右边，再画出相关联的结构系统图。

由图可见，功能系统图中某一功能，是由结构系统图中结构某一组件实现的。实际上，一个功能可能要由几个组件来完成，一个组件也可以完成几个功能，于是就会在图上出现很多左右交叉的线条，图形会显得复杂。

结构系统图中的组件是从哪里来的？一方面它可以是现有产品中的组件，另一方面它可以是在新的设计中，根据功能的要求，经过初步选择确定的。功能系统图和结构系统图只是初步确定功能与结构之间的关系。只有经过全面功能分析，才能最后确定改进方案。

图 5-3 所示的功能系统图与结构系统图简单明了。有一个缺点是没有表明各个物场相互作用的详细情况。要画出所有物场相互作用的关系图形就会显得非常复杂，令人难以看得清楚明白。这里采用的方法，是在对组件进行功能分析的时候，首先就画出这个组件前后的物场模型图，表示出功能不足、功能过度、有害作用等情况；再列举出本组件的矛盾因素所产生

的技术矛盾等检核内容，在检核中提出对本组件的改进创新方案。

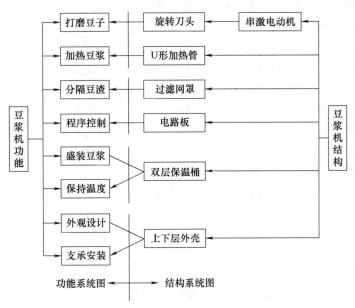

图 5-3 豆浆机功能系统图与结构系统图

功能系统图与结构系统图的练习：

练习 1：画出电动剃须刀的功能系统图和结构系统图。

练习 2：画出洗衣机的功能系统图和结构系统图。

五、功能分析的主要内容

1. 绘制功能系统图与结构系统图

用框图列出系统的功能系统图，表明功能之间的位置关系（上位功能、下位功能）、时序关系（动作的先后次序）。再用框图列出系统的结构系统图，表明实现各个功能的结构组件。必要时都可用文字补充说明。功能系统图与结构系统图，是对系统或产品进行功能分析的基础和依据。

2. 用输入输出法进行功能分析

这是功能分析简单而有效的一种方法。列举系统或产品输入与输出的内容，综合应用各种创新方法，对输入与输出的内容进行提问与检核，进行种种改变，实现创新，以改善产品的功能系统。

3. 用检核表对结构组件进行功能分析

从功能系统图与结构系统图中选取结构组件，运用检核表对组件进行功能分析。检核表的内容包括对各种创新方法的检核，以及对功能的专项检核。对一个组件进行方方面面的探索，总有一款会取得成效，对组件实现创新，使产品功能系统得到改善，产品理想化程度得以提高。

4. 组件功能不足或功能过度及有害功能的检核

在肯定结构组件必须存在的前提下，要考虑组件的功能是否恰当，需要对组件的功能是否过度、是否不足进行检核。因为功能过度或功能不足，都可能使产品不能完整实现功能，影响产品质量和寿命。根据物场理论，功能过度或功能不足，主要是指场的作用过度或不足。因此可以确定组件的物场系统，分析功能过度或不足的问题，这是一个方面。另一方面，从组件本身的属性，如结构、数量、材质、物理性能、工艺等，探讨组件功能过度、过剩或不足的问题。根据合理要求，要对组件功能进行降低或提升乃至裁剪。如用手柄低速转动丝杠，带动螺母调整台面位置的手动装置，由于速度低，使用频率不高，所选用的铜螺母和铜质滑动轴承，材质太好了，形成过度功能，提高了成本，其实可以用铸铁代替，这就使组件功能合理降低，降低了成本。有的组合数量过多，形成过剩功能，就要进行裁剪，如四轮滑板，用两个轮子更灵活（自行车就是两个轮子），于是裁剪掉两个过剩的轮子，成为两轮滑板。如发现薄弱环节，就要提升功能。如一个部位的材质需要提高硬度，以延长使用寿命，就要改用好的材质和热处理方法。材质代用是在功能分析中一个常用的方法，多用来降低成本。

功能过度和功能不足的检核以及有害功能的检核，都可以和结构组件检核表功能分析结合在一起进行。

5. 功能转移与裁剪

功能的转移与裁剪，往往使系统结构简化，降低成本，甚至使技术系统产生根本性的变化。转移、裁剪是技术系统理想化的发展的主要途径。

功能系统图与结构系统图已经在前面作过介绍。下面着重介绍功能分析输入输出法及其应用案例、组件功能分析检核表及其应用案例、功能裁剪及其应用案例。

六、功能分析输入输出法

1. 功能分析输入输出法的基本概念

功能的实现是一个过程。在这个过程中，产品的各种功能，由产品结构中相应的各种组件实现。这个过程是将若干输入量，通过结构系统转换成若干输出量。

一般输入量包含三方面：①能量输入；②物质输入；③信息输入。除此之外，还应该把系统内外的资源单独列出，作为输入一方的内容；输出量也属于这三个方面，只是性质发生了变化，同时也应该列出系统内外资源状况的变化。输出量也就是在输入量的作用下，系统或产品产生的各种结果。这其中就包含了期望的有用功能，也包含了有害功能和辅助功能。

作为功能分析的一种方法，输入输出法的要点，是对系统或产品的各种输入量与输出量进行各种分析、各种变换，从而获得新的概念；研究输入与输出之间的关系；对输入量与输出量进行各种可能的变换，研究输入量输出量的理想状态，研究输入输出的因果关系，特别是消除有害功能；将找到有害功能和如何消除有害功能作为突破口。有害功能是由哪些因素引起的？对有害功能是否可以变害为利加以利用？有害功能与基本功能是在同一时空发生不可分开，还是在不同时空发生，是分开的？这些都会涉及输入的内容，为消除有害功能寻找线索，并应用各种创新方法、创新原理、理想解，对输入输出双方进行检核，特别是应用逆向思维，对输入输出采取否定的态度，进行分析研究。特别要注意，为消除有害功能，系统内外有什么资源可以应用，经过多方面的探究，就可能对系统或产品产生新概念，并形成方案，实现创新，使系统或产品的功能系统得到改善。功能分析输入输出法是一种针对整个系统，而不是针对组件细节，进行的功能分析。

下面以豆浆机为例进行说明（图5-4）。

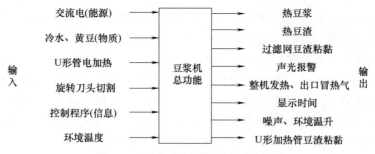

图5-4　豆浆机功能分析输入输出法框图

以框图形式全面、完整列举豆浆机输入、输出内容。对输入输出内容，提出问题，并综合应用各种创新方法，如技术矛盾、物理矛盾、物场矛盾、物理效应等，一般都可能产生新的创意，实现创新，使产品功能系统得到改善，也使产品朝着理想化的方向发展进步。

对输入方提出问题并进行检核。能源形式可否改变（系统进化法则相关内容）；输入物质可否改变；加热切割可否改变；信息输入是否完善合理。于是，就有可能形成新的意向、新的产品。

输出方除了有用功能，还有若干辅助功能和有害功能，甚至还有无用功能，显示时间就是一个无用功能。对于输出方重点是要消除有害功能，甚至变害为利，利用有害功能。这是输入输出法的一个重要内容。

这里有几个有害功能：过滤网豆渣粘黏、U形加热管豆渣粘黏、热豆渣、噪声、出口冒热气等等。

过滤网、加热管在这里都形成物理矛盾，采用空间分离，不与豆渣接触。过滤网转移到机外，做成一个过滤盘；加热管转移到底座内。这两个有害功能就消除了。

2. 功能分析输入输出法的案例分析

下面列举几个应用输入输出法进行功能分析的案例。

【例5-1】刷牙功能分析输入输出法

首先画出输入输出框图（图5-5），对输入输出双方的内容提出问题，解决问题，实现创新。

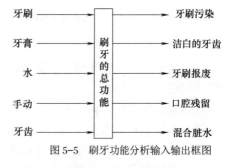

图5-5　刷牙功能分析输入输出框图

针对输入、输出五项提问，产生新的创意，实现创新，产生新的产品（图5-6）。

  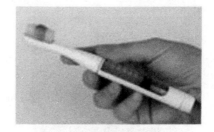 

(a) 刷头振动式　　　(b) 刷头旋转式　　　　　　(c) 装牙膏的牙刷　　　　　　(d) 不倒翁牙刷

图5-6　提问产生新的产品

手动——这是刷牙的动力。是否可采用别的动力？自然会想到电动。于是研制了电动牙刷，如图5-6（a）、（b）所示。一种是刷头振动式，一种是刷头旋转式。

牙刷——这是每一个人都要用的产品，需求量很大，产品材料、结构都在不断发生变化。

最早的刷毛是猪鬃，后来普遍采用尼龙，现在采用竹碳纤维，乃至纳米、稀土、负离子等材料。结构色彩也是五花八门，如不倒翁牙刷，摇摇晃晃，就是不倒。

牙膏——采用组合原理，制成药物牙膏及各种特殊用途的牙膏，乃至与牙刷组合在一起，把牙膏装进牙刷的手柄中。采用逆向思维，刷牙不用牙膏，于是开发出了多种不用牙膏的牙刷，如竹纤维牙刷，具有自清自洁、抑制细菌的功能，这样就可省去牙膏。

不用牙膏的纳米稀磁芯片牙刷，具有超强渗透能力，还可迅速瓦解牙垢、牙石，清除口腔异味，并能促进牙齿周边组织血液循环、疏通牙周经络。

负离子牙刷，是采用内置高能电池，利用直流电场所产生的负离子作用，来预防或改善一些口腔疾病的产品。刷柄处是阳极片，刷毛中有负离子材料。

在输出的五项中，除"洁白的牙齿"是有用功能外，其余都是有害功能。

如何消除牙刷污染，有人研发了紫外灯牙刷消毒器。例如竹纤维牙刷，自身就有抑制细菌的功能。

牙刷要经常更换，原有的牙刷就要扔掉。应该扔掉的只是刷头，连刷柄一起扔掉就浪费了材料。于是根据创新原理"分割"，把牙刷分成刷头和刷柄两部分。要换牙刷的时候，把刷头拔下扔掉，再插上一个新刷头。似乎很难见到这样的牙刷产品。

【例 5-2】 铅笔刀（图 5-7）功能分析输入输出法

图 5-7　铅笔刀功能分析输入输出图

首先画出输入输出框图，输入输出内容要尽可能完善。对输入输出双方的内容提出问题，解决问题，实现创新。

这里首先从输出的三项着手。削好的铅笔是一个基本功能；散落的切屑（图 5-8），污染环境，削好的铅笔断尖，这是两个有害功能，要予以消除。

防止切屑散落：这里有一个技术矛盾或物理矛盾，结构简单，但切屑落地。

选择创新原理"自服务、借助中介物"。将铅笔刀装进一个容器中——中介物，切屑落在容器中，防止了切屑散落在地上（图 5-9）。

图 5-8　散落切屑的铅笔刀　　　图 5-9　不散落切屑的铅笔刀

防止断尖：首先要找到断尖的原因。一手拿着铅笔，一手拿着卷笔刀，套在一起转，两者肯定不会在一条直线上。正是两者之间的歪斜发生断尖。所以，要防止断尖，必须将铅笔和卷笔刀固定在一条直线上。铅笔固定了再让它转有点复杂，这里应用"逆向思维"，让刀子转。原来是单一的一个小刀片，效率低。这里借用了金属切削的知识，用圆柱形铣刀削铅笔。如图 5-10 所示，有一个摇把带着铣刀绕铅笔头旋转切削。铅笔在径向用夹子固定，而在轴向可以连同夹子一起移动。这样，就有弹簧将铅笔拉向铣刀，顶在铣刀上，以供切削，一直到切出整个铅笔头。这就是手摇削铅笔刀的原理（图 5-11）。

为了消除断尖这个有害功能，我们创新了一个产品——手摇削铅笔刀。这里首先要找到断尖的原因，将铅笔和卷笔刀固定在一条直线上，这是关键，这一点做到了，其余都好办了。

TRIZ 的奠基人——阿奇舒勒通过对功能进行研究，发现了功能的 3 条定律，功能分析引入 TRIZ，成为现代 TRIZ 的一个重要组成部分。

① 所有的功能都可分解为 3 个基本元件。

② 一个存在的功能必定由 3 个基本元件构成。

③ 将相互作用的 3 个基本元件相互组合，将产生一个新的功能。

在 TRIZ 中，功能的基本描述如图 5-12 所示。

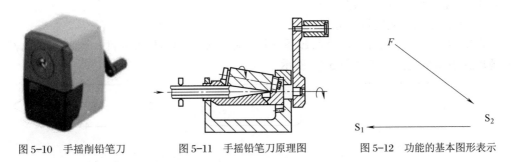

图 5-10　手摇削铅笔刀　　　　图 5-11　手摇铅笔刀原理图　　　　图 5-12　功能的基本图形表示

图中 F 为场，S_1 及 S_2 分别为物质。其意义为：场 F 通过物质 S_2 作用于物质 S_1 并改变 S_1。组成功能的每个元件都有其特殊的角色。

S_1 为被动元件，是被作用、被操作、被改变的角色。

S_2 是主动元件，起工具的作用，它改变或作用于被动元件 S_1，S_2 又常被称为工具。

F 为使能元件，它使 S_1 与 S_2 相互作用。

七、功能分解与功能结构

功能是从技术实现的角度对设计系统的一种理解，是系统或子系统输入/输出时，参数或状态变化的一种抽象描述。

复杂的用户需求通常由若干个具有内在联系的功能共同实现。为了便于寻求满足产品总功能的原理方案，或者为了使问题的解决简单方便，通常将总功能分解成复杂程度相对较低的分功能，分功能分解为下一级子功能，一直分解到功能元。该分解过程称为功能分解。

产品的总功能是指待设计产品或系统总的输入/输出关系，输入/输出的实体称为流。经过高层次的抽象流分为物质流、能量流和信号流。分功能是总功能的组成部分，它与总功能之间的关系是由约束或输入与输出之间的关系来控制的。功能元是已有零部件过程的抽象。

功能分解的目的是将复杂的设计问题简化，通过功能分解，产品的总功能分解成若干功能元，当系统的各个功能元用流有机地组合起来就得到功能结构。一个功能结构可以抽象地表达一件产品及顾客对它的需求，功能结构是产品设计、知识设计意图的最直接表达，在产品设计和分析中，具有十分重要的作用。

功能结构的建立是通过用户需求分析确定总功能，进而将其分解为分功能、功能元的过程。功能元是已有零部件过程的抽象，功能结构是功能分析结果的一种表达方式。

八、功能模型分析

功能模型分析是指对系统进行分解，确定有效、不足、有害、过剩等作用类型，帮助工程技术人员更详细地理解工程系统中部件之间的相互作用关系。从设计的观点看，任何系统内的元件必有其存在的目的，即提供功能。运用功能分析，可以重新发现系统元件的目的和其性能表现，进而发现问题的症结，并运用其他方法进一步加以改进。运用功能分析可通过已有产品或基础产品以模块化的方式将功能和元件具体表达出来。

通常功能模型建立的过程分为两步：

① 确定元件、制品、超系统。

② 进行作用（或连接）分析。

在功能模型中，元件、制品与超系统以形状区别，矩形代表元件，圆角矩形代表制品，六角形代表超系统。详细如图 5-13 所示。

元件　　　　　　　　　　制品　　　　　　　　　　超系统

图 5-13　元件、制品及超系统的图形表示

元件：所设计系统的组成分子，如同一个产品的组成零件，小到齿轮、螺母，大到一个由许多零件组成的系统，都可以认为是一个元件。

制品：系统所要达到的目的。

为了更好地说明，举例如下：

① 汽车的主要功能是载货或人，因此，该系统的目的或制品是货物或者人。

② 杯子的主要功能是装流体，因此，制品是流体。

③ 电灯的主要功能是照明，因此，制品是光。

④ 笔的主要功能是书写，因此，制品是墨水。

对于一些特殊的、抽象的、暂时不能确定的，另行处理，例如：手表的功能是计时，时间是抽象的概念，不能作为制品，因此，确定时间的制品是时针、分针、秒针，根据它们的位置，才产生时间的概念，因此，时针、分针、秒针为制品才是恰当的。

超系统：影响整个分析系统的组件，但不能针对该类组件进行改进。

① 超系统不能删除或重新设计；

② 超系统可能使工程系统出现问题；

③ 超系统可以作为工程系统的资源，也可以作为解决问题的工具，超系统在对系统有影响时才列入。

下面举例进行说明。

在公共汽车系统中发动机、轮子、车身、底盘等为元件，人为制品，路类型为超系统。

通过建立产品功能模型的过程可以发现有效、不足、有害、过剩等作用类型。之后利用

TRIZ 中的发明原理、分离原理、标准解以及相应的知识库等完成现有产品的改进设计，推进产品创新进化。

下面是建立产品功能模型的过程：

第一步：选定现有产品或系统以及与之有输入/输出关系的各超系统；

第二步：确定系统与各超系统的输入与输出及系统的制品；

第三步：确定各功能元件，通常简单系统较容易确定各功能元件；

第四步：确定各个作用，并判断其类型；

第五步：将作用连接各功能元件，并绘制系统功能模型。

第三节 组 件 分 析

组件分析是从系统的具体组件入手来分析系统，分清层级，建立组件之间的联系，明确组件之间的功能关系，构造系统功能模型的过程。组件分析的目的是：

① 明确各组件之间的相互关系，合理地匹配组件，优化结构；

② 降低成本，提高组件价值；

③ 理清系统的功能结构，找出系统中价值低的组件，实施剪裁；

④ 优化系统功能，减少实现功能的消耗，使系统以很小的代价获得更大的价值，从而提高系统的理想度。

组件分析的主要步骤是：建立组件列表、建立结构关系、建立组件模型。

一、建立组件列表

组件是技术系统的组成部分，它执行一定的功能，可以等同为系统的子系统。另外，系统作用对象是系统功能的承受体，属于特殊的超系统组件。

【例 5-3】 眼镜作为一个技术系统，由镜片、镜框、镜脚组成，镜脚又由金属杆和塑料套组成，而手、眼睛、耳朵、鼻子和光线就是系统作用对象（见图 5-14）。

建立组件列表，将描述系统组成及系统各组件的层级。在这个步骤中，回答了技术系统是由哪些组件组成的，包括系统作用对象、技术系统组件、子系统组件，以及和系统组件发生相互作用的超系统组件。应将技术系统至少分为两个组件级别，即系统级别和子系统级别。

超系统包括系统，是在系统外的更大的系统。超系统的特点主要有：

① 超系统不能被删除或重新设计；

② 超系统可能使系统出现问题；

③ 超系统可以为解决系统中的问题提供资源；

④ 超系统是分层级的，只有对系统有影响时才列入。

【例 5-4】 典型的超系统组件

生产阶段：设备、原料、生产场地等。

图 5-14 眼镜系统组件

使用阶段：功能对象、消费者、能量源、与对象相互作用的其他系统。

储存和运输阶段：交通手段、包装物、仓库、储存手段等。

与系统作用的外界环境：空气、水、灰尘、热场、重力场等。

建立组件列表的原则是：

① 在特定的条件下分析具体的技术系统；

② 根据技术系统组件的层次建立组件列表；

③ 进一步分析完善组件列表；

④ 针对技术系统的各个生命周期阶段，可建立独立的不同的组件列表。

组件列表包括超系统、系统、子系统组件。其中：超系统组件应该与系统组件有相互作用关系，技术系统生命周期的不同阶段具有不同的超系统。组件列表通常以表格形式呈现，其中应包括超系统组件、系统组件、子系统组件和子-子系统组件等。

【例 5-5】 桌上放着一瓶可乐，请据此建立组件列表（见表 5-2）。

表 5-2   建立可乐瓶组件列表

超系统组件	系统组件	子系统组件	子-子系统组件
桌子	瓶盖		
人	瓶体		
可乐	标签		
空气			

二、建立结构关系

建立结构关系，将描述组件之间的相互关系，建立组件的结构关系主要基于组件列表。结构关系的建立模板包括结构矩阵和结构表格两部分，其中，矩阵用于检查每对组件之间的关系，表格用于详细描述这对组件之间的相互作用关系。

建立组件结构关系的原则是：

① 基于组件列表画出系统组件之间、组件与超系统组件间的相互关系，进而建立组件的结构关系。

② 结构关系用矩阵和表格依次建立，基于组件列表标明组件间的相互关系。

③ 在技术系统生命周期的各个阶段，都可建立独立的、不同的组件结构关系；在技术系统发展的整个生命周期中，通过分析系统组件之间、组件与超系统组件间的相互作用，发现技术系统的新功能。

④ 填写作用表格时，需对组件之间的相互作用做出功能质量的评价。依据每个功能对系统主要功能的关系分为有用作用（充分、不足、过度）和有害作用。

⑤ 结构关系中组件间的作用可以有多个。

⑥ 若结构关系中的某个组件只与一个组件有直接联系，要从结构关系中将该组件去掉，把它作为与其有关系的组件的子系统。

⑦ 组件列表中存在这样的组件，它与系统中其他的组件都没有关系，要从作用关系中将该组件去掉。

三、建立组件模型

建立组件模型，是用规范化的功能描述，揭示整个技术系统所有组件之间的相互作用关系，以及所实现的系统功能。在组件模型中，将各组件间的所有功能关系全部展示，形成系统组件模型图（见图 5-15）。

建立组件模型的原则是：

① 针对特定条件下的具体技术系统进行功能描述。

② 功能是在作用中体现的，在功能描述中必须有动词反映该功能。

③ 功能存在的条件是作用改变了功能受体的参数。

④ 功能陈述包括作用与功能受体，使用作用的动词，能表明功能载体要做什么。

⑤ 在陈述功能时可以增添补充部分，指明功能的作用区域、作用时间、作用方向等。

功能载体	作用	功能受体	补充条件
可乐瓶	储存	可乐	长时间
可乐瓶	支撑	可乐	
标签	通知	人	可乐
瓶盖	密封	可乐	

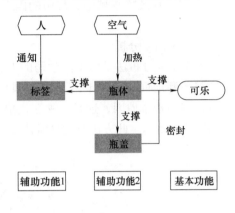

图 5-15　组件模型：可乐瓶

第四节　因　果　分　析

一、因果分析的概念

有因必有果，有果必有因。从系统存在的问题入手，层层分析形成问题的原因，直至分析到最后不可分解为止。原因（Cause）是导致一个结果出现的条件或事件。一个问题的发生往往是由个体层次的原因综合导致的，则从原因层次的角度将原因划分为直接原因、中间原因和根本原因，它们共同组成因果链。因果分析可以有两个方向：向着求因的方向——由现在分析过去；也可以向着求果的方向——由现在分析未来。如图 5-16 所示。

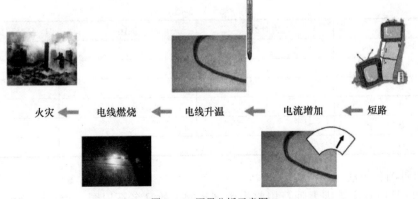

火灾　←　电线燃烧　←　电线升温　←　电流增加　←　短路

图 5-16　因果分析示意图

当人们面对一个技术问题时，往往牵扯的因素很多，如何处理这个问题，TRIZ 认为：分析问题的关键是理顺问题产生的原因，并充分挖掘技术系统的内外部资源，找到最有效的解决问题的方案，这就是因果分析工具。

二、因果分析的方法

在工程技术领域中，常用的因果分析法有：5-why 分析法、鱼骨图分析法和故障树分析法等。

1. 5-why 分析法

5-why 分析法是由丰田公司的大野耐一首创的，这个方法的基本思想是从特定事实入手，通过不断地询问"为什么"，穿过具体层面，逐渐深入挖掘不同抽象层面的原因，追根究底，进而寻找根本原因，这是一种迭代根本原因的分析方法。提问次数不限于 5 次，可能低于也可能高于 5 次。此方法有两种常用工具，分别是链式图表（见图 5-17）和研讨表（见表 5-3）。

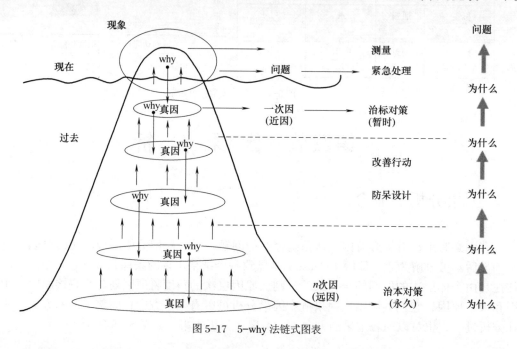

图 5-17　5-why 法链式图表

表 5-3　5-why 研讨表

次数	为什么	原因	及时和最终解决方案
1			
2			
3			
4			
5			
6			

2. 鱼骨图分析法

鱼骨图是由日本管理大师石川馨先生创建的，故又名石川图。鱼骨图分析法是把问题及原因采用类似鱼骨的图样串联起来，鱼头是问题的点，鱼骨则是原因。对一个问题（鱼头），分类别地列出所有影响因素（鱼骨），分别进行分析，找出一种发现问题"根本原因"的方法，鱼骨图也可以称为因果图。潜在的引起问题的根本原因，鱼骨图分析法属于非定量分析工具。根据不同的类型，可以有不同的鱼骨图模板，如图 5-18 所示。

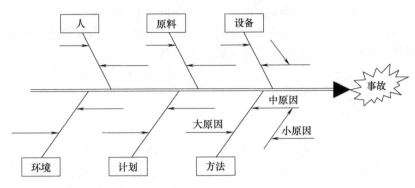

图 5-18　鱼骨图简介

对于列举出来的所有可能的原因，还要进一步评价这些原因发生的可能性，为了叙述方便，这里做如下规定：用 V 表示非常可能，S 表示有些可能，N 表示不太可能。

对标有 V 和 S 的原因，评价其解决的可能性，用 V（非常容易解决）、S（比较容易解决）、N（不太容易解决）来表示。

对标 VV、VS、SV、SS 的原因，进一步评价其实施的难易程度，用 V（表示非常容易验证）、S（比较容易验证）、N（不太容易验证）来表示，如表 5-4 所示。

表 5-4　原因发生可能性、解决可能性和验证难易标示

发生与解决可能性	验证难易		
	V	S	N
VV	VVV	VVS	VVN
VS	VSV	VSS	VSN
SV	SVV	SVS	SVN
SS	SSV	SSS	SSN

为了更加全面了解上述各个方面，也可以通过表 5-5 形成鱼骨图分析评估表，将上述内容合并到一起。

表 5-5　鱼骨图分析评估表

序号	因素	发生可能性			解决可能性			验证难易度		
		V	S	N	V	S	N	V	S	N
1										
2										
3										
4										
5										
6										
7										
8										
9										
10										

这样对问题的分析、解决就会变得清晰明了。

3. 故障树分析法

故障树分析法（Fault Tree Analysis），美国贝尔实验室于 1962 年开发出来，采用逻辑方法，形象地进行分析工作。

特点：直观、清晰、逻辑性强，可用于定性分析或定量分析。

原理：通过对可能造成产品故障的硬件、软件、环境、人为因素进行分析，确定产品的故障原因来自的各种可能的组合方式和（或）发生概率。

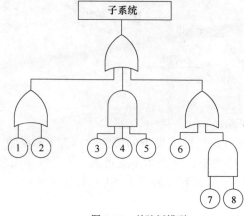

图 5-19　故障树模型

目的：① 复杂系统的功能逻辑分析；

② 分析同时发生的非关键事件对顶事件的综合影响；

③ 评价系统可靠性与安全性；

④ 确定潜在设计缺陷和危险；

⑤ 评价采用的纠正措施；

⑥ 简化系统故障查找。

故障树建立的方法：

① 自顶向下按层分析直接原因。

② 列出每个事件的故障内容及发生条件。

③ 分析事件之间的关系。

④ 按照事件结构和发生概率，确定导致故障发生的重要事件，按照轻重缓急采取对策，如图 5-19 所示。

三、因果分析的步骤和目的

1. 因果分析的步骤

① 标记存在问题的组件，通过组件价值分析，找出理想度指标最低的系统组件进行根本原因分析。

② 判断可能导致问题的功能。

③ 根据功能判别存在问题的参数。

④ 依次继续查找原因和结果，分析根本原因。

2. 因果分析的目的

① 从梳理问题中隐含的逻辑链及其形成机制，找出问题产生的根本原因。

② 从梳理出的逻辑链条及其形成机制中找出解决问题的所有可能的"突破点"。

③ 从所有可能的突破点中找出"最优"的突破点。

3. 因果分析应遵循的规则

① 确保所描述的实体及实体间的逻辑关系，具有被其他人所理解和认同的明确性。

② 确保实体存在的完整性、结构的合理性和有效性。

完整性——实体必须是一个完整的概念，从语法的角度考虑就是可以是动宾短语或带有形容词的名词短语。

结构的合理性——实体不能含有多个概念，且实体中不能含有"if-then"及其变形形式。

有效性——所描述的实体是现实存在的或经过合理推断得出的。

③ 确保因果逻辑关系的有效性（可以用"if-then"的形式来判断因果间是否存在有效的逻辑关系）。

④ 原因不充分性。在一个复杂的相互作用的过程中，某结果很少由单一的原因导致，在大部分情况下，是由多个相互依赖的因素导致或者由几个独立的原因导致。原因不充分性是逻辑图中常出现的不足。

⑤ 附加原因（是不是还有其他的原因也能产生同样的结果）。附加原因的提出并没有否定最初的原因，仅是对其进行补充和完善，与最初的原因具有同等的重要性。

第五节 资源分析

"资源"最初是指自然资源。人类的进步伴随着可用资源的消耗，一旦可用资源被消耗殆尽，人类将会遭受巨大灾难。因此，人们不断地发现、利用和开发新能源，并创造出很多新的设计和技术。例如，太阳能蓄电池、风力发电机、超级杂交水稻、基因技术等。这些新技术、新成果，大都来源于人们对现有资源的创造性应用。

TRIZ 在其不断发展的过程中，提出了对技术系统中"资源"这一概念的系统化认识，并将其结合到对问题应用求解的过程中。TRIZ 认为，对技术系统中可用资源的创造性应用，能够增加技术系统的理想度，这是解决发明问题的基石。

一、资源的特征

资源具有以下特征：

1. 资源本体的生成性

所有的资源都是在一定的自然和社会条件下生长而形成的。生成性是一种存在着的事实，是资源运行中的一种规律。资源是可以培养或培植的，不能消极等待资源的出现，而是创造新的资源，满足生产活动的需要，应积极创造条件培育和发展人文资源和社会资源。

2. 资源存在的过程性

任何资源都有始有终，从而具有有限性质，它的存在和变化都是有条件的并具有时效性。人们在开发利用资源时，要把握时机，一旦时机成熟，便抓住不放。

3. 资源属性的社会性

资源是被人开发出来的，注入了人的智力和体力，是劳动的产物，它用于社会生产过程中，服从人的意志，反映人的利益和要求，其用于生产产品来满足人们的消费需求。资源作为商品投入市场进行交换将会产生如下 4 点影响：一是影响到价格；二是由价格影响到资源的分配；三是由这一分配结果进一步影响到资源在生产中的实际利用以及利用结果以及资源的节约或浪费；四是最终影响到资源本身的开发与利用，由此影响到环境问题。

4. 资源数量的短缺性

是指任何现实的、可提供的资源数量，相对于社会生产的需要来说，都呈现不足的一种现象。自然资源面临着日益枯竭，自然资源在自然界的储量日益减少，社会资源和人文资源也同样短缺。人们需要克服在资源问题上的盲目状况，不要无节制地消耗和浪费。同时人们需要合理配置、合理利用资源，提高资源使用效率，这是一项全球性的共同行动。

5. 资源使用的连带性

不同的资源形态之间在使用上互相连带、互相制约。对任何具体资源形态的考察，必须放到大资源背景中，要有一个系统观、大局观、整体观。如土地、森林、资本、人才、科技、信息等资源形态，作为具体存在，都是相对独立的，有着各自的存在形式和功能，及被开发利用的条件与环境。现实生活中，土地和森林密切相关，没有土地，森林无法生长，而森林一旦被破坏，土地也会流失或荒漠化。雄厚资本会招来大量人才，而人才的积聚又会使资本增加。这些资源之间呈现着一种既互相依赖又互相抵触、销蚀的关系。例如，用铁矿石冶炼钢铁的过程中，不仅需要铁矿石资源，而且还要投入煤炭炼成的焦炭作为能源，即使不用焦炭而改用电冶炼，同样需要投入电力资源。在发电过程中，则要消耗水资源、煤炭资源或者核能资源。因此，对资源功能、开发利用条件及效果等方面要综合考察，从而获得全面有效的建议及有关资源趋势的预见。

二、资源的分类

资源有很多不同的分类方式。从资源的存在形态角度出发可将资源分为宏观资源和微观资源；从资源使用的角度出发可将资源分为直接资源和派生资源；从分析资源角度出发可将资源分为显性资源和隐性资源。显性资源指的是已经被认知和开发的资源，隐性资源指的是尚未被认知或虽已认知却因技术等条件不具备还不能被开发利用的资源。从资源与 TRIZ 中其他概念结合的角度出发可将资源分为发明资源、进化资源和效应资源。

TRIZ 认为，任何技术都是超系统或自然的一部分，都有自己的空间和时间，通过对物质、场的组织和应用来实现功能。因此，资源通常按照物质、能量、时间、空间、功能、信息等角度来划分。

下面以这种典型的分类方式来介绍 TRIZ 中资源的类型及其含义。

① 物质资源是指用于实现有用功能的一切物质。系统或环境中任何种类的材料或物质都可看作是可用物质资源，例如废弃物、原材料、产品、系统组件、功能单元、廉价物质、水。应该使用系统中已有的物质资源解决系统中的问题。

② 能量资源是指系统中存在或能产生的场或能量流。一般能够提供某种形式能量的物质或物质的转换运动过程都可以称为能源。能源主要可分为三类：一是来自太阳的能量，除辐射能外，还经其转化为很多形式的能源；二是来自地球本身的能量，例如热能和核能；三是来自地球与其他天体相互作用所引起的能量，例如潮汐能。

系统中或系统周围可用于其他用途的任何可用能量，都可看作是一种资源，例如机械资源（旋转、压强、气压、水压等）、热力资源（蒸汽能、加热、冷却等）、化学资源（化学反应）、电力资源、磁力资源、电磁资源。

③ 信息资源是指系统中存在或能产生的信息。信息作为反映客观世界各种事物的特征和变化的新知识已成为一种重要的资源，在人类自身的划时代改造中产生重要的作用。其信息流将成为决定生产发展规模、速度和方向的重要力量，在信息理论、信息处理、信息传递、信息储存、信息检索、信息整理、信息管理等许多领域中将建立起新的信息科学。

④ 时间资源是指系统启动之前、工作中以及工作之后的可利用时间。建议利用空闲时刻或时间周期，部分或全部未使用的各种停顿和空闲，以及运行之前、之中或之后的时间等。

⑤ 空间资源是指系统本身及超系统的可利用空间。为了节省空间或者当空间有限时，任何系统中或周围的空闲空间都可用于放置额外的作用对象，特别是某个表面的反面、未占据空间、

表面上的未占用部分、其他作用对象之间的空间、作用对象的背面、作用对象外面的空间、作用对象初始位置附近的空间、活动盖下面的空间、其他对象各组成部分之间的空间、另一个作用对象上的空间、另一个作用对象内的空间、另一个作用对象占用的空间、环境中的空间等。

⑥ 功能资源是指利用系统的已有组件，挖掘系统的隐性功能。建议挖掘系统组件的多用性，例如将飞机机舱门用作舷梯。

此外，相对于系统资源而言，还有很多容易被我们忽视，或者没有意识到的资源，这些资源通常都是由系统资源派生而来。能充分挖掘出所有的资源，是解决问题的良好保证。

【例 5-6】 一次著名的心理学实验表明，观察表面以下的东西是非常重要的，实验内容如下：实验要求完成一项任务，需要用一种尖锐物体，在卡纸板上打一个洞。在进行第一组实验的房间内，桌上有多种物体，包括一根钉子。在进行第二组实验的房间内，也有很多物体放在桌上，但是没有一样尖锐物品，但墙面上突出一根钉子。第三组实验的房间与第二组相似，只是墙面上突出钉子上挂着一幅画。第一组能 100% 完成任务，第二组有 80% 能完成任务，第三组有 80% 不能完成任务。实验表明，人们很难发现图画背后的钉子。

通常，现实问题中存在着各种不易被发现的资源，在 TRIZ 中，我们称之为潜在资源或隐藏资源。

三、资源分析方法

资源分析就是从系统的高度来研究和分析资源，挖掘系统的隐性资源，实现系统中隐性资源显性化，显性资源系统化，强调资源的联系与配置，合理地组合、配置、优化资源结构，提升系统资源的应用价值或理想度（或资源价值）。资源分析可以帮助我们找到解决问题所需要的资源，帮助我们在这些可能的方案中找到理想度相对比较高的解决方案。

资源分析可以分为以下四步：发现及寻找资源、挖掘及探索资源、整理及组合资源、评价及配置资源。

1. 发现及寻找资源

可以使用的工具有多屏幕法和组件分析法等。

① 多屏幕法按照时间和系统两个维度对资源进行系统的思考。它强调系统地、动态地、相关联地看待事物，将寻找到的资源填入表 5-6 中。

表 5-6 多屏幕方法资源列表

项目	物质资源	能量资源	信息资源	时间资源	空间资源	功能资源
系统						
子系统						
超系统						
系统过去						
系统未来						
子系统过去						
子系统未来						
超系统过去						
超系统未来						

② 组件分析法是指从构成系统的组件入手，分清层级，建立组件之间的联系，明确组件之间的功能关系，构建系统功能模型。

组件分析法强调从功能的角度寻找资源，将找到的资源填入表 5-7 中。

表 5-7　组件分析法资源列表

项目	物质资源	能量资源	信息资源	时间资源	空间资源	功能资源
工具						
系统						
子系统						
超系统						
系统作用对象						

2. 挖掘及探索资源

挖掘就是向纵深获取更多有效的、新颖的、潜在的、有用的资源。探索就是针对资源进行分类，针对系统进行聚集，以问题为中心寻找更深层级的资源及派生资源。

派生资源可以通过改变物质资源的形态而得到，主要有物理方法和化学方法两种：

① 改变物质的物理状态（相态之间的变化）。包括物理参数的变化，如形状、大小、温度、密度、重量等；机械结构的变化，包括直接相关（材料、形状、精度）、间接相关（位置、运动）。

② 改变物质的化学状态。包括物质分解的产物、燃烧或合成物质的产物。

派生资源可以通过以下规则得到：

规则 1：如果按照问题的描述无法直接得到需要的物质粒子，可以通过分解更高一级的结构而得到；

规则 2：如果按照问题的描述无法直接得到需要的物质粒子，可以通过构造或者集成更低一级的结构而得到。

3. 整理及组合资源

资源整合是指工程师对不同来源、不同层次、不同结构、不同内容的资源进行识别与选择、汲取与配置、激活并有机融合，使其具有较强的系统性、适应性、条理性和应用性，并创造出新的资源的一个复杂的动态过程。

资源整合是通过组织和协调，把系统内部彼此相关又彼此分离的资源，即系统外部既参与共同又拥有独立功能的相关资源整合成一个大系统，取得 1+1>2 的效果。

资源整合是优化配置的过程，是根据系统的发展和功能要求对有关的资源进行重新配置，以突显系统的核心能力，并寻求资源配置与功能要求的最佳结合点。目的是要通过整合与配置来增强系统的竞争优势，提高资源的利用价值。

资源的整合包括资源的整理与组合。资源整理采用关联图法，目的是把资源等问题联系起来。资源组合采用矩阵图法，目的是把同解决问题相关的资源组合起来。

4. 评价及配置资源

在解决方案的过程中，最佳利用资源的理念与理想度的概念紧密相关。

事实上，某一解决方案中采用的资源越少，求解问题的成本就越低，理想度的指数就越高。这里所说的成本应理解为广义的成本，而并非只是采购价格这一具体可见的成本。

对于资源的遴选，资源评估从数量上看有不足、充分和无限，从质量上看有有用的、中性的和有害的；资源的可用度从应用准备情况看，有现成的、派生的和特定的，从范围看有操作区域内、操作时段内、技术系统内、子系统中和超系统中，从价格看有昂贵、便宜和免费等。最理想的资源是取之不尽、用之不竭、不用付费的资源。

资源配置是指经济中的各种资源（包括人力、物力、财力）在各种不同的使用方向之间的分配。资源配置的三组件就是时间、空间和数量。

技术系统中资源配置要关注资源的利用率，资源的利用率总是不断地提高，资源在今后的使用必然价值更高。我们应当关注资源的储存状况及获得资源的成本，注重开发资源的新功效，关注系统资源的开放性，区域间资源充分的流动性，遵循可持续发展的原则。

四、使用资源的顺序

资源利用的核心思想是：挖掘隐性资源，优化资源结构，体现资源价值。系统资源利用的一般原则是：

① 由实到虚：实物资源、虚物资源（微观资源、场）。

② 由内到外：内部资源、外部资源。

③ 由静到动：静态资源、动态资源。

④ 由直接到派生：直接资源、派生资源。为了解决问题需要用新的物质，但引入新的物质会使系统复杂化，或带来有害作用。这时，需要新的物质，又不能引入新的物质，可以考虑使用派生资源，考虑使用资源的组合，如空物质等。

⑤ 由贵到廉：贵重资源、廉价资源。

⑥ 由自然到再生：自然资源、再生资源（循环利用）。

使用资源的顺序依次为：

① 执行机构的资源；

② 技术系统资源；

③ 超系统的资源；

④ 环境的资源；

⑤ 系统作用对象的资源。

当系统内部的所有资源都不能解决问题时，才考虑从外部引入新的资源。内部资源指的是与问题直接相关的系统资源，如执行机构的资源。外部资源指的是与问题间接相关的系统资源。超系统资源指的是系统外与系统相关的其他系统资源，如与系统相关的设备、工序、流程。环境和系统作用对象是特殊的超系统资源。

在分析资源的时候，系统作用对象被认为是不可改变的，所以尽量不要从系统作用对象中寻找资源。但有时可以考虑：

① 改变自身物理形态；

② 允许在系统作用对象的物质大量存在的地方做部分改变；

③ 允许向超系统转化；

④ 考虑微观级的结构；

⑤ 允许与"空"结合；

⑥ 允许暂时的改变。

第六节 裁 剪 分 析

按照阿奇舒勒对产品进化定律的描述，产品朝着先复杂再简化的方向进化。产品进化过程中的简化可以通过系统裁剪来实现。因此，系统裁剪是一条重要的进化路线，体现在组成系统的元素数量减少的同时，系统仍能保证高质量的工作。

裁剪是 TRIZ 中能够以低成本实现系统功能的重要方法之一，其基本原理是通过删减系统中存在问题的元素实现系统的改进。

【例 5-7】 PPSh41 冲锋枪

苏联卫国战争初期，德军的攻势势如破竹，苏联的大部分兵工厂都被摧毁，而前线却迫切需要大量的武器装备，尤其是需求量最大的步枪和冲锋枪。在这种情况下，只有生产"最简单的结构、最经济的设计、最优良的火力"的冲锋枪才是上上之举。1941 年，PPSh 冲锋枪诞生了，命名为 PPSh41（俗称"波波沙"，见图 5-20）。

图 5-20 PPSh41（波波沙）冲锋枪

在整个"二战"期间，PPSh41 不停地被制造并装备苏联红军。苏军步兵战术原则中有一条："以坚定不移的决心逼近敌人，在近战中将其歼灭。"波波沙冲锋枪的外形格局明显模仿芬兰索米，但内部构造却大相径庭。它结构非常简单，大部分零件如机匣、枪管护管都是用钢板冲压完成，工人只需做一些粗糙加工，如焊接、铆接、穿销连接和组装，再安装在一个木枪托上就完成了。制造工艺简单，没有复杂技术，冲压技术节省材料，造价低廉，制造速度很快，一般的学徒工稍加培训就可以轻松操作。到了 1945 年战争结束时，PPSh 冲锋枪已经生产了 550 万支，数量惊人，居"二战"冲锋枪生产的榜首。

【例 5-8】 苏联 T-34 坦克

"二战"期间，苏联的技术基础较差，关键是工艺不过关，因此多靠简单而构思合理的设计去补拙，再以数量压倒对方。"二战"中的 T-34 坦克的设计就说明了这一原则，它结构非常简单，但很合理。例如前壁制成坡形，即它的受弹角度利于弹开炮弹，又等于在不增加重量的前提下增加了坦克的装甲厚度。无论是装甲、大炮的口径和射程，都远远超过德国当时的主战坦克 Panzer Ⅳ。T-34 的发动机是根据苏联的气候设计的，因此在严寒中也能轻松启动，不会像德国坦克那样冻死。履带较宽，不怕秋雨造成的苏联平原上的无边泥泞，无论哪方面都远远超过了德国坦克。最大的优点，还是它设计简单，不需要复杂的机械传动装置，可以在一般的拖拉机厂大规模制造出来。

苏联在军工产品设计上一直秉承着这样一条原则，就是应用简单的结构实现强大的功能，那么遵循什么方法呢？就是裁剪。

苏联军械设计师沙普金有句名言："将一件武器设计得很复杂是非常简单的事情，设计得很简单却是极其复杂的事情。"他设计的冲锋枪（PPSh41）正是贯彻了这个理念。

一、裁剪原理和过程

由功能分析得到的存在于已有产品中的小问题可以通过裁剪来解决。通过裁剪，将问题功能所对应的元件删除，改善整个功能模型。元件被裁剪之后，该元件所需提供的功能可根据具体情况选择以下处理方式：

① 由系统中其他元件或超系统实现；

② 由受作用元件自己来实现；

③ 删除原来元件实现的功能；

④ 删除原来元件实现功能的作用物。

【例 5-9】 图 5-21（a）是已有牙刷的功能模型。将牙刷柄裁剪掉后，得到图 5-21（b）所示的功能模型。原来元件"牙刷柄"的功能由系统中其他元件——"手"来实现，简化了系统。

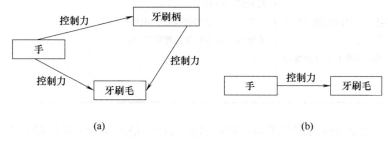

(a)　　　　　　　　　　　　　　　　　　　(b)

图 5-21　牙刷的功能模型

从进化的角度分析，功能裁剪一般发生在由原产品功能模型导出的最终理想解模型不能转化为实际产品的时候。例如用表 5-8 所示的问题来描述裁剪的过程，将这些问题分别对应技术系统不同的进化模式，从而定义产品功能的理想化程度，应用裁剪与预测技术寻找中间方案。

表 5-8　功能裁剪的问题对应于技术进化的模式

进化定律	对应的裁剪问题
技术系统进化的四阶段	是否有必要的功能可以删除？
增加理想化水平	是否有操作元件可以由已存资源（免费、更好、现在）替换？
零部件的不均衡发展	是否有操作元件可以由其他元件（更高级）替换？
增加动态性及可控性	系统是否可以取代功能本身？
通过集成以增加系统功能	一些元件的功能或元件本身是否可以被替代？
交变运动和谐性发展	是否有不需要的功能可以由其他功能所排除？
由宏观系统向微观系统进化	是否有操作元件可以由其他元件（更小的）替换？
增加自动化程度，减少人的介入	是否有不需要的功能可以由其他功能（自动化控制）所排除？

可以用描述功能裁剪的七个问题（见表 5-9）来考量功能模型中元件功能之间的关系，并在具体操作中规范裁剪的顺序与原则，指导裁剪动作的实施。

表 5-9　功能分析中裁剪的问句、顺序、原则

裁剪的问句	裁剪的顺序	裁剪的原则
此元件的功能是否是系统必需的？ 　　在系统内部或周围是否存在其他元件能完成此功能？是否已有资源能完成此功能？ 　　是否存在低成本可选资源能完成此功能？ 　　此元件是否必须能与其他元件相对运动？ 　　此元件是否能从与它的匹配部件中分离出来或材料不同？ 　　此元件是否能从组件中方便地装配或拆卸？	①许多有害作用、过剩作用或不足作用关联的元件应裁剪掉——那些带有最多这样功能（尤其是伴有输入箭头的，即元件是功能关系的对象）的元件是裁剪动作的首要选项 　②不同元件的相对价值（通常是金钱），最高成本的元件代表着最大的裁剪利益的机会 　③元件在功能层次结构中所处的阶层越高，成功裁剪的概率就越高	①功能捕捉 ②系统完整性定律 ③耦合功能要求 a. 实现不同功能要求的独立性 b. 实现功能要求的复杂性最小

作为产品功能分析的重要步骤，功能裁剪的目的是研究每个功能是否必需，如果必需，系统中的其他元件是否可完成功能。设计中的重要突破，成本或复杂程度的显著降低往往是功能分析与裁剪的结果。一种产品功能模型经过裁剪可能产生多种裁剪模型，因而会产生多种方案指导设计人员进行产品的创新设计。

二、裁剪对象的选择

通过功能分析建立产品功能模型以后，对模型中的元件进行逐一分析，确定裁剪对象和顺序。多种方法可以帮助确定元件的删除顺序。从裁剪工具的角度来说，因果链分析、有害功能分析、成本分析为最重要的方法，因为这三种方法可以快速确定裁剪对象，其他方法可以作为辅助方法帮助确定裁剪顺序。其中优先删除的元件具有以下特性：

① 关键有害因素：由因果链分析可以得知有害因素，可直接删除系统最底层的根本有害因素，进而删除其他相关较高阶层的有害因素。

因果链分析的主要作用是找出工程系统中最关键的有害因素。其方法为从目标因素回推，找到产生问题的有害因素，直至找到最根本的原因。一般来说，因果链分析一般能找到大量的有害因素，但大部分有害因素都源于几个少数的根本有害因素。根本有害因素排除后，其后面的有害因素也就自然而然地被排除。

② 最低功能价值：经功能价值分析，可删除功能价值最低的元件；元件的功能价值可以由元件价值分析进行评估。通常，评估功能元件价值的参数有三个：功能等级、问题严重性和成本。若针对产品设计初期的概念设计，在功能价值评估过程中可以不考虑成本的问题。

③ 最有害功能：对元件进行有害功能分析，删除系统中有害功能最多的那个元件，增加系统的运作效率。

有害功能分析是对元件的有害功能的数量以及有害作用的加权数值进行分析，其中加权者为产品设计人员。

④ 最昂贵的元件：利用成本分析可删除成本最昂贵且功能价值不大的元件，这样可以大

幅降低系统的制造成本。成本分析是将系统元件的成本做一个比较，成本越高的删除的优先级别就越高。

三、基于裁剪的产品创新设计过程模型

裁剪是一种改进系统的方法，该方法研究每一个功能是否必需，如果必需，则研究系统中的其他元件是否可完成该功能，反之则去除不必要的功能及其元件。经过裁剪后的系统更为简化，成本更低，而同时性能保持不变或更好，剪裁使产品或工艺更趋向于理想解（IFR）。

应用裁剪主要针对已有产品，通过功能分析，删除问题功能元件，以完善功能模型。裁剪的结果会得到更加理想的功能模型，也可能产生一些新的问题。对于产生的新问题，可以采用 TRIZ 其他工具来解决。图 5-22 为基于裁剪的产品创新设计过程模型，主要包括以下几步：

步骤 1：选择已有产品。

步骤 2：对选定的产品进行功能分析，建立功能模型，确定其有害作用、不足作用及过剩作用等小问题。

步骤 3：运用裁剪规则进行分析，确定裁剪顺序，进而裁剪，删除该功能元件。

步骤 4：判断裁剪后会产生什么问题。若裁剪后没有产生问题，则接步骤 6，否则接下一步。

步骤 5：分析裁剪后产生的问题，应用 TRIZ 其他工具（发明原理，效应，标准解等）解决问题，形成创新概念。

步骤 6：判断新设计是否满足要求。若满足要求，则结束流程，否则接步骤 2，进行功能分析，并发现问题。

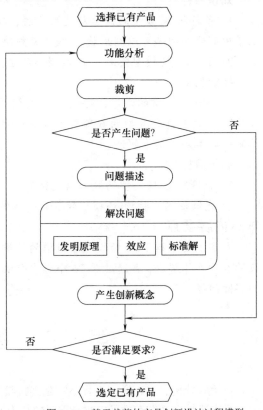

图 5-22 基于裁剪的产品创新设计过程模型

习题

1. 什么是资源分析？它应该有哪些基本原则？
2. 什么是因果分析？它的目的是什么？
3. 什么是鱼骨图分析？它有什么特性？

第六章

TRIZ 创新的方法——物-场分析

学习目标

知识目标

1. 了解物-场模型的概念与使用方法，理解物-场模型的构成以及使用思路，掌握我们的生活中有哪些问题可以利用物-场模型来解决。

2. 了解物-场模型模式及物-场模型的主要方法和工具，理解标准解法与一般解法的关系。

技能目标

1. 通过对本章的学习，会使用物-场模型的解法来解决实际问题。

2. 通过对4种模型的6种具体解法的学习，明确技术系统中存在的技术矛盾或物理矛盾，找到一般解法或标准解法。

素质目标

1. 能辨别物-场模型的概念以及种类。

2. 能够使用4种物-场模型的6种具体解法解决实际问题。

本章内容要点

本章主要介绍了物-场模型分析中的物质、场等各种相关概念，物-场模型的4种类型和对应的6种具体解法，并通过对76个标准解法及其与发明原理的关系的介绍让读者能解决具体的实际问题。

第一节　物-场模型概述

在矛盾分析法中，通用工程参数是连接具体问题与 TRIZ 的桥梁。然而在实际问题分析过程中为了表述技术系统存在的问题，需要较全面的专业知识、丰富的经验和对39个工程参数正确理解，才能正确选择工程参数。然而在许多未知领域中，如何将一个具体问题转化并表达为 TRIZ 的标准问题呢？物-场模型分析法为我们对技术系统分析提供了一种方便、快捷的方法，利用这种方法和 TRIZ 法已有的76种标准解，可以在汲取基本知识的基础上萌发不同的创新方案。物-场模型分析法最适合解决模式化问题，就像解决矛盾有一个固定的模式一样。

一、物-场模型的概念

物-场模型分析法是 TRIZ 理论中重要的问题描述和分析工具，用来分析技术系统有关的模型性问题（Modeling Problems）。物-场模型是阿奇舒勒在《创造是精密的科学》一书中提出的解决问题的方法，所谓的物-场模型分析法通常是指从物质和场的角度来分析和构造最小技术系统的理论和方法学。物-场模型分析法建立在现有产品功能分析基础上，通过建立现有产品的功能模型，可以发现有害作用、不足作用和过度作用等问题。

二、物-场模型的三要素

阿奇舒勒对大量的技术系统进行分析后发现，系统的作用就是实现某种功能，理想的功能是场（F）通过物质 S_2 作用于 S_1 并改变 S_1。其中，物质（S_1 和 S_2）的定义取决于每个具体的应用。每一种物质都可以是材料、工具、零件、人或者环境等。S_1 是系统动作的接受者，S_2 通过某种形式作用在 S_1 上。

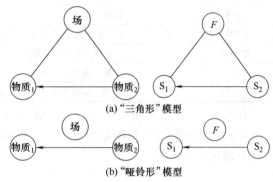

图 6-1 物-场分析的表达形式

技术系统要想发挥其有用的功能，就必须至少构建一个最小的系统，这个模型应当至少具备三个元素：两种物质和一个场（物质 1 为工件、物质 2 为工具和场）。物-场模型可以采用"哑铃形"和"三角形"两种模型来表达（见图 6-1）。一般 TRIZ 资料中采用"三角形"模型来表示。

1. 物质（S）

为了解除以往对物质的认知惯性，使矛盾显得更突出、更明显，我们将物体的具体名称更换为"物质"（用 S 表示）。这里的"物质"比一般意义上的物质含义更为广泛，不仅包含各种材料、各种生物，还包括技术系统、子系统甚至是超系统，物质可以是材料、工具、零件、人或者环境等。物质（S_1 和 S_2）的定义取决于每个具体的应用，其中物质 1（S_1）为系统动作的接受者，物质 2（S_2）通过某种形式作用在物质 1（S_1）上。

2. 场（F）

"场"（F）表示物-场模型分析中物质之间的相互作用或效应，是实现系统功能的重要手段。对于工程技术来说，包含物理学中的物质场，如重力场、电磁场、强相互作用场（核力场）和弱相互作用场（基本离子场），也包含技术场或能量场，如机械场、热能场、化学场、声场、光场和气味场等。物质场和能量场都携带场源的能量，可以给系统中的物质施予力的作用，或者直接给系统提供能量，从而改变系统中物质的运动状态，促使系统发生反应，实现系统所需要的功能。

在物-场模型分析法中，有些场可控性强，有些场可控性弱，有些场根本不可控，可控性强的场可以增强物-场效应，有效地实现系统所需要完成的功能，在没有特殊要求和限制的情况下，为了增强物-场效应需要选择更可控的场，场的可控性由强到弱依次为：电场、磁场、热场、机械场、化学场、引力场。

为了详细而又快速了解"场"，表 6-1 列举了一些典型"场"的符号和例子。

表 6-1 主要的场符号及举例

名称	符号	举例
重力场	G	重力
机械场	Me	压力、冲击、脉冲、惯性、离心力

续表

名称	符号	举例
气动场	P	空气静力学、空气动力学
液压场	H	流体静力学、流体动力学
声场	A	声波、超声波、次声波
热场	Th	热传导、热交换、绝热、热膨胀、双金属片记忆效应
化学场	Ch	燃烧、氧化反应、还原反应、溶解、键合、置换、电解
电场	E	静电、感应电、电容电
磁场	M	静磁、铁磁
光学场	O	光（红外线、可见光、紫外线）、反射、折射、偏振
放射场	R	X 射线、不可见电磁波
生物场	B	发酵、腐烂、降解
粒子场	N	α、β、γ-粒子束，中子，电子，同位素

在表 6-1 中，由于 $G \rightarrow Me \rightarrow P \rightarrow H \rightarrow A \rightarrow Th \rightarrow Ch \rightarrow E \rightarrow M \rightarrow O \rightarrow R \rightarrow B \rightarrow N$ 与技术系统的进化法则趋势一致，故可以根据系统所采用的能力形式来判断技术系统中所处的进化阶段和未来可能的进化方向。

三、物-场模型的类型

物-场模型有助于使问题聚焦于关键子系统上并确定问题所在的特别"模型组"，事实上，任何物-场模型中的异常表现（见表 6-2），都来自于这些模型组中所存在的问题。

表 6-2   常用的物-场异常情况

异常情况	举例
期望的效应没有产生	过热火炉的炉瓦没有进行冷却
产生了有害的效应	过热火炉的炉瓦变得过热
期望效应不足或无效	对炉瓦的冷却低效，因此，加强冷却是可能的

为了建立针对 3 种异常情况的图形化模型，要用到表达效应的几何符号，常用的效应图形表示符号见表 6-3。

表 6-3   常用的效应图形表示符号

图形符号	含义说明	图形符号	含义说明
———————→	有效作用或期望的效应	∿∿∿∿∿→	有害的作用或效应
- - - - - - →	不足的作用或效应	⇒	模型转换

TRIZ 理论中，根据以上各种情况，总结出常见的物-场模型的类型有 4 类。

1. 有效完整物-场模型

组成系统模型的三元素都存在，且都有效，能实现设计者所追求的效应。

2. 不完整物-场模型

组成系统模型的三元素（两个物质，一个场）中部分元素不存在，需要新增一个元素来构建有效完整的系统模型，从而实现某一功能。

3. 有效不足的完整物-场模型

模型中的三元素都存在，但是系统的功能没有完全实现，例如产生的温度不够高、力不够大等。为了实现预期的功能，需要对原技术系统进行改进。

4. 有害完整物-场模型

模型中三元素都存在，但技术系统所产生的作用是与预期相冲突的有害作用，在创新工程中需要消除这种有害作用。

如果系统模型三元素中的任何一个元素缺失，则表明该模型需要进一步完善，同时也为发明创造、创新性设计指明了方向。若模型具备了所需的三元素，则通过物-场模型分析，可为我们提供改进系统的方法，从而使系统具有更好的功能。

四、物-场模型的问题描述举例

下面用拿笔记本计算机的例子解释可能出现的、不同的 4 种情况以及相对应的物-场模型的类型。

1. 有效完整物-场模型

【例 6-1】 用手稳稳地拿着计算机

用手稳稳地拿着计算机，可以防止计算机掉在地上。此时，手与计算机之间的相互作用就是有用的且可分的。可以用如图 6-2 所示的物-场模型表示这种情况。

图 6-2 用手稳稳地拿着计算机的物-场模型　图 6-3 空不出手或者计算机不见了的物-场模型

2. 不完整物-场模型

【例 6-2】 空不出手或者计算机不见了

两手已经拿满了东西，没有办法空出手来拿计算机，或者计算机已经丢失，没有办法找到计算机。如果没有办法空出手来拿计算机，则缺少相互作用；如果没有找到计算机，则缺少物质。可以用如图 6-3 所示的物-场模型表示这种情况。

3. 有效不足的完整物-场模型

【例 6-3】 用手拿计算机，但是没有拿稳

用手去拿计算机，如果力度不够，计算机将可能掉在地上。例如，小孩去拿计算机，或者大人用力不够，没有拿住，计算机都有可能会掉在地上。在这种情况下，手与计算机之间的相互作用就是非有效的，建立起来的物-场模型如图 6-4 所示。

4. 有害完整物-场模型

【例 6-4】 用手不恰当地拿着计算机

　　有些人不了解笔记本计算机，可能将计算机打开，用手拿着笔记本计算机的显示屏，这种方式很有可能会使计算机的屏幕破碎，使其报废。此时，手与计算机之间的相互作用就为有害的作用，建立起的物-场模型如图 6-5 所示。

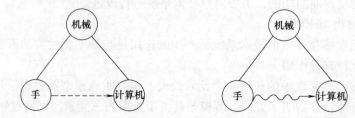

图 6-4　没有拿稳计算机的物-场模型　　图 6-5　用手不恰当地拿着计算机的物-场模型

第二节　物-场模型一般解法

　　用物-场模型进行描述实际工程问题，有助于待解决问题的格式化，有效完整物-场模型已经完成某一功能，不需要过多关注，TRIZ 重点关注不完整物-场模型、有效不足的完整物-场模型、有害完整物-场模型，并对这三种类型问题提供了 6 个一般解法和 76 个标准解法，以建立有效完整的物-场模型。

一、物-场模型一般解法的分析步骤

　　物-场模型共有 4 类，其中有效完整功能模型是设计者追求的效应，不需要改进。其他 3 种，即不完整的功能模型、效应不足的完整功能模型和有害效应的完整功能模型，都没有达到系统所需要的功能。TRIZ 中提出了对应的 6 个一般解法和 76 个标准解法，以建立有效完整的物-场模型。

　　TRIZ 提出了 6 种一般解法应对这 3 个模型，具体解决措施见表 6-4。

表 6-4　物-场分析的一般解法

一般解法编号	存在的问题	具体解决措施
一般解法 1	不完整模型	补齐元素（增加场或物质）
一般解法 2	有害效应的完整模型	增加第三种物质 S_3 来阻止有害作用
一般解法 3		引入另外一个场 F_2 来抵消原来场的有害效应
一般解法 4	效应不足的完整模型	用另外一个场 F_2 来替代原有的场 F
一般解法 5		增加另外一个场 F_2 来强化有用效应
一般解法 6		引入第三种物质 S_3 并增加另外一个场 F_2 来强化有用效应

二、物-场模型一般解法的简介

　　1. 一般解法 1

　　当系统中的物-场模型类型为缺失模型时，可以补全缺失的元素，使模型完整。

【例6-5】　分离气泡

当需要清除液体（S_1）中的气泡（S_2）时，可以利用离心机（增加了机械场 F）达到目的。增加离心机之前，系统的物-场模型可用图6-6表示。而在 TRIZ 理论中，功能一般应满足如下规则：任何一个系统的功能，都可以分解为3个基本元素（物质1、物质2和场）；将相互作用的 3 个基本元素进行有机组合形成一个功能。显然，这是一个不完整的模型。为了清除气泡，增加离心机后，系统的物-场模型可用图6-7表示。增加了机械场 F 后，系统形成了一个完整的模型，且相互作用充分，达到了预期的设想。

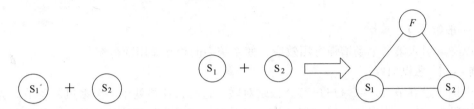

图6-6　液体中存在气泡的物-场模型　　　　图6-7　离心机清除液体中存在气泡的物-物模型

2. 一般解法2

在系统中，当物质与场都齐备，但是相互之间的作用是一种不期望得到的作用，或者说是一种有害的作用，此时，可以应用解法2。

【例6-6】　贴玻璃纸

为了保护个人隐私，在浴室的玻璃上贴上不透明的玻璃纸。在这个例子中，没有贴玻璃纸之前，其物-场模型可以用图6-8所示。

显然 S_2 与 S_1 之间的相互作用是我们不期望的作用，为了抑制这种作用引入 S_3（玻璃纸）。引入玻璃纸之后，其物-场模型可以用图6-9表示。

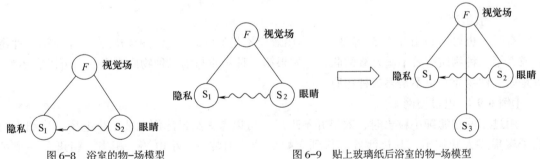

图6-8　浴室的物-场模型　　　　图6-9　贴上玻璃纸后浴室的物-场模型

3. 一般解法3

当物质与场相互之间的作用是一种不期望得到的作用时，也可以应用解法3，即引入一个场来抑制有害作用。

【例6-7】　细长零件的加工

利用金属切削的方式加工细长零件时，往往会导致零件发生很大的弯曲变形。为了抑制这种大变形，可以应用解法3，增加一个场，即引入一个反作用力。引入反作用力前后的物-场模型见图6-10。这种解决措施已经在实际加工中得到应用。

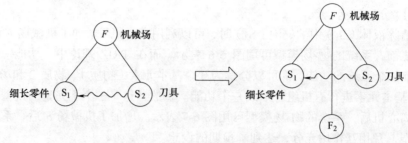

图 6-10　细长零件加工的物–场模型

4. 一般解法 4

可以考虑引入第二个场增强有用效应，使系统中的相互作用变得充分。

【例 6-8】 张贴对联

在中国，过春节时，家家户户都会张贴对联。这时，往往处于一个多风的季节。为了让对联尽快粘在门上，可以用手或扫把涂抹一遍对联。用手或扫把施加的外力，相当于引入第二个场，增强系统的有用效应。张贴对联的物-场模型见图 6-11。

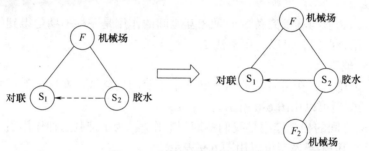

图 6-11　张贴对联的物–场模型

5. 一般解法 5

有时，也可以利用解法 5 解决相互作用效应不足的问题。第三种物质，往往与第一种物质或者第二种物质有着千丝万缕的联系。如果第三种物质与第二种物质有联系，可以表述为：既是第二种物质，也不是第二种物质。

【例 6-9】 电过滤网

用过滤网过滤细小粒子时，效果并不理想。可以考虑给过滤网加装一个电场，将细小的粒子聚集成大颗粒子，其过滤效应得到大幅提升。加装一个小电场，相当于引进了一个场（F_2），同时，加装的电场可以使得粒子聚集成大粒子（S_3）。其物-场模型见图 6-12。大粒子既是小粒子，因为二者的物理性能除了粒径大小外完全相同；也不是小粒子，因为二者的粒子直径不同。利用这种方法获得第三种物质往往不会增加系统的变量，不会制造新的困难。

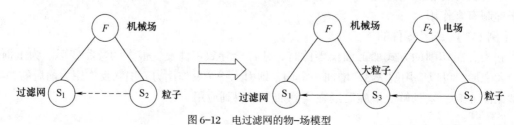

图 6-12　电过滤网的物–场模型

6. 一般解法 6

当物-场模型为不充分模型时，也可以考虑引入第二个场或第二个场和第三个物质，代替原有场或原有场和物质。

【例 6-10】 清除小广告

在城市中，小广告张贴得到处都是。怎样清除小广告是一种令人头疼的问题。为了清除小广告，可以利用刷子清除，然而效果并不理想。引入另一个场（水蒸气），代替机械场，效果非常理想。其物-场模型见图 6-13。

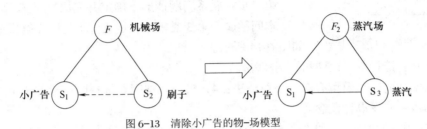

图 6-13　清除小广告的物-场模型

综上所述，物-场模型的一般解法共有六种。只要能够恰当地运用这六种解法，或者将这六种解法有机地组合起来，就可以产生极大的效应。应用这六种解法，可以有效地解决那些不太复杂的问题，从而避免动用过于复杂的模型。

三、物-场模型一般解法的应用

1. 物-场模型一般解法的应用步骤

使用物-场模型进行分析工程或技术问题时建议使用以下步骤进行：

第一步：确定相关元素。首先根据问题所存在的区域和问题的表现，确定造成问题的相关元素，以缩小问题分析的范围。

第二步：联系问题情形，确定并完成物-场模型的绘制。根据问题情形，表述相关元素间的作用，确定作用的程度，绘制出问题所在的物-场模型，模型反映出的问题与实际问题应该是一致的。

第三步：选择物-场模型的一般解法。按照物-场模型所表现出的问题，查找此类物-场模型的一般解法，如果有多个，则逐个进行对照，寻找最佳解法。

第四步：开发新设计方案。将最佳解决方案应用到实际问题，并考虑各种限制条件下的实现方式，在设计中加以应用，从而形成产品的解决方案。

2. 物-场模型一般解法的应用案例

通过物-场模型应用的步骤可以看出，第一步与第二步是将现实问题转化为 TRIZ 问题，即物-场模型问题，第三步则应用一般解法进行求解物-场模型，第四步则是物-场模型分析的最终目标。下面通过几个案例进一步加深理解。

【例 6-11】 纯铜板的清洗

问题描述：在纯铜电解生产过程中，少量的电解液会残留在铜板表面的微孔中，在铜板存储过程中，这些残留的电解液会挥发出来而形成氧化斑点，从而影响铜板表面质量并降低其价值。为避免这种损失，在存储之前先清洗铜板，以去除铜板表面微孔中的残留电解液。

但是，由于微孔非常小，微孔中的电解液很难得到彻底清洗。该如何改进纯铜的清洗呢？

按照以上步骤来求解问题。

第一步：确定相关元素。

根据原来的水洗工艺，确定相关的元素为：

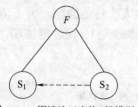

S_1——电解液。

S_2——水。

F——机械冲击力（清洗）。

第二步：联系问题情形，确定并完成物-场模型的绘制。

本问题属于第 3 类模型，是效应不足的完整模型。对应模型
如图 6-14 所示。

图 6-14   铜清洗工序物–场模型

第三步：选择物-场模型的一般解法。

效应不足的完整模型有 3 个一般解法：4，5，6。本问题选择的一般解法是 5 和 6。

第四步：开发设计概念。

① 应用一般解法 5。增加另外一个场 F_2 来强化有用效应，见图 6-15。通过系统地研究
各种能量场来选择可用的场形式。

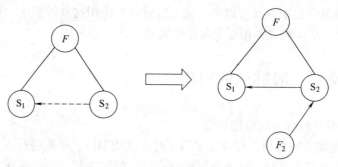

图 6-15   增加场 F_2

F_2——机械冲击力，使用超声液清洗；

F_2——热冲击力，用热水清洗；

F_2——化学冲击力，使用表面活性剂溶解来加强残留电解液的移动；

F_2——磁冲击力，将水磁化以加强清洗。

以上各种能量形式，对改善清洗效果都是有效的，但效果似乎没有达到 IFR，TRIZ 要求
对问题彻底解决，获得最终理想解。

② 应用一般解法 6。插进一个物质 S_3 并加上另一个场 F_2 来提高有用效应，见图 6-16。

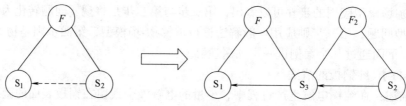

图 6-16   增加 S_3 及 F_2

S_3——蒸汽；

F_2——压力。

解决方案：使用过热水（100℃以上）且与高压力结合。过热的水蒸气可到达微孔内，穿进并充满微孔，形成对残留电解液的强烈爆炸冲击并强制将其彻底排出微孔。

第三节　物-场模型 76 个标准解法概述

物-场模型是 TRIZ 中重要的分析工具，它通过研究技术系统结构的完整性以及构成系统作用的有效性，在宏观层面上了解技术系统并给出解决问题的方向。76 个标准解主要用于条件和约束确定后发明问题的解决，是主要针对物-场模型来分析的。也就是物-场模型分析发现问题并指明解决问题的方向，而标准解法是在这种分析下给出具体的解决方案。

标准解法是阿奇舒勒于 1985 年创立的，适用于解决标准问题并能快速获得解决方案，因此在生产实践中通常用来解决概念设计的开发问题。标准解法是阿奇舒勒后期进行 TRIZ 理论研究的重要成果，也是 TRIZ 高级理论的精华之一。

一、标准解法的由来

一般情况下，要解决一个问题，首先需要建立问题模型，根据所建立的模型来分析问题，揭开要素矛盾，提出解决方法，如利用建立数学模型手段来分析人口问题。同样在发明问题解决中，TRIZ 理论提出简洁有力的分析工具——物-场分析模型，它将技术系统构成归结为三种要素：物质 S_1、物质 S_2、场 F。现考虑以下两种情况：其一，若三要素中某种要素出现缺失，则造成的后果为系统不完整；其二，若系统中某一物质所特定的功能没有实现，则系统内部就会产生各种矛盾（技术难题）。而不完整性、效应不足、有害效应皆可通过引进物质或场得到改进，在此过程中伴随有能量的生成、变换和吸收使得原物-场模型得到相应改善。由此可见，各种技术系统及其变换都可用物质和场的相互作用形式表述，将这些变化的作用形式归纳总结后，就形成了发明问题的标准解法，它既可解决系统内的矛盾，同时也可以根据用户的需求进行全新的产品设计。

经过分析大量的专利后，阿奇舒勒提出了 5 级共 76 种标准解法。可以发现，按照物-场分析法进行分析后，几乎所有的技术系统都可以归纳到不同的物-场模型类别中去。对于每一种类别来说，它们都有各自特别的、规范性的解题方法。这种具有特定性、通用性、普遍性、有规律可循的方法就称为标准解法（不同领域的通用诀窍），这可以理解为标准解法的一般定义。

最后还要指出，物-场分析具有的分解功能，即它可以将宏观层面的技术系统分解成三要素的微观层面，技术矛盾转为物理矛盾，再到求解物-场问题，矛盾问题也由宏观转为微观，而标准解法是解决这些微观问题的有力"武器"，它是决定创新能否实现的关键决定性因素，因此可以说标准解法是 TRIZ 高级理论精华之一。

二、76 个标准解法与一般解法的关系

在研究物-场模型中发现，技术系统构成的三个要素物质 S_1、物质 S_2 和场 F 缺一不可，否则就会造成系统的不完整，或当系统中某物质所特定的功能没有实现时，系统内部就会产生各种矛盾（技术难题）。为了解决系统产生的矛盾，可以引入另外的物质或改进物质之间的相互作用，并伴随能量（场）的生成、变换和吸收等，物-场模型也从一种形式变换为另一种形式。因此各种技术系统及其变换都可用物质和场的相互作用形式表述，将这些变化的作用形式归纳总结后，就形成了发明问题的标准解法。发明问题的标准解法可以用来解决系统内的矛盾，同时也可以根据用户的需求进行全新的产品设计。

阿奇舒勒经过分析大量的专利后发现：如果专利所解决问题的物-场模型相同，那么最终解决方案也相同。

例如，如果一种物质 S_2，对另外一种物质 S_1 产生了有害作用，则经常引入第三种物质 S_3 或 S_2 的变形物质 S_3 来消除有害作用。问题和解决方案的物-场模型如图 6-17 所示。由此可见，各种技术系统及其变换都可用物质和场的相互作用形式表述，将这些变化的作用形式归纳总结后，就形成了发明问题的标准解法，它既可解决系统内的矛盾，同时也可以根据用户的需求进行全新的产品设计。

TRIZ 理论解决发明问题的思路是：将一个具体的发明问题首先转换并表达为 TRIZ 问题，利用 TRIZ 体系中的标准解工具，完成具体发明问题的解决，如图 6-18 所示。

标准解法是阿奇舒勒于 1985 年创立的，是指不同领域发明问题的通用解法，是通过物-场模型来使设计人员能有序地解决发明问题的方法，是 TRIZ 理论研究技术系统转化和发展的工具之一，分 5 级，18 子级，共 76 个标准解（具体见表 6-5），凡是 TRIZ 标准问题，通过标准模型，仅一两步就能快速实现创新。

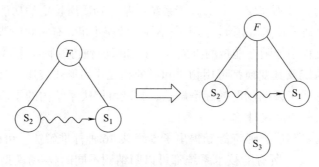

图 6-17   消除有害作用的标准解法之一

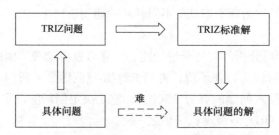

图 6-18   TRIZ 理论（解决发明问题）的思路

表 6-5 76 个标准解法级别及数量

级别	子级个数	标准解个数
第 1 级标准解法——建立和拆解物-场模型	2	13
第 2 级标准解法——强化完善物-场模型	4	23
第 3 级标准解法——向超系统或微观系统转化	2	6
第 4 级标准解法——检测和测量的标准解法	5	17
第 5 级标准解法——简化与改善策略	5	17
合计	18	76

第 1 级中的解法聚焦于建立和拆解物-场模型，包括创建需要的效应或消除不希望出现的效应的系列法则，每条法则的选择和应用将取决于具体的约束条件。

第 2 级由直接进行效应不足的物-场模型的改善，以及提升系统性能但实际不增加系统复杂性的方法所组成。

第 3 级包括向超系统和微观级转化的法则。这些法则继续沿着（第 2 级中开始的）系统改善的方向前进。第 2 级和第 3 级中的各种标准解法均基于以下技术系统进化路径：增加集成度再进行简化的法则；增加动态性和可控性进化法则；向微观级和增加场应用的进化法则；子系统协调性进化法则等。

第 4 级专注于解决涉及测量和探测的专项问题。虽然测量系统的进化方向主要服从于共同的一般进化路径，但这里的专项问题有其独特的性质。尽管如此，第 4 级的标准解法与第 1 级、第 2 级、第 3 级中的标准解法有很多还是相似的。

第 5 级包含标准解法的应用和有效获得解决方案的重要法则。一般情况下，应用第 1~4 级中的标准解法会导致系统复杂性增加，因为，给系统引入了另外的物质和效应是极有可能的。第 5 级中的标准解法将引导大家如何给系统引入新的物质又不会增加任何新的东西。换句话说，这些解法专注于对系统的简化。

在 1~5 级的各级中，又分为数量不等的多个子级，共有 18 个子级，每个子级代表着一个可选的问题解决方向，在应用前，需要对问题进行详细的分析，建立问题所在系统或子系统的物-场模型，然后根据物-场模型所表述的问题，按照先选择级再选择子级，使用子级下的几个标准解法来获得问题的解。

标准解法是针对标准问题而提出的解法，适用于解决标准问题并快速获得解决方案，标准解法也是解决非标准问题的基础，非标准问题主要应用 ARIZ 来进行解决，而 ARIZ 的重要思路是将非标准问题通过各种方法变化、转化为标准问题，然后应用标准解法来获得解决方案。

三、76 个标准解法体系的构成

76 条标准解共分五类，具体内容如下。

1. 第一类标准解：不改变或仅少量改变系统

（1）改进具有非完整功能的系统

① 假如只有 S_1，应增加 S_2 及力场 F，以完善系统三要素，并使其有效。

② 假如系统不能改变，但可接受永久的或临时的添加物，可以在 S_1 或 S_2 内部添加来

实现。

③ 假如系统不能改变，但用永久的或临时的用外部添加物来改变 S_1 或 S_2 是可以接受的，则加之。

④ 假定系统不能改变，但可用环境资源作为内部或外部添加物，是可接受的，则加之。

⑤ 假定系统不能改变，但可以改变系统以外的环境，则改变之。

⑥ 微小量的精确控制是困难的，则可以通过增加一个附加物，并在之后除去来控制微小量。

⑦ 一个系统的场强度不够，增加场强度又会损坏系统，可将强度足够大的一个场施加到另一元件上，把该元件再连接到原系统上。同理，一种物质不能很好地发挥作用，则可连接到另一物质上发挥作用。

⑧ 同时需要大的（强的）和小的（弱的）效应时，需小效应的位置可由物质 S_3 来保护。

（2）消除或抵消有害效应

⑨ 在一个系统中有用及有害效应同时存在，S_1 及 S_2 不必互相接触，引入 S_3 来消除有害效应。

⑩ 与⑨类似，但不允许增加新物质。通过改变 S_1 或 S_2 来消除有害效应。该类解包括增加"虚无物质"，如空位、真空或空气、气泡等，或加一种场。

⑪ 有害效应是一种场引起的，则引入物质 S_3 吸收有害效应。

⑫ 在一个系统中，有用、有害效应同时存在，但 S_1 及 S_2 必须处于接触状态，则增加场 F_2 使之抵消 F_1 的影响，或者得到一附加的有用效应。

⑬ 在一个系统中，由于一个要素存在磁性而产生有害效应。将该要素加热到居里点以上，磁性将不存在，或者引入一相反的磁场消除原磁场。

2. 第二类标准解：改变系统

（1）变换到复杂的物-场模型

⑭ 串联的物-场模型：将 S_2 及 F_1 施加到 S_3；再将 S_3 及 F_2 施加到 S_1。两串联模型独立可控。

⑮ 并联的物-场模型：一个可控性很差的系统已存在部分不能改变，则可并联第二个场。

（2）加强物-场

⑯ 对可控性差的场，用一易控场来代替，或增加一易控场：由重力场变为机械场或由机械场变为电磁场。其核心是由物理接触变到场的作用。

⑰ 将 S_2 由宏观变为微观。

⑱ 改变 S_2 成为允许气体或液体通过的多孔的或具有毛细孔的材料。

⑲ 使系统更具柔性或适应性，通常方式是由刚性变为一个铰接，或成为连续柔性系统。

⑳ 驻波被用于液体或粒子定位。

㉑ 将单一物质或不可控物质变成确定空间结构的非单一物质，这种变化可以是永久的或临时的。

（3）控制或改变频率

㉒ 使 F 与 S_1 或 S_2 的自然频率匹配或不匹配。

㉓ 与 F_1 或 F_2 的固有频率匹配。

㉔ 两个不相容或独立的动作可相继完成。

（4）铁磁材料与磁场结合

㉕ 在一个系统中增加铁磁材料和（或）磁场。

㉖ 将⑯与㉕结合，利用铁磁材料与磁。

㉗ 利用磁流体，这是㉖的一个特例。

㉘ 利用含有磁粒子或液体的毛细结构。

㉙ 利用附加场，如涂层，使非磁场体永久或临时具有磁性。

㉚ 假如一个物体不能具有磁性，将铁磁物质引入到环境之中。

㉛ 利用自然现象，如物体按场排列，或在居里点以上使物体失去磁性。

㉜ 利用动态，可变成自调整的磁场。

㉝ 加铁磁粒子改变材料结构，施加磁场移动粒子，使非结构化系统变为结构化系统，或反之。

㉞ 与 F 场的自然频率相匹配。对于宏观系统，采用机械振动增加铁磁粒子的运动。在分子及原子水平上，材料的复合成分可通过改变磁场频率的方法用电子谐振频谱确定。

㉟ 用电流产生磁场并代替磁粒子。

㊱ 电流变流体具有被电磁场控制的黏度，利用此性质及其他方法一起使用，如电流变流体轴承等。

3. 第三类标准解：传递系统

（1）传递到双系统或多系统

㊲ 系统传递 1：产生双系统或多系统。

㊳ 改进双系统或多系统中的连接。

㊴ 系统传递 2：在系统之间增加新的功能。

㊵ 双系统及多系统的简化。

㊶ 系统传递 3：利用整体与部分之间的相反特性。

（2）传递到微观水平

㊷ 系统传递 4：传递到微观水平来控制。

4. 第四类标准解：检测系统

（1）间接法

㊸ 替代系统中的检测与测量，使之不再需要。

㊹ 若㊸不可能，则测量一复制品或肖像。

㊺ 如㊸及㊹不可能，则利用两个检测量代替一个连续测量。

（2）将零件或场引入到已存在的系统中

㊻ 假如一个不完整物-场系统不能被检测，则增加单一或两个物-场系统，且一个场作为输出。假如已存在的场是非有效的，在不影响原系统的条件下，改变或加强该场，使它具有容易检测的参数。

㊼ 测量一引入的附加物。

㊽ 假如在系统中不能增加附加物，则在环境中增加而对系统产生一个场，检测此场对系统的影响。

㊾ 假如附加场不能被引入到环境中去，则分解或改变环境中已存在的物质，并测量产生的效应。

（3）加强测量系统

㊿ 利用自然现象。例如：利用系统中出现的已知科学效应，通过观察效应的变化，决定

系统的状态。

(51) 假如系统不能直接或通过场测量，则测量系统或要素激发的固有频率来确定系统变化。

(52) 假如实现(51)不可能，则测量与已知特性相联系的物体的固有频率。

（4）测量铁磁场（Fe-场）

(53) 增加或利用铁磁物质或磁场以便测量。

(54) 增加磁场粒子或改变一种物质成为铁磁粒子以便测量。测量所导致的磁场变化即可。

(55) 假如(54)不可能建立一个复合系统，则添加铁磁粒子到系统中去。

(56) 假如系统中不允许增加铁磁物质，则将其加到环境中。

(57) 测量与磁性有关的现象，如居里点、磁滞等。

（5）测量系统的改进方向

(58) 若单系统精度不够，可用双系统或多系统。

(59) 代替直接测量，可测量时间或空间的一阶或二阶导数。

5. 第五类标准解：简化改进系统

（1）引入物质

(60) 间接方法：a.使用无成本资源，如空气、真空、气泡、泡沫、缝隙等；b.利用场代替物质；c.用外部附加物代替内部附加物；d.利用少量但非常活化的附加物；e.将附加物集中到一特定位置上；f.暂时引入附加物；g.假如原系统中不允许附加物，可在其复制品中增加附加物，这包括仿真器的使用；h.引入化合物，当它们起反应时产生所需要的化合物，而直接引入这些化合物是有害的；i.通过对环境或物体本身的分解获得所需的附加物。

(61) 将要素分为更小的单元。

(62) 附加物用完后自动消除。

(63) 假如环境不允许大量使用某种材料，则使用对环境无影响的东西。

（2）使用场

(64) 使用一种场来产生另一种场。

(65) 利用环境中已存在的场。

(66) 使用属于场资源的物质。

（3）状态传递

(67) 状态传递 1：替代状态。

(68) 状态传递 2：双态。

(69) 状态传递 3：利用转换中的伴随现象。

(70) 状态传递 4：传递到双态。

(71) 利用元件或物质间的作用使其更有效。

（4）应用自然现象

(72) 自控制传递。假如一物体必须具有不同的状态，应使其自身从一个状态传递到另一状态。

(73) 当输入场较弱时，加强输出场，通常在接近状态转换点处实现。

（5）产生高等或低等结构水平的物质

(74) 通过分解获得物质粒子。

(75) 通过结合获得物质。

⑯ 假如高等结构物质需分解但又不能分解，可用次高一级的物质状态替代；反之，如低等结构物质不能应用，则用高一级的物质代替。

四、第 1 级标准解法：建立和拆解物-场模型

第 1 级标准解法主要指建立和拆解物-场模型。第 1 级标准解法的基本出发点是"不改变或最少改变系统"，从而创建需要的效应和消除有害效应，本级有 2 个子级共 13 种标准解法。其具体内容如表 6-6 所示。

表 6-6　第 1 级：建立和拆解物-场模型

子集	标准解法	问题解读
S1.1 建立物-场模型	S1.1.1 完善物-场模型	三要素有缺失的将其补齐
	S1.1.2 内部合成物-场模型	系统已有元素无法按需改变，在 S_1 或 S_2 内部添加 S_3
	S1.1.3 外部合成物-场模型	系统已有元素无法按需改变，在 S_1 或 S_2 外部添加 S_3
	S1.1.4 与环境一起的外部物-场模型	同 S1.1.2 情况，无法内部引入可利用环境已有的（超系统）资源实现按需变化
	S1.1.5 与环境和添加物一起的物-场模型	同 S1.1.2 情况，不允许在物质内外部引入添加物时可在环境中引入添加物
	S1.1.6 最小模式	如果要求的是作用最小模式，但难以或不能提供，应先使用最大模式，再消除过剩物质或场
	S1.1.7 最大模式	当不允许达到最大化作用时，可以用另一种物质 S_2 传递给 S_1
	S1.1.8 选择性最大模式	系统同时有强弱场，出现强场时要引入物质来保护弱场
S1.2 拆解物-场模型	S1.2.1 引入 S_3 消除有害效应	系统存在有害作用，又无法限制 S_1 和 S_2 接触，在两者间引入 S_3 以消除有害作用
	S1.2.2 引入改进的 S_1 或（和）S_2 来消除有害效应	同 S1.2.1，不允许添加新物质，此时可以改变 S_1 或 S_2 以消除有害作用
	S1.2.3 排除有害作用	引入 S_2 来消除场对 S_1 的有害作用
	S1.2.4 用场 F_2 来抵消有害作用	S_1 和 S_2 必须直接接触，可引入 F_2 抵消有害作用
	S1.2.5 切断磁影响	系统部分磁性物质产生有害作用，可通过加热使其处于居里点上消除磁性，或者引入相反磁场

以下将针对每一个具体解法通过举例来进行解读。

1. 建立物-场模型

（1）完善物-场模型　如果物-场模型不完整，可以通过添加缺失的所需元素（场或者物质）使物-场模型完整。比如在建立物-场模型的时候，如果发现只有一种物质 S_1，则需要增加第二种物质 S_2 和表示相互作用的场 F。其问题模型和解决方案模型如图 6-19 所示。

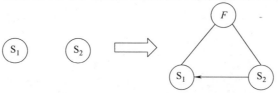

问题模型　　　　　　　　　　解决方案模型

图 6-19　完善物-场模型

【**例 6-12**】 钉钉子

钉钉子时，如果只有钉子和锤子但缺少力，就什么都不会发生。钉子、锤子和锤子力作用在钉子上的机械能才能构成一个完整的系统（见图 6-20）。

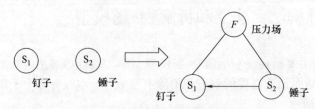

图 6-20　钉钉子的物–场模型

（2）内部合成物-场模型　系统中已有的元素无法按需改变，但是允许加入一种永久的或者临时的添加物帮助系统实现功能，可以在 S_1 或 S_2 内部添加 S_3。其问题模型和解决方案模型如图 6-21 所示。

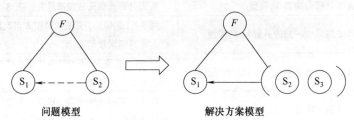

图 6-21　内部合成物–场模型

（3）外部合成物-场模型　系统已有元素无法按需改变，但是允许加入一种永久的或者临时的添加物帮助系统实现功能，可以在 S_1 或 S_2 外部引入一种永久的或者临时的外部添加物 S_3。其问题模型和解决方案模型如图 6-22 所示。

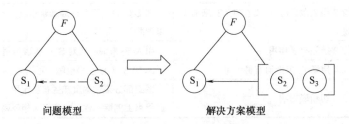

图 6-22　外部合成物–场模型

（4）与环境一起的外部物-场模型　同（2）情况，如果无法在物质的内部引入添加物，可利用环境已有的（超系统）资源实现按需变化。其问题模型和解决方案模型如图 6-23 所示。

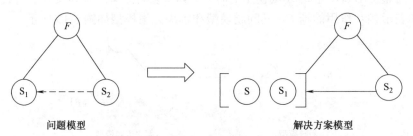

图 6-23　与环境一起的外部物–场模型

（5）与环境和添加物一起的物-场模型　同（2）情况，如果不允许在物质的内部或外部引入添加物，环境中也没有需要的物质建立物-场模型，则可以用以下方法获得可供使用的物质：

① 用另一个包含可用物质的环境来替换当前的环境。

② 环境分解。

③ 将添加物引入环境中。

其问题模型和解决方案模型如图 6-24 所示。

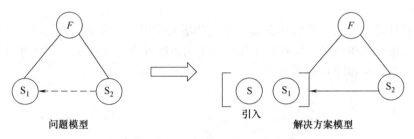

图 6-24　与环境和添加物一起的物-场模型

【例 6-13】 哈勃望远镜

望远镜在正常环境中拍摄的太空物体图像很不清晰，倘若在太空中设置望远镜，由于完全改变了环境，致使望远镜的功能和清晰度大大提高，如图 6-25 所示。

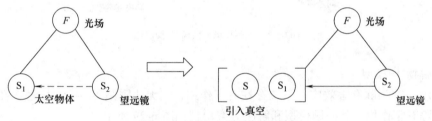

图 6-25　哈勃望远镜的物-场模型

（6）最小模式　如果要求的是作用最小模式（也就是标准的、最佳的模式），但难以或不可能提供时应先使用最大模式，随后再消除过剩的物质或场（过剩的作用用双箭头表示）。其问题模型和解决方案模型如图 6-26 所示。

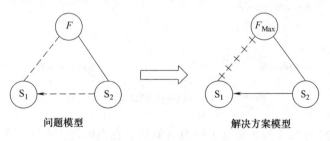

图 6-26　最小模式物-场模型

（7）最大模式　如果需要对一个物质 S_1 施加最大模式作用，但又不可行，则可以将这种最大模式作用施加到另一个物质 S_2 上，通过 S_2 传递给 S_1。其问题模型和解决方案模型如图 6-27 所示。

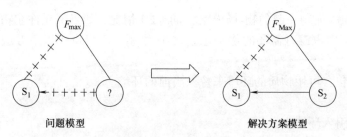

图 6-27　最大模式物–场模型

（8）选择性最大模式　有时候既需要很强的场的作用，同时又需要弱场的作用，此时选择给系统施加很强的作用场，同时要在较弱场作用的地方引入物质 S_3 起到保护作用。其问题模型和解决方案模型如图 6-28 所示。

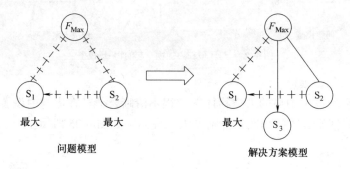

图 6-28　选择性最大模式物–场模型

2. 拆解物-场模型

（1）引入 S_3 消除有害效应　系统存在有害作用，又无法限制 S_1 和 S_2 接触，在两者间引入 S_3 以消除有害作用。其问题模型和解决方案模型如图 6-29 所示。

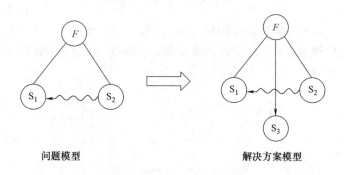

图 6-29　引入 S_3 消除有害效应的物–场模型

（2）引入改进的 S_1 或（和）S_2 来消除有害效应　在当前设计中既存在有利作用又存在有害作用，如果没有让 S_1 和 S_2 必须直接接触的限制条件，但是不允许引入新的物质，可以通过改变 S_1 和 S_2 来消除有害作用。这种解决方案包括加入一些"不存在的物质"，如利用空间、空穴、真空、空气、气泡、泡沫等，或者加入一种场，这个场可以起需添加物质的作用。其问题模型和解决方案模型如图 6-30 所示。

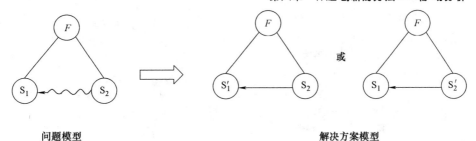

图 6-30　引入改进的 S_1 或（和）S_2 来消除有害效应的物-场模型

（3）排除有害作用　有害作用是由于某个场造成的，引入 S_2 来消除场对 S_1 的有害作用。其问题模型和解决方案模型如图 6-31 所示。

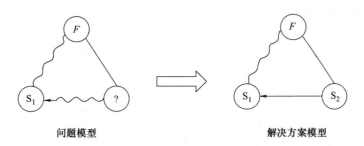

图 6-31　排除有害作用的物-场模型

（4）用场 F_2 来抵消有害作用　如果系统中存在有用作用的同时又存在有害作用，而且 S_1 和 S_2 必须直接接触，可以通过引入场 F_2 来抵消 F_1 的有害作用，或将有害作用转换为有用作用。其问题模型和解决方案模型如图 6-32 所示。

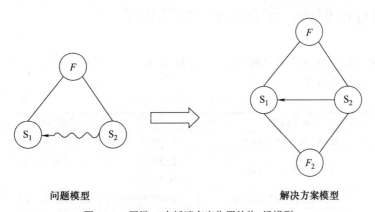

图 6-32　用场 F_2 来抵消有害作用的物-场模型

【例 6-14】　脉冲电场防止肌肉萎缩

在脚腱拉伤手术后，脚必须固定起来，可以利用绷带 S_2 作用于脚 S_1 起到固定的作用，场 F_1 是机械场。但是肌肉不活动的话容易造成萎缩，这个机械场 F_1 也产生了有害作用。解决方法是在物理治疗阶段向肌肉加入一个脉冲的电场 F_2，来防止肌肉萎缩（见图 6-33）。

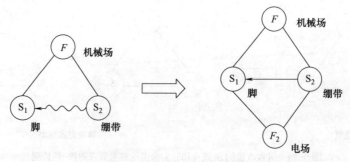

图 6-33　脉冲电场的物-场模型

（5）切断磁影响　某一种有害作用可能是系统内部的某个部分的磁性物质导致的，可以通过加热，使其处于居里点上消除磁性，或引入一个相反的磁场来消除有害作用。其问题模型和解决方案模型如图 6-34 所示。

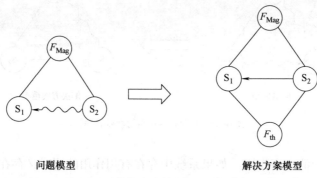

问题模型　　　　　　　　　　　　　　　　解决方案模型

图 6-34　切断磁影响的物-场模型

五、第 2 级标准解法：强化完善物-场模型

第 2 级标准解是强化完善物-场模型，主要针对效应不足的物-场模型，共 4 个子级 23 种解法。其具体内容如表 6-7 所示。

表 6-7　第 2 级：强化完善物-场模型

子级	标准解法	问题解读
S2.1 向合成物-场模型转化	S2.1.1 链式物-场模型	单一的物-场模型转化成链式模型
	S2.1.2 双物-场模型	系统中场 F_1 作用不足，又能引入新物质，可引入场 F_2 增加场 F_1 作用
S2.2 加强物-场模型	S2.2.1 使用更易控制的场	用易控制的场代替或叠加到不易控制的场上
	S2.2.2 物质 S_2 的分裂	提高具有工具功能物质的分散（分裂）度
	S2.2.3 使用毛细管和多孔的物质	在物质中增加空穴或毛细结构
	S2.2.4 动态性	原系统具有刚性，永久和非弹性元件，尝试使系统具有柔韧性、适应性和动态性
	S2.2.5 构造场	用动态场替代静态场
	S2.2.6 构造物质	将均匀的物质空间结构变成不均匀的物质空间结构

续表

子级	标准解法	问题解读
S2.3 通过匹配节奏 加强物-场模型	S2.3.1 匹配 F、S_1、S_2 的节奏	将场 F 的频率与物质 S_1 或 S_2 的频率相协调
	S2.3.2 匹配场 F_1 和 F_2 的节奏	让场 F_1 和 F_2 的频率相互协调和匹配
	S2.3.3 匹配矛盾或预先独立的动作	两个独立的动作，可以让一个动作在另一个动作停止的间歇完成
S2.4 铁-场模型（合成加强物-场模型）	S2.4.1 预-铁-场模型	在物-场模型中加入铁磁物质和磁场
	S2.4.2 铁-场模型	S2.2.1 与 S2.4.1 结合在一起
	S2.4.3 磁性液体	运用磁流体（磁性颗粒的煤油、硅树脂等）
	S2.4.4 在铁-场模型中应用毛细管结构	应用包含铁磁材料或铁磁液体的毛细管结构
	S2.4.5 合成铁-场模型	若原模型禁止使用铁磁物质替代原物质，可以将铁磁物质添加到某种物质的内部
	S2.4.6 与环境一起的铁-场模型	在 S2.4.5 基础上，若物质内部不允许添加铁磁物，可将其引入环境中来改变环境参数
	S2.4.7 应用自然现象和效应	用某些自然现象和效应加强模型可控性
	S2.4.8 动态性	应用动态的、可变的（或自动调节）磁场
	S2.4.9 构造场	用结构化的磁场更好地控制或移动铁磁物质颗粒
	S2.4.10 在铁-场模型中匹配节奏	铁磁场模型的频率协调，在宏观系统中，利用机械振动来加速铁磁颗粒的运动，在分子或者原子级别，通过改变磁场的频率，测量磁场对应共振频率的频谱来测定物质的组成
	S2.4.11 电场模型	应用电流产生磁场，而不是应用磁性物质
	S2.4.12 流变学的液体	通过电场，可以控制流变体的黏度

以下将针对每一个具体解法通过举例来进行解读。

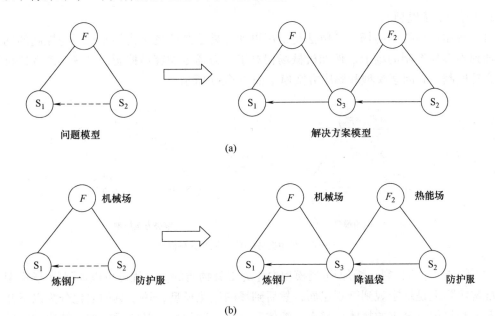

图 6-35　链式物-场模型

1. 向合成物-场模型转化

（1）链式物-场模型　将单一的物-场模型转化成链式模型。可以将物-场模型中一个元素转化成一个独立控制的完整模型，形成链式物-场模型来解决问题。其问题模型和解决方案模型如图 6-35（a）所示。

【例 6-15】 炼钢场高温防护服

为保护炼钢工人免受高温的伤害，穿着用低导热材料制成的防护服，这在短时间内效果还是很好的，但经过一段时间后，衣服内外的温度达到平衡，其隔热效果就会明显下降。在防护服的外表面附设一个袋子，可以将普通的防护服转换为降温防护服。在袋子中充有可融化材料 14 烷和 16 烷的混合物，其熔点在 10~16℃之间。使用前，将其冷却到 0℃ 以下，以便使混合物变成固相。待穿上身时，室外的高温透过相变材料后再作用到人体上，利用相变材料产生的吸热效应使防护服具有良好的降温效果，如图 6-35（b）所示。

（2）双物-场模型　现有系统的有用作用不足，需要进行改进，但是又不允许引入新的元件或物质，可以引入第二个场 F_2 来增强 F_1 的作用。其问题模型和解决方案模型如图 6-36 所示。

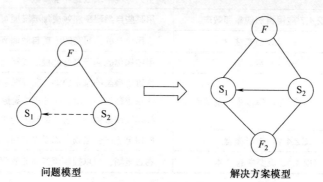

问题模型　　　　　　　　　　　解决方案模型

图 6-36　双物-场模型

2. 加强物-场模型

（1）使用更易控制的场　该解法是指用更加容易控制的场来代替原来不易控制的场，或者叠加到不容易控制的场上。例如机械场相对于重力场更加容易控制，电场、磁场比机械场更加容易控制。其问题模型和解决方案模型如图 6-37 所示。

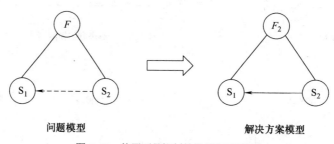

问题模型　　　　　　　　　　　解决方案模型

图 6-37　使用更易控制的场的物-场模型

（2）物质 S_2 的分裂　增加物-场模型中作为工具物质的分割程度可以加强物-场模型。这个标准解实际上是从宏观到微观层面，然后到场的进化模型，该工具的演化分为以下几个阶段：非分割物体、分割的物体、粉末、液体、气体、新的场。其问题模型和解决方案模型如图 6-38 所示。

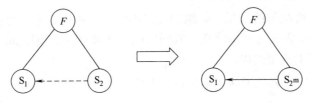

图 6-38　物质 S_2 的分裂的物-场模型

（3）使用毛细管和多孔的物质　一种特别的物质分裂形式是从固体物转化到毛细管和多孔物质材料。其转化路径一般为：固体→一个孔的固体→多个孔的物体或穿孔物质→毛细管或多孔物质→有特殊结构、尺寸毛孔的毛细管和多孔物质。其问题模型和解决方案模型如图 6-39 所示。

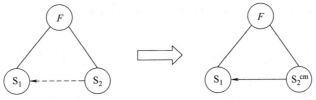

图 6-39　用毛细管和多孔的物质的物-场模型

（4）动态性　对于效率低下的系统，其物质性是具有刚性的、永久的和非弹性的，可通过提高动态化的程度（向更加灵活和更加快速可变的系统结构进化）来改善其效率，动态进化路径一般为：刚体→单铰链→双铰链→柔性体→液体→气体→场。其问题模型和解决方案模型如图 6-40 所示。

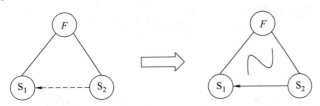

图 6-40　动态性的物-场模型

（5）构造场　一般为动态场代替静态场，使一个不可控制或可控性较弱的场变为一个按规则运行的可控场，这种控制可以通过均匀的场向非均匀的场转换，或者非结构化、无序的、紊乱的向具体特定时空结构的场（恒定的、变化的）转换，来加强物-场模型。其问题模型和解决方案模型如图 6-41 所示。

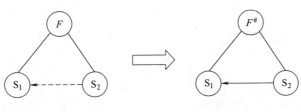

图 6-41　构造场的物-场模型

（6）构造物质　将均匀的物质空间结构变成不均匀的物质，使用可控物质或者可调节空间结构的物质代替无规则不可控的物质。其问题模型和解决方案模型如图 6-42 所示。

【例 6-16】　混凝土质量的提高

通过添加加强钢筋来提高混凝土的质量（见图 6-43）。

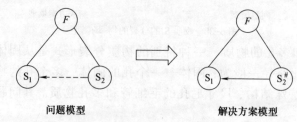

问题模型　　　　　　　　　解决方案模型

图 6-42　构造物质的物-场模型

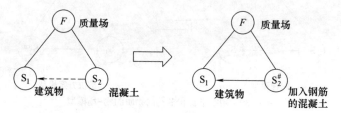

图 6-43　加入钢筋提高混凝土质量的物-场模型

3. 通过匹配节奏加强物-场模型

（1）匹配 F、S_1、S_2 的节奏　将场 F 的频率与物质 S_1 或 S_2 固有的频率相协调。其问题模型和解决方案模型如图 6-44 所示。

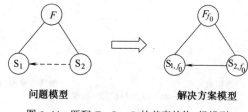

问题模型　　　　　　　　　解决方案模型

图 6-44　匹配 F、S_1、S_2 的节奏的物-场模型

【例 6-17】　矿用凿岩机

煤矿进行打眼放炮时，使用凿岩机进行钻孔，为了增加钻孔效率，脉冲频率与岩层固有频率相同（见图 6-45）。

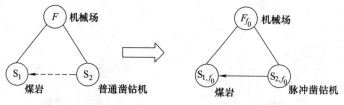

图 6-45　矿用凿岩机的物-场模型

（2）匹配场 F_1 和 F_2 的节奏　合成物-场模型中所使用的场的频率可进行匹配或故意不匹配。在使用了两个场的复合物-场模型中，利用协调场与场的固有频率来完成所需的功能或要求的特性，来增强系统的功能效率或可控性，或可以用相同振幅，相位 180°的频率信号音，消除振动和噪声。其问题模型和解决方案模型如图 6-46 所示。

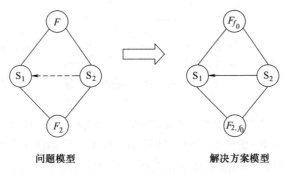

图 6-46　匹配场 F_1 和 F_2 的节奏的物-场模型

（3）匹配矛盾或预先独立的动作　如果需要两个不兼容或彼此独立的动作在一个系统中执行，那么其中的一个动作应该在另一个动作暂停期间来执行。通常，在一个动作的操作间隙应该执行另一个有用的动作来提高系统的效率。其问题模型和解决方案模型如图 6-47 所示。

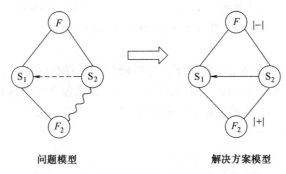

图 6-47　匹配矛盾或预先独立的动作的物-场模型

4. 铁-场模型

（1）预-铁-场模型　同时利用铁磁物质和磁场加强物-场模型，其问题模型和解决方案模型如图 6-48 所示。

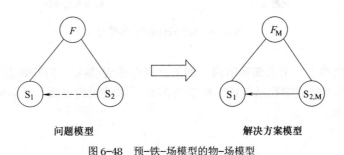

图 6-48　预-铁-场模型的物-场模型

【例6-18】 磁悬浮列车

在铁轨上加入磁场以悬浮起列车从而减小摩擦力，提高列车的速度（见图6-49）。

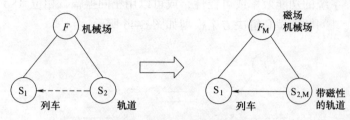

图 6-49　磁悬浮列车的物–场模型

（2）铁-场模型　将 S2.2.1（使用易控制的场）与 S2.4.1（预-铁-场模型）结合在一起，可用"铁磁场"模型来替换物-场模型或原"铁磁场"模型，将系统中的物质更换为铁磁微粒或在原系统中加入铁磁微粒，同时使用磁场或电场。其问题模型和解决方案模型如图 6-50 所示。

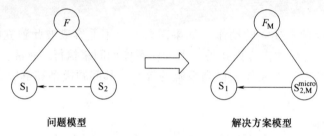

问题模型　　　　　　　　　　解决方案模型

图 6-50　铁–场模型的物–场模型

（3）磁性液体　磁性液体也称磁流体，是铁磁颗粒悬浮在煤油、硅树脂或水中形成的一种胶质溶液。它可以看成是 S2.4.3 的进化终极状态。物质包含铁磁材料的进化路径：固体物质→颗粒→粉末→液体。系统的控制效率将随着铁磁材料的进化路径而增加。其问题模型和解决方案模型如图 6-51 所示。

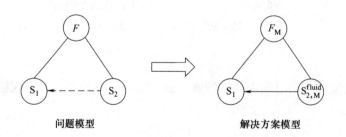

问题模型　　　　　　　　　　解决方案模型

图 6-51　磁性液体的物–场模型

（4）在铁-场模型中应用毛细管结构　如果已经存在着铁-场，但其效率不足，可将固体结构的物质改为用毛细管或多孔结构或毛细管与多孔一体结构的物质。其问题模型和解决方案模型如图 6-52 所示。

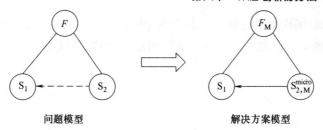

图 6-52 在铁-场模型中应用毛细管结构的物-场模型

（5）合成铁-场模型 若原模型禁止使用铁磁物质替代原物质，可以将铁磁物质添加到某种物质的内部，创建合成铁-场模型。其问题模型和解决方案模型如图 6-53 所示。

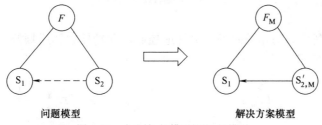

图 6-53 合成铁-场模型的物-场模型

（6）与环境一起的铁-场模型 在 S2.4.5 基础上，若物质内部不允许添加铁磁物，又禁止引入附着物，可将铁磁粒子引入环境来改变环境参数。其问题模型和解决方案模型如图 6-54 所示。

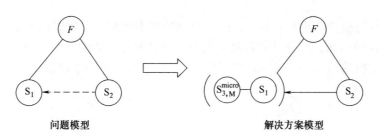

图 6-54 与环境一起的铁-场模型的物-场模型

（7）应用自然现象和效应 铁-场模型的可控性可以通过利用某些自然现象和效应来加强。其问题模型和解决方案模型如图 6-55 所示。

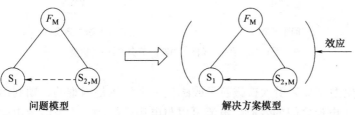

图 6-55 应用自然现象和效应的物-场模型

（8）动态性　铁-场模型通过提高动态化的程度，将物质结构转化为动态的、可变的或能自我调节的铁磁场模型，以此来获得增强系统的适应性和可控性。其问题模型和解决方案模型如图 6-56 所示。

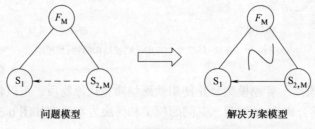

图 6-56　动态性的物-场模型

（9）构造场　利用结构化的磁场来更好地控制或移动铁磁物质颗粒。其问题模型和解决方案模型如图 6-57 所示。

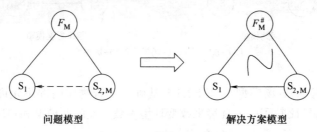

图 6-57　构造场的物-场模型

（10）在铁-场模型中匹配节奏　铁磁场模型的频率协调。在宏观系统中，利用机械振动来加速铁磁颗粒的运动，在分子或者原子级别，通过改变磁场的频率，测量磁场对应共振频率的频谱来测定物质的组成。其问题模型和解决方案模型如图 6-58 所示。

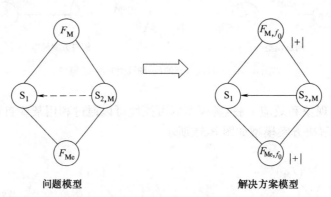

图 6-58　在铁-场模型中匹配节奏的物-场模型

（11）电-场模型　如果引入铁磁粒子或磁化一个物体是困难的，则利用外部电磁场与电流的效应或者两个电流之间的效应。电流可以与电源的接触产生或者由电磁感应产生。其问题模型和解决方案模型如图 6-59 所示。

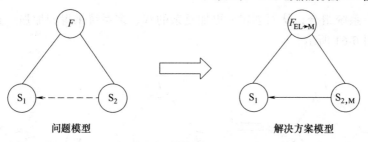

图6-59 电-场模型的物-场模型

（12）流变学的液体 通过电场可以控制流变体的黏度，从而使其能够模仿固（液）相变。其问题模型和解决方案模型如图 6-60 所示。

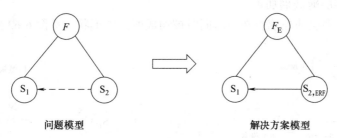

图6-60 流变学的液体的物-场模型

六、第 3 级标准解法：向超系统或微观级系统转化

第 3 级标准解是向超系统或微观级系统转化。此级解法主要是把问题向超系统转化，或者寻找微观水平的改变。第 3 级解法所用的法则继续沿着（第 2 级中开始）系统改进方向前进，第 2 级和第 3 级的各种解法均基于以下技术系统进化路径：增加集成度再进行简化原则；增加动态性和可控性进化原则；向微观级和增加场应用的进化法则；子系统协调进化法则。此级有 2 个子级共 6 种解法，其具体内容如表 6-8 所示。

表6-8 第 3 级：向超系统或微观级系统转化

子级	标准解法	问题解读
S3.1 向双系统和多系统 转化	S3.1.1 系统转化 1a：创建双、多系统	将多个技术系统并入到一个超系统
	S3.1.2 加强双、多系统内的链接	改变双系统或多系统之间的链接
	S3.1.3 系统转化 1b：加大元素间的差异	双、多系统可通过加大元素间的差异来获得
	S3.1.4 双、多系统的简化	已进化的双、多系统再次简化成单一系统
	S3.1.5 系统转化 1c：系统整体或部分的相反特征	部分或整体表现相反的特征或功能
S3.2 向微观级转化	S3.2.1 系统转化 2：向微观级转化	引入"聪明物质"来实现系统向微观级跃进

以下将针对每一个具体解法通过举例来进行解读。

1. 向双系统和多系统转化

（1）系统转化 1a：创建双、多系统 处于任意进化阶段的系统性能可通过系统转化 1a，系统与另外一个系统组合，从而创建一更加复杂的双、多系统来得到加强。其问题模型和解决方案模型如图 6-61 所示。

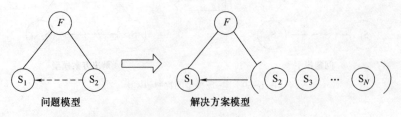

图 6-61 系统转化 1a：创建双、多系统的物–场模型

【例 6-19】 多层薄玻璃加工

为提高效率，多层薄玻璃叠在一起同时被切成所需的形状（见图 6-62）。

图 6-62 多层薄玻璃加工的物–场模型

（2）加强双、多系统内的链接 加强双、多系统内的链接，可以使它们各自更加刚性或更加动态化。其问题模型和解决方案模型如图 6-63 所示。

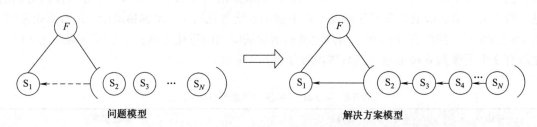

图 6-63 加强双、多系统内的链接的物–场模型

（3）系统转化 1b：加大元素间的差异 双、多系统可通过加大元素间的差异来加强。基于"向较高级系统跃迁的法则"，通过加入元素功能特性差异，然后再进行组合，来获得双级系统和多级系统效率的增强。系统转化 1b 的路径：相同元素的组合（相同颜色的铅笔）→具有不同特性的元素（不同颜色的铅笔）→改变了特性的不同元素的组合（一套绘图仪器）→相反特性的组合或者具有相反特性的元素的组合。其问题模型和解决方案模型如图 6-64 所示。

【例 6-20】 扩大热处理炉的使用功能

车间内设置了数台形式完全相同的热处理炉，给各台炉子以相同方法预设加热，可获得经热处理后的同一种产品，如果给每台炉子首先预设不同的加热方法，则组合后可以获得热处理后的多种不同产品。如果将其中的炉改变为冷却炉，则组合后可以实现完全不同的新处理工艺（见图 6-65）。

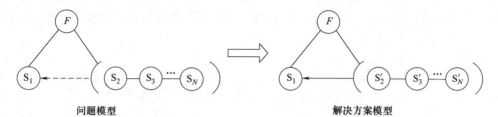

图 6-64　系统转化 1b：加大元素间的差异的物-场模型

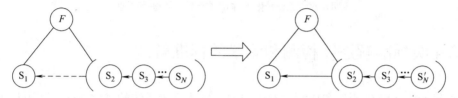

图 6-65　热处理炉的物-场模型

（4）双、多系统的简化　双、多系统可以通过简化系统得到加强，首先是通过简化系统中起简化作用的部分来获得，比如双管猎枪只有一杆枪柄。完全简化双、多系统又成为一个单一系统，整个循环会在更高级别上重复进行。其问题模型和解决方案模型如图 6-66 所示。

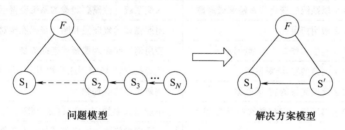

图 6-66　双、多系统的简化的物-场模型

（5）系统转化 1c：系统整体或部分的相反特征　通过将相反的特性分别赋予系统和其子系统，来加强双系统和多系统的转换。结果，系统在两个水平上获得应用，整个系统具有特性"F"，而其子系统具有特性"$-F$"。其问题模型和解决方案模型如图 6-67 所示。

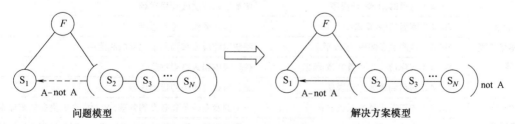

图 6-67　系统转化 1c：系统整体或部分的相反特征的物-场模型

2. 系统转化 2：向微观级转化

系统可以在进化过程的任意阶段，通过从宏观级别到微观级别转换得到加强。无论是一个系统还是一个子系统，都可以在某种场的作用下实现所需功能的物质替代。一种物质有多种微观状态（分子、离子、原子、基本粒子、场等），因此在解决问题时应考虑过渡到微观级和从一个微观级过渡到另一个较低层级的方案。其问题模型和解决方案模型如图 6-68 所示。

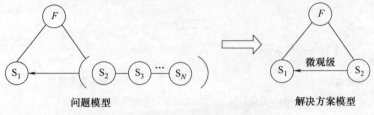

图 6-68　系统转化 2：向微观级转化的物–场模型

七、第 4 级标准解法：检测和测量的标准解法

第 4 级专注于解决测量和探测的专项问题，虽然测量系统的进化方向主要服从于一般进化路径，但这里的专项问题有其独特性。可以看出，第 4 级标准解法与第 1~3 级中的标准解法有很多相似之处。此级有 5 个子级共 17 种标准解法。具体如表 6-9 所示。

表 6-9　第 4 级：检测和测量的标准解法

子级	标准解法	问题解读
S4.1 间接方法	S4.1.1 以系统的变化代替检测或测量	改变系统，使需要测量的系统变得不再需要测量
	S4.1.2 应用拷贝	用原物体的复制品和图片替代操作对象
	S4.1.3 测量当作二次连续检测	应用两次间断测量替代连续测量
S4.2 建立测量的 物-场模型	S4.2.1 测量的物-场模型图	完善基本物-场模型或双物-场模型结构求解
	S4.2.2 合成测量的物-场模型	测量引入的附加物
	S4.2.3 与环境一起测量的物-场模型	不能引入添加物，可以在外部环境加入物质，对其进行测量
	S4.2.4 从环境中获得添加物	将环境中物质进行降解或转换变成其他状态，检验转换后物质变化
S4.3 加强测量物- 场模型	S4.3.1 应用物理效应和现象	检测的有效性通过物理效应加强
	S4.3.2 应用样本的谐振	产生与系统整体或部分共振解决问题
	S4.3.3 应用加入物体的谐振	可以通过与系统相连的物体或环境的自由振动，获得系统变化的信息
S4.4 向铁-场模型 转化	S4.4.1 测量的预-铁-场模型	增加铁磁物质或利用磁场
	S4.4.2 测量的铁-场模型	加入铁磁颗粒，检测磁场
	S4.4.3 合成测量的铁-场模型	将铁磁物质添加到系统已有的物质中
	S4.4.4 与环境一起测量的铁-场模型	在环境中引入铁磁物质
	S4.4.5 应用物理效应和现象	测量与磁性相关的自然现象
S4.5 测量系统的 进化方向	S4.5.1 向双系统和多系统转化	一个测量系统不具有高的效率，应用两个或更多的测量系统
	S4.5.2 进化方向	不直接测量，而是在时间或者空间上，测量待测物体的第一级或者第二级的衍生物

以下将针对每一个具体解法通过举例来进行解读。

1. 间接方法

（1）以系统的变化代替检测或测量   遇到检测和测量问题时，改进一下原来系统，从而使原来需要测量的系统现在不需要测量。其问题模型和解决方案模型如图 6-69 所示。

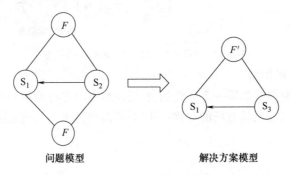

图6-69   以系统的变化代替检测或测量的物-场模型

（2）应用拷贝   如果标准解 S4.1.1 不能使用，则考虑使用测量对象的复制品或者图像来代替其本身。其问题模型和解决方案模型如图 6-70 所示。

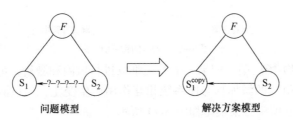

图6-70   应用拷贝的物-场模型

【例 6-21】 曹冲称象

大家所熟知的曹冲称象就是一个复制品的经典案例，如直接称大象重量十分困难，曹冲想出办法：先让大象上船，记下吃水深度，然后把大象牵到岸上，将石头装船，让石头的吃水深度等于之前大象在船上的吃水深度，最后通过秤石头的重量得到大象的重量（见图6-71）。

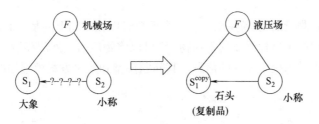

图6-71   曹冲称象的物-场模型

（3）测量当作二次连续检测   如果 S4.1.1 和 S4.1.2 都不能使用，可以应用两次间断测量来代替连续测量。其问题模型和解决方案模型如图 6-72 所示。

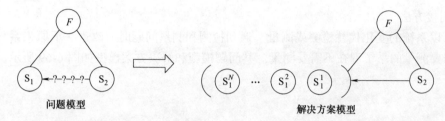

图 6-72　测量当作二次连续检测的物–场模型

2. 建立测量的物-场模型

（1）测量的物-场模型　　如果一个完整的物-场模型难以进行测量和检测，则可以通过完善一个合格的物-场模型或输出具有场的双物-场模型来得到解决。其问题模型和解决方案模型如图 6-73 所示。

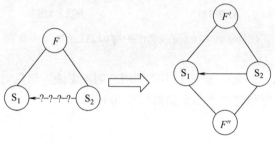

图 6-73　测量的物–场模型

（2）合成测量的物-场模型　　如果一个系统难以进行监测和测量，可以向被测对象引入一种可检测的添加物，引入的添加物与原系统相互作用产生变化，通过测量添加物的变化再进行转换。其问题模型和解决方案模型如图 6-74 所示。

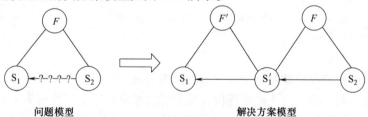

图 6-74　合成测量的物–场模型

（3）与环境一起测量的物-场模型　　若一个系统难以在时间上的某些时刻进行测量和检测，且不能引入附加物和产生易检测场的附加物，则可以将物质引入外部环境，这个物质的变化（环境状态的改变）可提供系统中改变的信息。其问题模型和解决方案模型如图 6-75 所示。

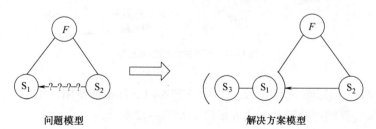

图 6-75　与环境一起测量的物–场模型

（4）从环境中获得添加物　在 S4.2.3 下不能引入附加物到环境中，可以将环境中已有的物质进行降解或转换成其他的状态，然后测量或检验转换后的这种物质的变化。其问题模型和解决方案模型如图 6-76 所示。

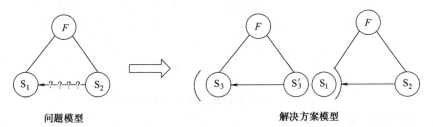

图 6-76　从环境中获得添加物的物-场模型

3. 加强测量物-场模型

（1）应用物理效应和现象　应用在系统中发生的已知效应，并且检测因此效应发生的变化，从而知道系统的状态，提高监测和测量的效率。其问题模型和解决方案模型如图 6-77 所示。

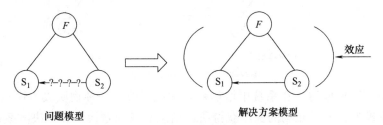

图 6-77　应用物理效应和现象的物-场模型

（2）应用样本的谐振　如果不能直接检测和测量一个系统的变化，或者引入一种场来测量，则让系统或者部分产生共振，通过测量共振频率来解决问题。其问题模型和解决方案模型如图 6-78 所示。

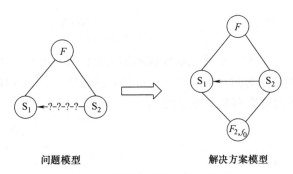

图 6-78　应用样本的谐振的物-场模型

（3）应用加入物体的谐振　如果不能应用标准解法 S4.3.2，系统不能直接检测或测量其变化，又不能通过在系统中或部分系统中进行共振频率的测量来完成，则可以连接已知特性的附加物，然后通过测量共振频率来获得所需要的测量信息。其问题模型和解决方案模型如图 6-79 所示。

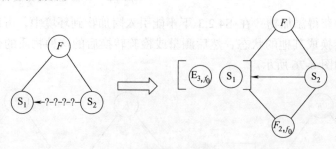

图 6-79　应用加入物体的谐振的物−场模型

4. 向铁-场模型转化

（1）测量的预-铁-场模型　为便于测量，在非磁性系统内引入固体磁铁，致使将非磁性的测量的物-场模型转换为包含磁性物质和磁场的预-铁-场模型。其问题模型和解决方案模型如图 6-80 所示。

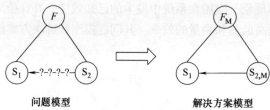

图 6-80　测量的预−铁−场模型

（2）测量的铁-场模型　在系统中增加铁磁颗粒或改变一种物质成为铁磁物质，从而得到测量的铁-场模型，通过磁场的探测获得所需信息。其问题模型和解决方案模型如图 6-81 所示。

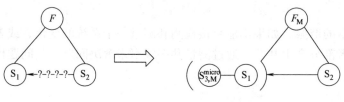

图 6-81　测量的铁−场模型

（3）合成测量的铁-场模型　如果铁磁颗粒不能直接添加到系统或者不能取代系统中的物质，那么可以将铁磁颗粒作为附加物引入系统中已有的物质中，从而建立一个复杂的铁磁场模型。其问题模型和解决方案模型如图 6-82 所示。

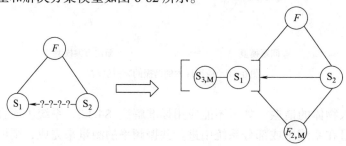

图 6-82　合成测量的铁−场模型

（4）与环境一起测量的铁-场模型 如果系统不允许添加磁性物质，可以将其添加到外部环境中。其问题模型和解决方案模型如图 6-83 所示。

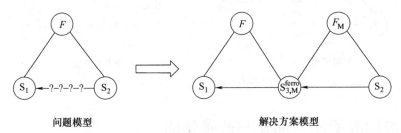

图 6-83 与环境一起测量的铁-场模型

（5）应用物理效应和现象 物-场模型或预-铁-场模型的测量或探测有效性可以通过应用物理现象和效应得到加强。例如，居里效应、霍普金森效应、巴克豪森效应、霍尔效应、磁滞现象、超导性等。其问题模型和解决方案模型如图 6-84 所示。

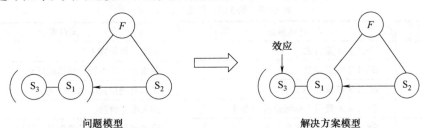

图 6-84 应用物理效应和现象的物-场模型

5. 测量系统的进化方向

（1）向双系统和多系统转化 如果单一测量系统不能给出足够的精度，可以应用两个或者更多的测量系统。其问题模型和解决方案模型如图 6-85 所示。

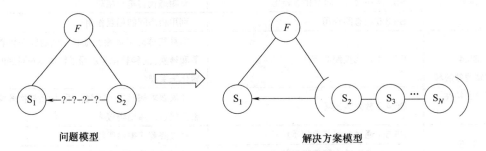

图 6-85 向双系统和多系统转化的物-场模型

（2）进化方向 不直接测量，而是在时间或者空间上测量第一阶或者第二阶的衍生物，检测系统向检测受控功能的衍生物的方向进化。测量和检测系统沿着以下方向进化：测量一个功能→测量功能的一阶导数→测量功能的二阶导数。其问题模型和解决方案模型如图 6-86 所示。

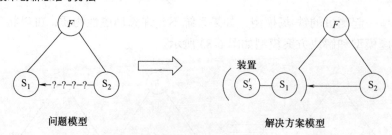

问题模型　　　　　　　　　　　解决方案模型

图 6-86　进化方向的物-场模型

八、第 5 级标准解法：简化与改善策略

第 5 级中的标准解法专注于对系统的简化和改善，引导人们如何使得系统不会增加任何新的东西，不会使系统复杂化，即使在引入新的物质或新的场的情况下。第 5 级有 5 个子级共 17 种解法。其具体内容如表 6-10 所示。

表 6-10　第 5 级：简化与改善策略

子级	标准解法	问题解读
S5.1 引入物质	S5.1.1 间接方法	使用多种间接方式
	S5.1.2 分裂物质	将物质分割为更小的组成部分
	S5.1.3 物质的"自消失"	添加物使用完毕后自动消失
	S5.1.4 大量引入膨胀结构和泡沫	加入虚空物质
S5.2 引入场	S5.2.1 可用场的综合使用	应用已有的一种场产生另一种场
	S5.2.2 从环境中引入场	应用环境中存在的场
	S5.2.3 利用物质可能创造的场	使用能产生场的物质
S5.3 相变	S5.3.1 相变 1：变换状态	改变物质相态
	S5.3.2 相变 2：动态化相态	物质从一种相态转换到另一种相态
	S5.3.3 相变 3：利用伴随的现象	利用相变过程中伴随的现象
	S5.3.4 相变 4：向双相态转化	双相态代替单一相态
	S5.3.5 状态间作用	利用相态间的相互作用
S5.4 应用物理效应和 现象的特性	S5.4.1 自我控制的转化	如果物体必须周期性地在不同的物理状态中调节和转换，这种转化可以通过物体本身可逆的物理转化来实现
	S5.4.2 放大输出场	如果要求弱感应下的强作用，物质转换器需接近临界状态，输出场放大
S5.5 根据实验的标准 解法	S5.5.1 通过分解获得物质粒子	通过降解获得物质粒子
	S5.5.2 通过结合获得物质粒子	通过结合获得物质粒子
	S5.5.3 应用标准解法 S5.5.1 及标准解法 S5.5.2	标准解法 S5.5.1 及标准解法 S5.5.2 结合使用

以下将针对每一个具体解法通过举例来进行解读。

1. 引入物质

（1）间接方法　　如果工作状况不允许给系统引入物质，可以再用间接引入的方式。以下将分开讲解每一种间接引入方式。其问题模型和解决方案模型如图 6-87 所示。

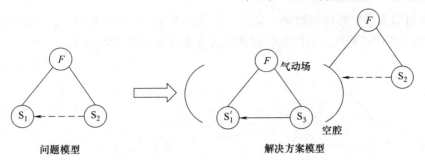

图6-87   间接方法的物-场模型

① 使用"虚无物质"（如空洞、空气、空间真空、气泡等）代替实物。

② 引入场代替物质。

③ 使用外加物代替内部物。如果有必要在系统中引入一种物质，然而引入物质内部是不允许的或不可能的，那么就在其外部引入附加物。

④ 应用少量高活性添加物。

⑤ 只在特定位置引入一定添加物。

⑥ 临时引入添加物，然后再将其除掉。

⑦ 利用模型或复制品代替实物，允许在其中引入添加物。

⑧ 不能直接引入某种物质，可以引入能通过反应或衍生产生所需物质的物质。

⑨ 通过电解或相变，从环境或物体本身分解得到所需要的添加物。

（2）分裂物质   将物质分割为更小的组成部分。其问题模型和解决方案模型如图 6-88 所示。

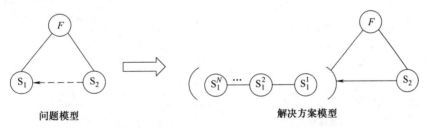

图6-88   分裂物质的物-场模型

（3）物质的"自消失"   被引入的添加物在完成其功能后，自动消失或变得与系统环境中已有的物质相同。其问题模型和解决方案模型如图 6-89 所示。

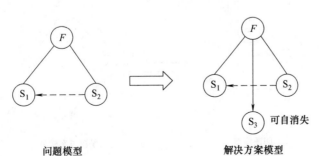

图6-89   物质的"自消失"的物-场模型

（4）大量引入膨胀结构和泡沫   如果工作状况不允许大量物质引入，应用膨胀结构或泡沫使物-场相互作用正常化。其问题模型和解决方案模型如图 6-90 所示。

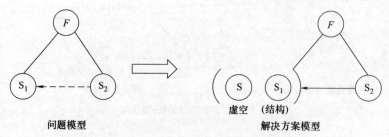

图 6-90   大量引入膨胀结构和泡沫的物−场模型

2. 引入场

（1）可用场的综合使用   应用已有的一种场产生另一种场。其问题模型和解决方案模型如图 6-91 所示。

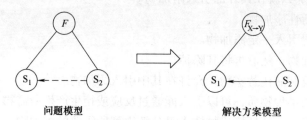

图 6-91   可用场的综合使用的物−场模型

（2）从环境中引入场   如果可以给物-场模型引入场，但又不能依据标准解法 S5.2.1 去做，则尝试应用环境中已存在的场。其问题模型和解决方案模型如图 6-92 所示。

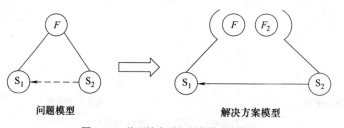

图 6-92   从环境中引入场的物−场模型

（3）利用物质可能创造的场   利用系统或外部环境中已有的物质作为媒介物或源而产生的场。其问题模型和解决方案模型如图 6-93 所示。

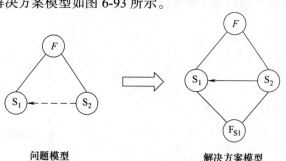

图 6-93   利用物质可能创造的场的物−场模型

3. 相变

（1）相变 1：变换状态　在不引入其他物质的条件下，通过改变某种物质的相态，提高利用物质的效率。其问题模型和解决方案模型如图 6-94 所示。

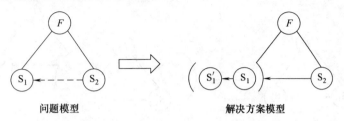

图 6-94　相变 1：变换状态的物-场模型

（2）相变 2：动态化相态　根据工作条件的变化，物质由一种相态转化为另一种相态，利用物质的这种能力可以提供"双重"特性。其问题模型和解决方案模型如图 6-95 所示。

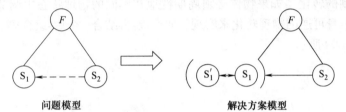

图 6-95　相变 2：动态化相态的物-场模型

（3）相变 3：利用伴随的现象　利用相变过程中伴随出现的现象。在所有相变类型中，随着聚合状态的改变，物质的结构、密度、热导率也发生变化。此外，在相变过程中还伴随能量的释放或吸收。其问题模型和解决方案模型如图 6-96 所示。

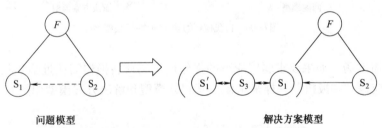

图 6-96　相变 3：利用伴随的现象的物-场模型

（4）相变 4：向双相态转化　双相态代替单相态，使系统具有双特性。其问题模型和解决方案模型如图 6-97 所示。

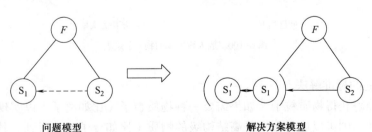

图 6-97　相变 4：向双相态转化的物-场模型

（5）状态间作用　利用系统的相态间的相互作用增强系统的效率。其问题模型和解决方案模型如图 6-98 所示。

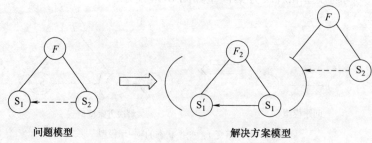

问题模型　　　　　　　　**解决方案模型**

图 6-98　状态间作用的物-场模型

4. 应用物理效应和现象的特性

（1）自我控制的转化　如果物体必须周期性地在不同的物理状态中调节和转换，这种转化可以通过物体本身可逆的物理转化来实现，如电离-再结合、分解-组合等。其问题模型和解决方案模型如图 6-99 所示。

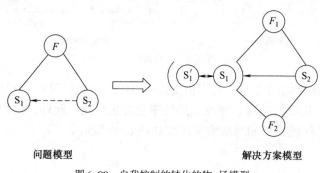

问题模型　　　　　　　　**解决方案模型**

图 6-99　自我控制的转化的物-场模型

（2）放大输出场　如果要求弱感应下的强作用，物质转换器需接近临界状态，能量聚集在物质中，感应像"扣扳机"一样来工作。其问题模型和解决方案模型如图 6-100 所示。

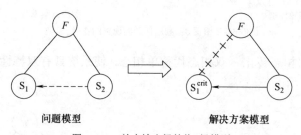

问题模型　　　　　　　　**解决方案模型**

图 6-100　放大输出场的物-场模型

5. 根据实验的标准解法

（1）通过分解获得物质粒子　如果需要一种物质粒子（比如离子）以实现解决方案，但又不能直接得到，则可以通过分解更高结构级的物质（比如分子）来得到。其问题模型和解决方案模型如图 6-101 所示。

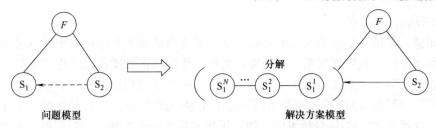

图6-101　通过分解获得物质粒子的物-场模型

（2）通过结合获得物质粒子　若在解决问题时，需要某种物质的粒子，如分子，根据问题的特定条件，无法通过标准解 S5.5.1 获得，则可以考虑通过化合物质某低层级结构的物质获得，如离子。其问题模型和解决方案模型如图 6-102 所示。

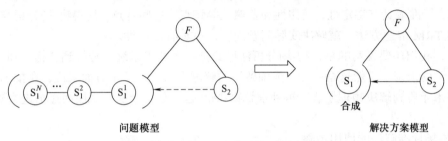

图6-102　通过结合获得物质粒子的物-场模型

（3）应用标准解法 S5.5.1 及标准解法 S5.5.2　如果需要更高层级结构的物质降解，又不能降解，就用次高水平物质代替，如果某一物质需要低层级结构的物质组合，最简单的方法是次高一级结构的物质代替。其问题模型和解决方案模型如图 6-103 所示。

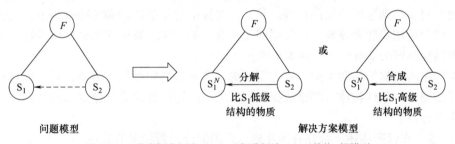

图6-103　应用标准解法 S5.5.1 及标准解法 S5.5.2 的物-场模型

九、76 个标准解法的应用

1. 物-场分析与标准解的关系

从解题的角度，我们看看物-场分析与标准解。

就技术系统的结构属性而言，物-场的概念揭示了其结构上的内涵和特点。因而，我们可以借助物-场分析与标准解这个 TRIZ 解题方法，从技术系统的结构角度出发，找到物-场分析与标准解的 TRIZ 解题方法，

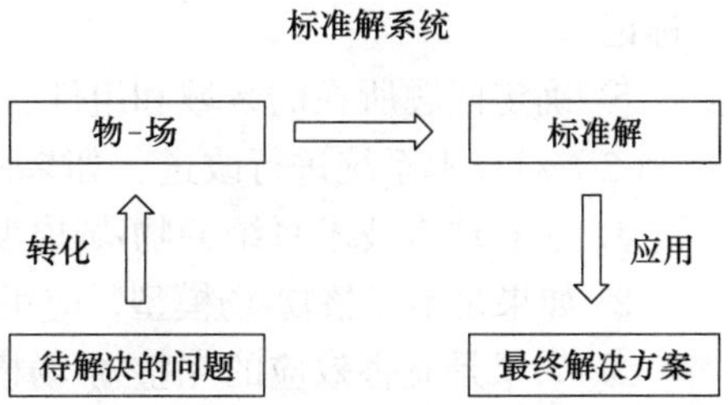

图6-104　物-场的解题模式

如图 6-104 所示。

我们知道，实现一个技术系统的功能，至少需要物质和相互作用两个必不可少的元素。物质通过相互作用，最终实现系统的功能；而相互作用则以物质作为动作的依托，二者缺一不可。不管是超系统、系统乃至子系统，真正完备的系统结构，都少不了物质和相互作用这两种"分子"。显然，以物质和相互作用为基本元素的物-场分析法，也直指解决发明问题的本质所在。进而言之，物-场分析里的"物"指技术系统中牵扯到的一切东西；而"场"就是相互作用。这样，物与场包含了一个技术系统中全部最重要的东西。物-场分析，自然也就反映出一个技术系统中存在的根本问题。

那么，我们又怎样理解标准解呢？上面我们已经说过，标准解是利用物-场分析法解决发明问题的一个工具。我们把无数个技术系统，按物-场分析法进行分析后，可归纳到不同的类别中去。对于每种类别来说，它们都有自己特别的、规范的解题方法，因而我们称之为标准解。显然，标准解具有特定性、通用性和普遍性等特点。这些特点，使得物-场分析与标准解，作为一类 TRIZ 解题方法，就解决实际问题而言，更具有广泛性。

最后，我们还要说明的是，物-场分析法已经把一个技术系统，分解到"物"和"场"这种"分子"的级别，显然这是一种"最细致"的解题方法。从这个方面来说，在技术系统中，从解决技术矛盾到解决物理矛盾，再到求解物-场问题，是一个从宏观层面逐渐进入到微观层面的过程。

2. 物-场标准解法的使用步骤

物-场分析模型的标准解分为 5 级，18 个子级，共 76 个之多. 这给实际问题提供了丰富的解决方法，通过物-场分析，可以快速有效地使用标准解法来解决那些技术和设计难题。

但是，这么多的标准解法，似乎内容复杂，头绪较多，给使用者带来了许多麻烦和困扰。尤其是对初学者，更显得一头雾水，无从下手。而且不恰当的选择，还会导致使用者走上弯路或百思不得其解，浪费时间和精力，从而降低了标准解法的使用效率。因此，使用标准法解决问题的时候必须遵循一定的步骤。其实，在标准解法的使用和实践过程中，人们已经总结出了一整套使用步骤和流程，让发明问题标准解的使用能够循序渐进，变得容易操作。以下就是采用标准解法求解的 4 个基本步骤。

（1）确定所面临的问题类型　首先需要确定所面临的问题属于哪类，是要求对系统进行改进，还是要求对某件物体有测量或探测的需求。问题的确定是一个复杂的过程，建议按照下列顺序进行：

① 问题工作状况描述，最好有图片或示意图配合问题状况的陈述。

② 将产品或系统的工作过程进行分析，尤其是物流过程需要表达清楚。

③ 组件模型分析包括系统、子系统、超系统这 3 个层面的元素，以确定可用资源。

④ 功能结构模型分析是将各个元素间的相互作用表达清楚，用物-场模型的作用符号进行标记。

⑤ 确定问题所在的区域和组件，划分出相关元素，作为下步工作的核心。

（2）对技术系统进行改进　如果面临的问题是要求对系统进行改进，则：

① 建立现有技术系统的物-场模型。

② 如果是不完整物-场模型，应用第 1 级标准解法 S1.1 中的 8 个标准解法（参见表 6-6）。

③ 如果是有害效应的完整物-场模型，应用第 1 级标准解法 S1.2 中的 5 个标准解法（参见表 6-6）。

④ 如果是效应不足的完整物-场模型，应用第 2 级标准解法中的 23 个标准解法（参见表 6-7）和第 3 级标准解法中的 6 个标准解法（参见表 6-8）。

（3）对某个组件进行测量或探测　如果问题是对某个组件有测量或探测的需求，应用第 4 级标准解法中的 17 个标准解法（参见表 6-9）。

（4）标准解法简化　获得了对应的标准解法和解决方案，检查模型（实际是技术系统）是否可以应用第 5 级标准解法中的 17 个标准解法来进行简化。第 5 级标准解法也可以被考虑为是否有强大的约束限制着新物质的引入和交互作用。在实际应用标准解法的过程中，必须紧紧围绕技术系统所存在的问题的理想化最终结果，并考虑系统的实际限制条件，灵活进行应用，并追求优化的解决方案。很多情况下，综合多个标准解法，对问题的彻底解决程度具有积极意义，尤其是第 5 级中的 17 个标准解法。

3. 标准解法的应用流程图

上述标准解法的应用步骤，可以用流程图来表示，如图 6-105 所示。

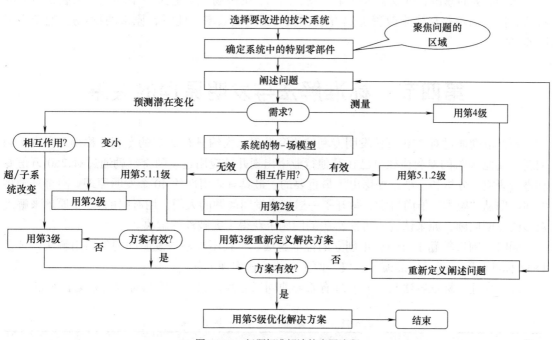

图 6-105　问题标准解法的应用流程

4. 标准解法的应用实例

【例 6-22】　厢式烘干机设计

（1）问题描述　传统的厢式烘干机外形呈方形，外层是隔热层。这种烘干机的应用广泛，适合于各种物料的干燥，但是这种烘干机的含湿量不太均匀，干燥速率低，干燥时间长，生产能力小，热利用率低。因此，使用标准解法来求解。

（2）建立物-场模型并确定问题的类型　如图 6-106 所示，使用的元件分别为 S_1 物料、S_2 气流和场 F_1。由图可知，功能模型中的元件齐全，但执行元件对被执行元件产生的作用不足以达到系统的要求，属于效应不足的

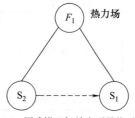

图 6-106　厢式烘干机效应不足物-场模型

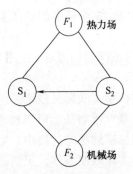

图 6-107　改进厢式烘干机模型

完整物-场模型。其中 S_1、S_2 分别表示需干燥物料以及气流。F_1 表示一个热力场，虚线表示两者之间的作用是不足的。

（3）求标准解对系统进行改进　当前系统为效应不足的模型，应用第 2 级标准解法中的 23 个标准解法和第 3 级标准解法中的 6 个标准解法。这个场合的标准创新解包括：

① 对 S_1 的修改，在实际中体现为对被干燥物质的预处理，在进入厢式烘干机之前，可先对物料进行脱水，来提高干燥过程中的干燥效率。

② 对 S_2 的修改，对干燥机使用不同的材料、形状以及表面工艺，来更有效地提高接触面积，使物料与气流接触均匀，提高干燥效率。可对结构图中的叶片进行设计，可让其与物料呈一定角度，并且角度是可调节的，通过改变角度改变接触面积的大小，保证受热均匀。

③ 对 S_1 的修改，可以引入一个新场，例如，机械场 F_2，通过一个环流产生装置引入物料的涡流，而不是层流来改善加热方式，从而提高热效率。此时，原来的物-场模型变为了图 6-107。

第四节　标准解法与发明原理的关系

阿奇舒勒通过对 250 万份发明专利的研究发现，大约只有 20% 的专利才称得上是真正的创新，其他 80% 的专利往往早已在其他行业中出现并被应用过。阿奇舒勒通过对 250 万份专利进行研究、分析和总结，提炼出了最重要的、最具有通用性的 40 个发明原理。阿奇舒勒将发明问题从"魔术"推向科学，敞开了一道解决发明问题的大门，用有限的 40 个原理来解决众多的发明问题，原来认为不可能解决的问题也获得了突破性的解决。

同时，阿奇舒勒于 1985 年创立的标准解法，是指不同领域发明问题的通用解法，凡是 TRIZ 标准问题，通过标准模型，仅一两步就能快速实现创新。

综上所述，标准解法与发明原理有着异曲同工之妙，二者具体的对应关系见表 6-11。

表 6-11　76 个标准解法与 40 项原则的关系

序号	原则	标准解法
1	分割原理	分裂物质
		物质 S_2 的分裂
		动态性
		系统转化 2：向微观级转化
2	抽取原理	
3	局部质量原理	选择性最大模式
		切断磁影响
		构造物质
		间接方法
4	增加不对称性原理	构造物质

序号	原则	标准解法
5	组合原理	内部合成物-场模型、外部合成物-场模型、与环境一起的外部物-场模型、与环境和添加物一起的物-场模型
		双、多系统的简化
6	多用性原理	
7	嵌套原理	
8	重量补偿原理	
9	预先反作用原理	
10	预先作用原理	
11	预先防范原理	选择最大模式
12	等势原理	
13	逆向思维原理	与环境一起的铁-场模型
14	曲面化原理	
15	动态特性原理	动态性
		动态性
16	不足或过度的作用原理	最小模式
		大量引入物质
17	多维化原理	
18	机械振动原理	匹配 F、S_1、S_2 的节奏
		在铁-场模型中匹配节奏
		应用样本的谐振
19	周期性作用原理	构造场
		在铁-场模型中匹配节奏
20	有效作用的连续性原理	匹配矛盾或预先独立的动作
21	减少有害作用的时间原理	
22	变害为利原理	引入改进的 S_1 或（和）S_2 来消除有害效应
23	反馈原理	自我控制的转化
		动态性
24	借助中介物原理	最大模式
		构造场
		合成铁-场模型
		内部合成物-场模型、外部合成物-场模型、与环境一起的外部物-场模型、与环境和添加物一起的物-场模型
		间接方法
		应用拷贝
25	自服务原理	自我控制的转化
		动态性
26	复制原理	应用拷贝
		间接方法

序号	原则	标准解法
27	廉价替代品原理	
28	机械系统替代原理	使用更易控制的场
		铁-场模型（合成铁-场模型）
		建立测量的物-场模型
		间接方法——利用场代替物质
29	气压和液压结构原理	磁性液体
		间接方法——利用"虚无"的物质
		大量引入物质
30	柔性壳体或薄膜原理	构造物质
31	多孔材料原理	使用毛细管和多孔物质
		构造物质
		在铁-场模型中应用毛细管结构
32	改变颜色原理	测量当作二次连续检验
		应用物理效应和现象
33	同质性原理	
34	抛弃或再生原理	物质的"自消失"
35	物理或化学参数改变原理	相变1：变换状态
		内部合成物-场模型、外部合成物-场模型、与环境一起的外部物-场模型、与环境和添加物一起的物-场模型
		流变学的液体
36	相变原理	相变
		应用自然现象和效用
		以系统的变化代替检验或测量
		应用物理效应和现象
37	热膨胀原理	以系统的变化代替检验或测量（通过热膨胀效应控制系统，不再测量温度）
		应用物理效应和现象（测量体积膨胀代替测量温度）
38	强氧化原理	根据实验的标准解法
		应用少量高活性添加物
39	惰性环境原理	外部合成物-场模型
		环境和添加物一起的物-场模型
40	复合材料原理	间接方法——利用"虚无"的物质

习题

一、思考题

1. 简述标准解法和一般解法的关系。
2. 76 种标准解法分为几级？每一级都侧重解决哪些问题？
3. 物-场分析与标准解法之间有什么关系？

4. 简述标准解法应用流程。

5. 什么是物-场分析法？构成物-场的三个基本元素是什么？

6. 什么情况下使用物-场分析法？什么是物-场的标准解？

二、案例分析

机械式立体车库可有效解决停车难等问题，在现有的传统式立体车库中，车库整体固定不动，存取车辆的载车台可相对车库框架升降横移运动，平衡机构保证载车台不倾翻，如图 6-108 所示。但是只有载车台移动的车辆存取效果不足，若通过提高载车台的运转速度来提高存取车辆效率，会增加车库运转的安全隐患。请结合标准解法的应用流程，提出你的创新方案。

图 6-108 立体车库

第七章

技术创新成果——专利的形成

学习目标

知识目标

1. 了解专利是技术创新成果的一种形式，了解专利挖掘的意义、原则、途径。

2. 掌握专利文件的撰写要求和步骤。

技能目标

1. 会进行专利文献检索，会设计并进行专利材料的写作。

2. 会运用已学知识进行专利信息分析和布局。

素质目标

1. 能够设计技术创新成果——专利。

2. 能掌握专利的战略与布局原则，懂得用专利成果保护智力成果。

本章内容要点

重点介绍授予专利的条件，专利申请文件的撰写，专利文献的利用，权利要求书的撰写，专利信息分析与应用。

第一节 专 利 概 述

随着全球经济的发展和社会的进步，专利是技术信息的一种有效载体，它能够切实反映技术的发展前景，进一步为国家科技和经济的发展做出贡献。在知识经济时代，专利作用日益凸显，拥有优质的专利资产不仅是国家科技发展的战略要求，更是企业生存的根本。

一、专利的基本概念

1. 专利的定义

专利是由国家知识产权局审核通过并授予专利所有权的对产品或技术进行改进的新方案。专利反映了相关科研成果的实用化和商业化的可行性，与经济发展紧密相关。专利是知识信息的重要载体之一，也是知识和技术创新的重要成果之一，拥有专利意味着拥有对专利的转让、继承、质押等权利。根据专利的性质，一个专利要包含一个或多个待解决的问题，提出并实现对这些问题的解决方案。

专利文献是包含已经申请或被确认为发现、发明、实用新型和工业品外观设计的研究、设计、开发和试验成果的有关资料，以及保护发明人、专利所有人及工业品外观设计和实用新型注册证书持有人权利的有关资料的已出版或未出版的文件（或其摘要）的总称。专利内容主要有专利号、专利类别、专利题目、专利摘要、专利详细描述、专利声明、专利引用等。其中专利号是专利的唯一标识，专利类别表明专利所属的研究领域或者应用领域的类别标记，专利题目对专利产品或者技术进行精简表述，专利摘要简单地概述专利内容，专利详细描述具体介绍本专利设计背景、专利附图的详细说明、本专利发明的应用、影响等。专利声明主要是涉及专利独特的设计以及知识产权保护效用的重要依据。

2. 专利特征

（1）内容新颖信息公开　专利法规定最新申请的专利中提到的技术解决方案和最新发明创造，没有在国内外公开发表和使用。全世界百分之九十以上的发明创造成果首先出现在专利文献中。随着信息共享的普遍，一些国家采用专利公开制，在专利自成功申请之日起，18个月后就免费公布于众，这使得新专利知识能快速传播到世界各地。

（2）专利内容详细、可行性高　专利文献从申请到最后授权要经过专利局的严格审批，从而保证专利文献中的内容真实可行。因此专利文献中的技术方案等内容比一般的文献更具有可行性。

（3）格式规范统一　专利文献的格式规范统一，结构相对标准，遵循国际通用专利文献分类标准，这极大方便了大众对专利文献的检索和阅读，促进了信息的传播和利用。

（4）专利文献数据量大，涉及的领域范围广，内容重复量多　专利是记录创新的媒介，其数量在不断增多，专利文献中的内容几乎包含了人类生产活动的所有领域，并且还可以通过分析最新专利技术而预测将来的发展趋势，也是因为专利文献的数量大，包含的内容广泛，在相同领域的专利文献中某些基础内容会存在大量重复。

3. 专利文献分类法

（1）专利分类法的发展　世界各国的专利逐年增加，专利如何依据所涉及的各个技术领域分类管理极其重要。在早期，一些国家地区都有自己独有的专利分类法。由于每个国家分类的指导思想不统一，导致分类方法也不一样，使得某个国家在利用其他国家的专利文献时因为分类不一样而带来了许多困难，世界各国就需要一个行之有效的国际专利分类的标准。

1954年欧洲的一些国家签订了《关于发明专利国际分类法欧洲协定》。1967年，保护知识产权联合国国际事务局（世界知识产权组织的前身）接受了欧洲的建议，将《关于发明专利国际分类法欧洲协定》设定为国际专利分类法，次年开始生效。1971年，在上述协定的基础上，《巴黎公约》在法国斯特拉斯堡通过了《国际专利分类斯特拉斯堡协定》（以下简称IPC协定）。根据规定《巴黎公约》的成员国之间都使用统一的IPC协定专利分类法。

（2）IPC相关规则　IPC协定中所规定的IPC分类法主要的分类对象包括发明专利申请书、发明证书说明书、实用证书说明书以及实用新型说明书等在内的所有专利文献。

IPC分类体系采用的是由高到低依次排序的等级结构，其中国际专利分类表包括了与发明创造相关的所有技术领域，将不同的技术领域高度概括为八个部分：生活需要；作业、运输；化学、冶金；纺织、造纸；固定建筑物；机械工程、照明、加热和爆破；物理；电学。每一个部分按照不同的技术领域分为多个大类，每个大类包括一个或多个小类，每个小类又包括多个小组或者大组。专利分类中一个完整的分类号是由代表部、大类、小类、大组或小组的符号构成的，其中用圆点来代表等级比当前高一级的类名。

二、专利挖掘

1. 专利挖掘的定义

所谓专利挖掘，其实就是指在产品技术研发中，对所取得的技术成果从技术和法律层面进行剖析、整理、拆分和筛选，从而进一步确定申请专利的技术创新点和技术方案。专利挖掘是一种赋予技巧的创造性活动，其目的是使科研成果得到充分保护，从而使科研过程中付出的创造性劳动得以回报。要有效地实现专利挖掘，往往需要遵循一定的挖掘思路和有效的分析方法，最终做到技术成果向专利申请素材的全面转化，并通过合理推测，得出更多的专利申请素材，也为未来的科研方向提供思路。

2. 专利挖掘的意义

专利挖掘作为一种对专利进行保护和深度研究的技术手段，在当今这个科技和经济高速发展的时代具有其存在的重要意义和价值。

① 通过专利挖掘，可以更加准确地抓住企业技术创新成果的主要发明点，对专利申请文件中的权利要求及其组合进行精巧设计，既确保相关专利权利保护的范围尽可能大，又确保权利要求的法律稳定性，提升了专利申请的综合质量。

② 通过专利挖掘，对技术创新成果进行全面、充分、有效的保护，全面梳理并掌握可能具有专利申请价值的各主要技术点及其外围的关联技术，避免出现专利保护的漏洞。

③ 通过专利挖掘，站在专利整体布局的高度，利用核心专利和外围专利相互结合进行组合、卡位，形成严密的专利网，一方面培育巩固企业自身的核心竞争力，另一方面与竞争对手形成有效对抗甚至在相关技术要点上构成反制。

④ 通过专利挖掘，尽早发现竞争对手有威胁的重要专利，便于企业进行规避设计以规避专利风险。简言之，对于企业而言，做好专利挖掘，有利于实现法律权利和商业收益最大化、专利侵权风险最小化的目标。

⑤ 专利挖掘的思路可以对技术研发起到十分重要的指导作用，分析出的所有可能具有专利申请价值的技术点，都可以是进一步研发的方向。

专利挖掘的目的可分为成果保护型和包围拦截型。成果保护型是指将技术创新成果申请专利以进行法律化、权力化，有效保护企业的技术研发成果不被他人抄袭复制；包围拦截型是指针对竞争对手的技术或产品路线进行研究，进而制订相应的专利挖掘规划和技术研发策略，提前设置外围专利，干扰和遏制竞争对手。

3. 专利挖掘的原则

专利挖掘看似是一项非常具体的操作性实务，但其实并非其外在呈现的表象那样简单，有着非常丰富的专业内涵。因专利挖掘为大数据检索，而在后端的数据与情报分析则更加强调应用，所以在不同的场景下有着不同的应用方式。

一方面，要做好专利挖掘，需要从全局宏观的视野来进行观察并准确选取切入点和重点。要从产业链的整体结构上寻找并发现具有较高重要度的技术节点。要从对技术发明点本身的有效保护出发，梳理并准确把握需要进行专利保护的关键重点，并获得尽可能大的保护范围。要从有效构建和完善强化专利组合的角度有针对性地进行专利挖掘。还要具有高度敏感的专利风险预警意识，对专利挖掘过程中发现的相关专利予以足够重视，识别发现专利风险并予以规避应对。

另一方面，要做好专利挖掘，需要将分散进行的具体操作规范化、专业化、流程化。为此，需要结合企业实践，将行之有效的做法逐步予以固化，不断完善并形成规范的标准操作流程。依靠专利挖掘的标准操作流程，促使每一项具体的专利挖掘操作都具有较高的质量和效率。

根据专利挖掘实践，一般而言，在实施专利挖掘的过程中，需要注意遵循并体现如下基本操作思想。

（1）从产业链和技术链的高度指导专利挖掘 专利挖掘的技术性、专业性很强，这一特点往往导致进行专利挖掘的人员可能会过多地关注技术细节甚至是仅仅关注技术细节。应当说，技术细节对于专利挖掘十分重要，是有效进行专利挖掘的基础，但技术细节本身容易令人"只见树不见林"。只有从技术创新项目所属产业、所属技术领域进行相对宏观的整体观察，才有可能明显提升专利挖掘整体层次，既考虑到技术创新点本身，又考虑到技术创新点在产业链、技术链上的地位、作用和价值，真正做到"又见树又见林"。

因此，在实施推进专利挖掘时，不要受限于企业在行业中的地位，而要跳出"只缘身在此山中"的困惑，要突破"身在大山一隅"的局限，站在整个产业链、技术链的高度，俯瞰产业和技术的上下游，方能真正"识取庐山真面目"，准确把握住专利挖掘的关键、要点和重点。

对于革命性的产品或者重大技术创新突破，更应该如此。不仅要保护产品构造，还应当延伸到其关键零部件、制备方法或制造工艺，乃至其使用方法、用途等。

美国高通公司对于 CDMA 技术的 1400 余件专利保护，以及苹果公司对于 iPhone 手机完美的专利和商标保护，都是经典的成功案例。苹果公司在推出 iPhone 之前，对于其在触控技术、UI 界面、手机操控、移动应用商店、应用图标、产品外观等方面的创新，针对零部件生产商、手机生产商、移动互联网服务商等上下游厂商，从商标、专利、版权、工业设计等各个方面，进行了严整绵密的知识产权保护设计，堪称完美运用知识产权保护市场获得巨大成功的典范。

（2）从现有技术对比出发，聚焦差异和贡献进行专利挖掘 但凡专利技术，往往离不开现有技术；但凡技术进步，总是站在前人建立的现有技术基础之上。即便是开拓性的重大发明也不例外。因此，进行专利挖掘时不能脱离现有技术。

对于某一特定技术点的具体技术方案，需要对相关问题进行分析并及时作出判断。比如，是否符合专利的新颖性、创造性要求，其真正的发明点在何处，可以进行专利保护的范围有多大，这些问题的解决，根本在于该技术创新相对于现有技术所取得的技术进步和技术贡献。

可见，在专利挖掘过程中，一定要立足于现有技术，找出创新的技术方案与现有技术的差异，并聚焦此差异，确定技术创新方案对于现有技术的真正贡献。唯有如此，才能使未来所申请的专利不仅具有坚实牢固的较强的法律稳定性，而且因其通过专利挖掘非必要技术特征从独立权利要求中剥离，有可能获得与其技术贡献相匹配的最优权利保护范围。

值得注意的是，在确定创新技术方案相对于现有技术的差异和贡献时，要建立在充分检索、尽量收集和获取相关现有技术资料的基础上进行，而不能仅仅凭借技术人员的感觉得出结论。

（3）从培育完善专利组合的角度进行专利挖掘 专利挖掘并不仅是对散落整体技术解决方案之中具有实质性技术贡献的孤立技术点的挖掘，更重要的是通过全面充分的挖掘，培育建立起相互支持、相互补充的专利组合。

在专利挖掘过程中，对于挖掘确定对应申请专利的技术创新点，应当区分主次层级。要分清楚哪些技术创新点是核心技术，哪些技术创新点是基础性技术，哪些技术创新点是外围技术，进而确定每一件专利的作用及其重要性，分清核心专利、基础专利和外围专利，以便在后续的专利维护和管理中制订不同策略进行有效管理，甚至作为重要的专利资产进行管理。

上述区分必须建立明确的区分标准和原则，条件允许时应尽可能形成管理流程。对于基础专利，要求必须是确定的核心技术点，必须是框架性的或者是最佳方案。其中，何为"核心"，其判断标准因企业的不同而不同；何为"最佳"，亦随其评判的价值取向不同而不同，可以是技术效果最好，也可以是生产成本最低。对于这些标准和原则，都应当一一明确并定义。对于外围专利，要求根据基础专利从纵向和横向两个维度进行全面综合的技术点梳理，以进行全方位的保护。外围专利的主题，可以是紧扣技术问题的解决，也可以是可替代技术方案的扩展，还可以是核心专利中相关技术特征的改进。归纳起来，外围专利的作用在于避免因公开核心专利而为竞争对手提供启发并寻找出其他技术的替代方案或改进方案，不仅没有有效保护企业的技术创新成果，反而受制于人，得不偿失。需要特别指出的是，上述区分工作必须始于专利的挖掘创造过程（尤其是对于专利量庞大的企业），才能够为后续的专利运用、管理和保护等环节提供基础依据。

（4）从尽早识别专利风险的角度进行专利挖掘　如前所述，在专利挖掘的过程中，需要对与企业技术创新成果相关的现有技术，尤其是专利进行大量阅读和对比分析。在阅读相关专利文献时，势必会发现与企业技术创新项目中有关技术点、技术构思相似甚至相同的专利。如果这些专利仍然处于授权有效状态或在审核未结束的状态，企业相关技术创新项目未来推向市场的产品就极有可能面临专利风险；如果可能构成专利侵权的专利为企业竞争对手所拥有，则这一专利风险发生的可能性就将进一步加剧。因此，从识别排查专利风险的角度来看，在专利挖掘的过程中进行专利风险的识别排查仅仅只是实施时机略晚于技术研发项目立项时的专利检索，但其全面性、深入性、准确性却远远高于后者。就特定技术点而言，因其技术方案内容的具体性，此时对专利风险的识别排查甚至可能是最早的，也是更为有效的。

在专利挖掘过程中注重专利风险的早期识别，非常重要的好处是，申请者可以及早调整技术方案、改变技术方向或者采取替代技术手段，既能减少技术研发的成本，又节省技术研发的宝贵时间，还能对无法规避的专利风险及早采取措施，抓住一切可能的机遇窗口适时进行妥善应对。

除上述基本操作思想外，由于能够投入的资源总是相对有限的。因此，专利挖掘还要注意突出重点，首先保证重点研发项目和主要技术方向的专利挖掘，并基于现实的操作性适可而止。

4. 专利挖掘的途径

专利挖掘是一个非常需要技巧的过程，一般而言，专利挖掘的途径有以下两种：一是从项目任务出发，专利挖掘的重要研究途径便是从项目任务出发，找出完成任务的组成、分析各组成的技术要素，找出各技术要素的创新点，根据创新点总结技术方案；二是从某一创新点出发来进行专利挖掘，与第一种方式不同，该途径是从项目的某创新点出发，找出该创新点的关联因素，找出各关联因素其他创新点，根据其他创新点总结技术方案。

若按照以上两种途径完成挖掘，则会形成若干个大相径庭的技术方案，在这些技术方案中，专利授权要求是最基本的特征，由此便能够产生大量的专利申请素材，专利部门可以依据以上两种方法的钻研所得出的结论，并在此基础上分析筛选，从而确定专利申请的主题。从整体上讲，两个挖掘途径的出发点不同，因此使用者可以根据不同的出发点选择使用。两者可以单独使用，也可以有取舍地联合使用。

（1）从项目任务出发　该途径是从一个整体项目的任务出发，按以下次序进行（见图 7-1）：找出完成任务的组成部分→分析各组成部分的技术要素→找出各技术要素的创新点→根据创新点总结技术方案。

（2）从某一创新点出发 该途径是从某一个创新点出发，按以下次序进行（见图7-2）：找出该创新点的关联因素→找出各关联因素的其他创新点→根据其他创新点总结技术方案。

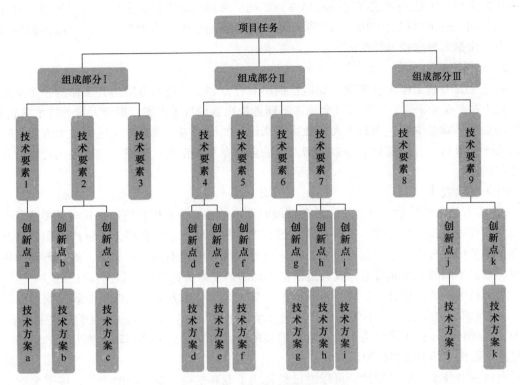

图7-1 专利挖掘过程（从项目任务出发）

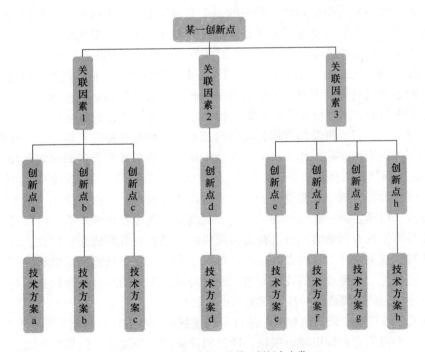

图7-2 专利挖掘过程（从某一创新点出发）

挖掘完成后会形成若干个技术方案，这些技术方案中多数是符合专利授权要求的，由此就产生了大量的专利申请素材，企业专利管理部门可以方便地在此基础上分析筛选，确定专利申请的主题。上述两种挖掘途径的出发点不同，可以根据不同的出发点选择使用。两者可以单独使用，也可以联合使用，即在采用第一种途径挖掘到许多创新点后，再以各创新点作为起点，用第二种途径继续挖掘更多的创新点。

5. 专利挖掘的方法

对于企业专利工作人员来说，如何挖掘出具有专利性的技术方案是其工作的一个重点内容。对于有些企业来说，研发人员会源源不断地提出各种技术方案，提交大量的技术交底书，这样的企业毕竟是少数，而对于大多数企业来说，如何收集到具有专利性的技术方案是一件令人头疼的事情，特别是对于很多刚刚入行的企业专利工作人员来说。这里提出几种方式供参考与讨论。

（1）主动方式

① 专有技术统计法。对研发人员在该段时期内的专有技术进行统计，其实很多情况把它当作专门任务来做，也是便于了解在研发过程中所积累的技术信息和无形资产的积累情况。专有技术的统计方式可以根据自己的需求来进行，例如根据不同的产品线，根据不同的项目小组，根据不同的研发部门等，或者是根据不同的研发人员都可以，根据实际情况决定。

专有技术的统计信息至少应当包括研发人员、大致技术方案（类似于专利发明名称等内容）。这个阶段的统计信息不强求能获取到直接转化为专利申请文件的类似于交底书的信息，因为这个统计阶段的工作是为了通过掌握最多的技术方案信息来达到转化为专利的目的，这也是为什么内容不宜过多的原因。

完成专有技术的信息统计，可以说已经完成了专利挖掘至少一半的工作，接下来就是如何从这些专有技术统计信息中筛选出可转化为专利的文件。如何筛选，必要的检索分析当然必不可少，但是更为重要的是如何与相关的每个专有技术信息的研发人员当面沟通，这里就可以理解为什么需要专利人员至少要懂这个行业的专业知识。经过沟通，可以了解到尽可能详细的技术方案，也能经过沟通指导研发人员如何去撰写技术交底书。

② 研发项目跟踪法。这种方式需要专利人员全程跟踪研发项目的进度，全程参与到研发的过程中，熟悉研发的每个流程，了解研发中的技术方案、碰到的各种问题及解决方法。这种方式对专利人员的技术理解能力要求就相对比专有技术统计法要高很多。

通常情况下，部门的研发都有较为完整的流程，特别是这种已经将专利工作提到日程上的机构更不例外，所以专利工作人员需要在这个研发流程中找到合适的时间点加到研发流程中去，将专利工作与其结合起来。一般来说，会有如下几个阶段：预研阶段（专利信息提供）、立项阶段（侵权预警分析、规避设计）、研发阶段（专利科技情报提供）、研发结束（再做一次侵权分析，以确定第一次分析到结束这段时间里有新专利出现）等。可以看到，在以上四个阶段都是可挖掘专利的时间点。在情报提供时，是否具有形成新立项改进的技术方案；在规避设计时，规避设计本身的方案是否具有可专利性；在专利情报提供解决研发困难时，是否做了一些改进，这种改进的技术方案，或者与其他方案的结合是否具有可专利性；结束阶段的再一次分析，是否需要新的技术方案的可专利性。

以上是关于跟进整个研发流程时，进行专利挖掘的一些方法。除此之外，还有一种方式，就是专利人员本身的专业知识能力很强，通过阅读研发中的文档，例如原理图、设计书等等研发资料，从中寻找可专利性的技术方案或者对某些技术方案直接改进进行申请，当然，这种方式本身是违背了申请专利的目的的，也不能完全达到保护技术的目的。

③ 情报信息提供法。企业专利工作，很重要的一点是能为研发提供有价值的参考文献，并且通过阅读他人专利文献达到启发的目的。在提供信息的同时，对专利信息进行不同程度的分析给研发人员的参考价值也是不同的，所以加强专利人员自身专业知识积累是相当重要的。

④ 个别讨论法。这种方式是告诉大家，在平时工作中，加强与研发人员的沟通交流。与研发人员的沟通交流可以加强我们的专业知识，也可以了解研发的动向与部分技术方案，可以让我们更好地融入研发中去。如何融入研发当中，是企业专利人员应当必备的一项能力。以上各种方式，无论哪种挖掘方式，其实最终还是需要专利人员与研发人员去面对面地交流与沟通，只有这样才能充分地挖掘出完整的技术方案。

（2）被动方式 很多情况下，在一些知识产权工作比较薄弱的企业或机构中，专利工作并不是那么容易开展，所以在主动方式之外，还必须有一些客观的因素加到企业专利工作中，以一种外在的方式促进专利工作。这也是专利挖掘的一种方式，但是可以说是一种比较低端的方式。这种方式出来的专利申请往往质量较差，可能创造性程度较低，所以对于这种情况下的专利申请，需要专利人员很好地把控其技术方案的可专利性。

① 领导导向法。专利工作必须得到公司领导层的认可才能有效开展，以领导为导向，将专利工作指标压给研发人员，促使研发人员在研发过程中主动提出专利申请。

② 指标考核法。本方法实质是领导导向法的一个具体实施方式，通过将专利工作任务作为研发人员的绩效，也可以达到专利挖掘的目的。考核可以具体到某个研发人员或者研发项目小组、研发小部门等，可以联系本企业实际的情况采用相应的方式。

③ 奖励激励法。这种方式是大多数企业在实施过程中都会使用的一种方法，这种方式能很好地促进研发人员对于专利工作的积极性，同时也符合专利法对职务发明的奖励要求。

第二节 专利材料写作

一项能够取得专利权的发明创造需要具备多方面的条件。首先是具备专利性条件，即新颖性、创造性和实用性。其次还要符合专利法规定的形式要求以及履行各种手续。不具备规定条件的申请，不但不可能获得专利权，还会造成申请人及专利局双方时间、精力和财力的极大浪费。所以，为了减少申请专利的盲目性，在提出专利申请以前，应做好以下几个方面的准备工作。

一是熟悉专利法和实施细则，详细了解什么是专利，谁有权申请并取得专利权，怎样申请专利并能尽快获得专利权。同时，还应该了解专利的权利和义务，取得专利后如何维持和实施专利等。

二是对准备申请专利的项目进行专利性调查。在作出是否提出专利申请以前，申请人至少检索一下专利文献，充分了解现有技术的情况，对明显没有新颖性或创造性的，就没有必要提出申请，以免造成时间、精力和财力的浪费。

三是对准备申请专利的项目进行市场前景和经济收益的分析和调查。申请专利和维持专利权有效都要缴纳规定的费用，如果委托专利代理机构还要花费一笔代理费，对申请人特别是个人申请来说，也是一笔不小的开支。所以申请人应对自己的发明创造的技术开发的可能性、范围及技术市场和商品市场的条件进行认真的调研和预测，以便明确申请专利并获得专利权后实施和转让专利的条件及可能获得的收益，明确不申请专利可能带来的市场和经济损失。这些都是申请人作出是否值得申请专利，申请哪一种专利，选择什么申请时机时应当考虑的重要因素。

四是了解专利文件的书写格式和撰写要求，专利申请的提交方式、费用情况和简要的审批过程。专利法规定，专利申请文件一旦提交以后，其修改不得超出原说明书和权利要求书记载的范围。所以申请文件特别是说明书写得不好，将成为无法补救的缺陷，甚至导致很好的发明内容却得不到专利。权利要求书写得不好，常常会限制专利权的保护范围。不了解费用情况或缴费的期限以及不了解申请手续或审批程序，也往往导致专利申请被视为撤回等法律后果。撰写申请文件有很多技巧，一般没有经过专门培训的发明人或申请人是很难写好的，办理各种申请手续也是十分细致、要求很严格的工作。因此，申请人没有足够的把握，最好委托专利代理机构办理专利申请手续，其成功率要比申请人自己办理高得多。

一、填写专利申请系列文档

1. 申请外观专利

（1）基本资料

① 申请人的姓名或名称（全称）、地址、邮编；

② 申请人的营业执照、组织机构代码证或个人身份证复印件；

③ 发明人（自然人）的姓名、地址、邮编；

④ 办理该发明专利申请的联系人的电话、传真、联系地址。

（2）办理委托手续（单位盖公章或自然人签名）

（3）提供该外观设计图片或照片（最好用数码相机拍摄）　图片或照片是指该外观设计产品的六面正投影视图（即前视图、后视图、左视图、右视图、俯视图、仰视图）和立体图。如果视图上无设计要点，可以省略；如果视图是对称的，可以省略一幅视图。上述图片或照片中的视图尺寸比例要一致，图片或照片的尺寸大小应当在 3cm×8cm 与 15cm×22cm 之间。图片或照片的背景应是单色，该背景不得有与本外观设计无关的其他物品或图案。同时照片必须没有强光与阴影等影响图像效果的因素。要求保护色彩的外观设计，要同时提交彩色和黑白图片或照片各一份。

2. 申请实用新型专利

（1）基本资料

① 申请人的姓名或名称（全称）、地址、邮编；

② 申请人的营业执照、组织机构代码证或个人身份证复印件；

③ 发明人（自然人）的姓名、地址、邮编；

④ 办理该发明专利申请的联系人的电话、传真、联系地址。

（2）办理委托手续（合同由代理机构提供）

（3）提交技术交底书　该技术交底书可按下述八个部分撰写：实用新型（产品）的名称、实用新型所属的技术领域、相关背景技术（写明背景技术存在的缺陷）、实用新型的目的或者所要解决的技术问题、本实用新型所采用技术方案的要点、实用新型达到的有益效果（对照背景技术）、附图及附图说明（必须有）、实用新型采用的具体实施方案（尽可能详细）。

说明书附图是指用图形补充说明书文字部分的描述，使人能够直观、形象地理解发明的每个技术特征和整体技术方案。

3. 申请发明专利

（1）基本资料

① 申请人的姓名或名称（全称）、地址、邮编；

② 申请人的营业执照、组织机构代码证或个人身份证复印件；

③ 发明人（自然人）的姓名、地址、邮编；

④ 办理该发明专利申请的联系人的电话、传真、联系地址。

（2）办理委托手续（单位盖公章或自然人签名）

（3）提交技术交底书　格式如下：

① 发明名称。简单而明了地反映该发明的技术内容是产品、装置还是方法（一般限定在25个字以内）。

② 所属技术领域。简要说明所属技术领域，如：本发明属于温度自动控制装置，本发明涉及××材料的热处理方法等。

③ 现有技术（背景技术）。对最接近发明的同类现有技术状况加以分析说明，必要时借助附图加以说明，具体内容包括构造、各部件间的位置和连接关系或条件、工艺过程等，实事求是地指出现有技术的问题，尽可能分析存在的原因。

④ 发明内容。

a. 发明目的（实事求是地指出本发明所要解决的技术问题）。

b. 技术解决方案。要清楚、完整、准确地加以描述，特别是要把区别于现有技术的发明点尽可能地描述清楚，并不仅限于发明的基本原理，以本领域内的普通技术人员能实施为准，并且在描述技术解决方案的每项技术手段（包括每项结构的位置和连接关系）时，相应地说明其在本发明中所起的作用。如果仅以文字说明较难描述清楚，请以附图说明。发明点的替代技术方案或可替代的技术要件、方法步骤等，如果有，也要尽量提出，以形成从属权利要求。附：如果出现英文缩写或具有特殊意义的代号，请具体说明其含义及业界通用中文名称。

c. 技术效果。与本发明要解决的技术问题、技术方案相对应，将本发明所能达到的效果（包括社会的、经济的、技术的效果，最好有具体数据）具体地、实事求是地进行描述，科学分析和试验结果是最有说服力的证据。

⑤ 附图及附图的简单说明。要提供描述本发明必要的附图（即结构示意图，而不是工程图），该附图能清楚地体现发明点之所在，为此可采用多种绘图方式。对元部件或结构统一编号并命名，必要时也要提供有关现有技术附图。

⑥ 具体实施方式。列举实现发明的实施例（发明构思的具体体现），举一具体的本发明的实现事例从而将本发明的发明内容部分体现出来，包括各电气元件及其之间的电性连接关系，如果是方法请具体说明每一部分的具体方法，包括静态关系、动态关系及作用效果。附：如果出现英文缩写或具有特殊意义的代号，请具体说明其含义及业界通用中文名称。

二、专利申请书撰写

1. 权利要求书

（1）权利要求书的一般要求

① 权利要求书的文字书写、纸张要求与说明书相同，也应当使用专利局的统一表格。

② 权利要求书是一个独立文件，应当与说明书分开书写，单独编页。

③ 权利要求书中使用的技术名词、术语应与说明书中一致。权利要求书中可以有化学式、数学式，但不能有插图。除绝对必要，不得引用说明书和附图，即不得用"如说明书所述的……"或"如图三所示的……"方式撰写权利要求。为了表达清楚，权利要求书可以引用设备部件名称和附图标记。

④ 权利要求应当说明发明和技术特征，清楚、简要地表达请求保护的范围。

（2）权利要求书的写法

① 一项权利要求要用一句话表达，中间可以有逗号、顿号、分号，但不能有句号，以强调其意思的不可分割的单一性和独立性。

② 权利要求起始端不用书写发明名称，可以直接书写第一项独立权利要求，它的从属权利要求从序号 2 往下顺序排列。

③ 独立权利要求一般分两部分：前序部分、特征部分。

前序部分：写明发明要求保护的主题名称和该项发明与最接近现有技术共有的必要技术特征。

特征部分：写明发明或实用新型区别于现有技术的技术特征，这是权利要求的核心内容，这部分应紧接前序部分，用"其特征是……"或者"其特征在于……"等类似用语与上文连接。独立权利要求的前序部分和特征部分应当包含发明的全部必要技术特征，共同构成一个完整的技术解决方案，同时限定发明或实用新型的保护范围。

④ 从属权利要求也应分为两部分：引用部分、限定部分。

引用部分：写明被引用的权利要求的编号及发明或实用新型主题名称，例如"权利要求 1 所述的间隙式胶合剂喷涂装置……"。

限定部分：写明发明或实用新型附加的技术特征。它们是对独立权利要求的补充，以及对引用部分的技术特征的进一步限定。也应当以"其特征是……"或者"其特征在于……"等类似用语连接上文。

⑤ 权利要求书应当以说明书为依据，其中的权利要求书应当受说明书的支持，其提出的保护范围应当与说明书中公开的内容相适应。

2. 摘要说明书

摘要是发明或实用新型说明书内容的简要概括。编写和公布摘要的主要目的是方便公众对专利文献进行检索，方便专业人员及时了解本行业的技术概况。摘要本身不具有法律效力，撰写说明书摘要的要求如下：

① 摘要应当写明发明的名称、所属技术领域、要解决的技术问题、主要技术特征和用途，不得有商业性宣传用语和过多的对发明创造优点的描述。

② 摘要中可以包含最能说明发明创造技术特征的数学式和化学式。发明创造有附图的，应当指定并提交一幅最能说明发明创造技术特征的图，作为摘要附图，应当画在专门的摘要附图表格上。

③ 除非经审查员同意，摘要的文字部分一般不得超过 300 个字，摘要附图的大小和清晰度，应当保证在该图缩小时，仍能清楚分辨出图中的细节。

3. 专利说明书

（1）说明书的一般要求

① 应清楚、工整地写明发明的内容，使所属技术领域的普通专业人员能够根据此实际内容实施发明创造，说明书中不能隐瞒任何实质性的技术要求。

② 说明书中各部分内容，一般以单独段落进行阐述为好。

③ 说明书中要保持用词的一致性。要使用该技术领域通用的名词和术语，不要使用行话，但是其以特定意义作为定义使用时，不在此限。

④ 使用国家计量部门规定的国际通用计量单位。

⑤ 说明书中可以有化学式、数学式。说明书附图，应附在说明书之后。

⑥ 在说明书的题目和正文中，不能使用商业性宣传用语，例如"最新式的……""世界名牌"，也不允许使用以地点、人名命名的词汇，如"孝感麻糖""陆氏工具"等商标、产品广告、服务标志也不允许出现在说明书中。说明书中不允许有对他人或他人的发明创造加以诽谤或有意贬低的内容。

⑦ 涉及外文技术文献或无统一译名的技术名词时，要在译文后注明原文。

（2）说明书的结构和内容　专利法实施细则第 18 条规定了说明书 8 个部分的内容和行文顺序，除发明名称外，一般情况下，各部分应当至少使用一个自然段，但不用加序号和列标题。

① 发明或实用新型专利名称的要求。名称应当与请求书中名称一致，简洁、明确表达发明或实用新型的主题。名称应表明或反映发明是产品还是方法，例如"高光催化活性二氧化钛的制备方法"，名称还应尽量反映出发明对象的用途或应用领域。

不能使用与发明创造技术无关的词来命名，字数控制在 25 个以内。名称应写在说明书首页的顶部居中位置，下空一行写说明书正文。

② 所属技术领域。所属技术领域是正文的第一自然段落，一般用一句话说明该发明或实用新型所属的技术领域，或所应用的技术领域。值得注意的是，这里所指技术领域是特定的技术领域，如半导体制造、碳氢化合物，而不是物理化学等广义的技术领域，所属技术领域的书写可采用"本发明涉及一种……"的形式。

③ 现有技术和背景技术。申请人在这一部分应写明就其所知，对发明或实用新型的理解、检索，审查有参考作用的现有技术，并且引证反映这些背景技术的文件。引证的如果是专利文件，应注明授权国家、公布或公告的日期、专利号及名称；如果是书刊类的现有技术，应写明该书籍或期刊的名称、著者、出版者、出版年月及被引用的章节和页码。这些现有技术中应包括相近和最接近的已有技术方案，即与申请专利的技术方案的用途相同，技术实质和使用效果接近的已有技术方案。这里特别应当突出最相近的技术方案，详细分析它的技术特征，客观指出存在的问题或不足，可能时说明这些问题或不足的原因。在这一部分也可写本技术的历史背景和现状。

④ 发明的目的。在这一部分要针对现有技术的缺陷，说明该发明要解决的技术课题。语言应尽可能简洁，不能用广告式宣传语言，也不能采用言过其实的语言。所提出的目的应是所提出的技术方案实际上能达到的直接结果，而不是发明人的主观愿望。一般采用"本发明的目的在于避免（克服论述……中的不足而提供一种……产品）"的描述形式。

⑤ 技术方案。这一部分应清楚、简明地写出发明或实用新型的技术方案，使所属技术领域的普通技术人员能够理解该技术方案，并能够利用该技术方案解决所提出的技术课题，达到发明或实用新型的目的。写法可采用"本发明的目的是通过如下措施来达到……"语句开始，紧接着用与独立权利要求相一致的措辞，将发明的全部必要技术特征写出。然后。用诸个自然段，采用不肯定的语气记载与诸从属权利要求附加特征相一致的技术特征。在发明简单的情况下，后一部分可不写，而在实施例或图面说明中进行说明，但与独立权利要求一一对应的一段是必要的。

⑥ 与现有技术相比具有的优点、特点或积极效果。这一部分应清楚而有根据地说明发明与现有技术相比，所具有的优点和积极效果，说明现有技术的缺陷、不足或存在的主要弊端。可以从方法或产品的性能、成本、效率、使用寿命以及安全可靠等诸方面进行比较。评价时

应当客观公正，不能以贬低现有技术来抬高自己的发明。

⑦ 对附图的说明。如果必须用图来帮助说明发明创造技术内容时，应有附图并对每一幅图作介绍性说明，首先简要说明附图的编号和名称，例如："图 1 是本发明的俯视图，图 2 是本发明 A—A 剖视图"，接着可以在此逐一说明附图中的每个标注的符号，或结合附图对发明的技术特征进行进一步阐述。

⑧ 实施例。这一部分应详细描述申请人认为实施发明的最好方式，并将其作为一个典型实例，列出与发明要点相关的参数与条件。必要时，可以列举多个典型实例，有附图的应对照附图加以说明，关键要支持权利要求，而且要详细具体。

（3）说明书撰写中常见的错误

① 没有按要求的 8 个部分来撰写。有人用写论文的方法撰写说明书，论文一般以理论为主，以实验装置和产品为辅，重点说明一种理论的成立，而专利说明书是以具体的技术方案为主，理论说明可有可无。

② 没有充分公开。说明书对发明创造进行充分公开，是为了说明申请的内容具有新颖性、创造性和实用性。专利局可以根据说明书给出的内容决定是否授予专利权。因此，说明书公开的内容应当给权利要求以支持，否则，就不会授予专利权。有些说明书通常说明产品和方法的功能，对实质性技术内容，如产品的结构和方法步骤没有公开，这是不允许的，也是不能够获得专利权的。

③ 说明书内容不支持权利要求。权利要求书中使用的措辞和对特征的描述应与说明书完全一致，不使用广告性宣传用语，不可以贬低现有技术，无根据地夸大自己的发明。

（4）绘制说明书附图的一般要求　附图是用来补充说明说明书中的文字，是说明书的组成部分。发明说明书根据内容需要，可以有附图，也可以没有附图。实用新型说明书必须有附图。附图和说明书中对附图的说明要图文相符。文中提到附图，而实际上却没有提交或少交附图的，将可能影响申请。附图的形式可以是基本视图、斜视图，也可以是示意图或流程图。只要能完整准确地表达说明书的内容即可。附图不必画成详细的工程加工图或装配图，复杂的图表一般也作为附图处理。

有关附图的具体要求为：

图形线条要均匀清晰、适合复印要求；图形应当大体按各部分尺寸的比例绘制；几幅图可以画在一张图纸上，也可以一幅图连续画在几张图纸上；不论附图种类如何，都要连续编号，标明"图 1、图 2"等。

为了标明图中不同组成部分，可以用阿拉伯数字做出标记。附图中做出的标记应当和说明书中提到的一一对应。申请文件各部分中表示同一组成部分的标记应当一致。

除非经审查员同意，附图中只允许有例如水、汽、开关等简单文字，不应有其他注释，对附图图面的说明或解释应当放在说明书相应的段落中。

第三节　专利的申请及流程

一、专利申请流程

一项专利的成功申报需要经过专利申请、专利局受理、专利审查、专利授权等程序，专利授权后，则得到专利的保护。专利申请流程如图 7-3 所示。

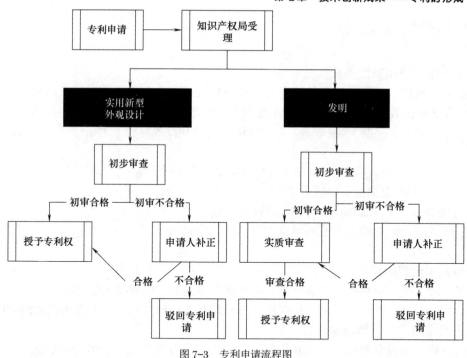

图 7-3　专利申请流程图

1. 专利申请

首先申请人应向国家知识产权局提交专利申请，在提交专利申请时应提交必要的申请文件，并按规定交纳相关的费用。同时专利申请可以采用书面形式或者电子形式。

2. 专利局受理

申请人提交了专利申请后，专利局确定专利申请日，授予申请号，并发出受理通知书。

3. 初步审查

专利局受理申请后，会对专利申请进行初步审查。在初步审查合格之后，自申请日起 18 个月内公布。

初步审查的结果有：

① 申请的专利如果是实用新型或者外观设计专利的，初步审查合格后，将授予专利权；初步审查不合格的，申请人应补正，如果补正合格的，将授予专利权，补正仍然不合格的，将驳回专利申请人的申请。

② 申请的专利是发明专利的，初步审查合格后，将进入实质审查；如果初步审查不合格，申请人应补正申请，补正合格也将进入实质审查，补正仍然不合格的将驳回申请。

4. 实质审查

发明专利初步审查合格的或者经过补正申请合格的，专利局将启动实质性的审查。实质审查主要是评价专利的新颖性、创造性、实用性等。

如果实质审查合格，专利局将对申请的发明专利授予专利权；如果不合格，申请人应相应地修改申请文件，合格的授予专利权，不合格的驳回专利申请。

5. 授予专利权

申请人在接到授予专利权通知书后，需要办理登记手续。申请人应当在规定的期限内缴纳专利登记费、年费和公告印刷费，同时还应当缴纳专利证书印花税。申请人在办理登记手续后，方可获得专利权证书。

二、专利费用减缓规定

1. 专利申请费用减缓条件

根据《专利收费减缴办法》的规定，专利申请人或者专利权人可以请求减缴下列专利收费：申请费（不包括公布印刷费、申请附加费）、发明专利申请实质审查费、年费（自授予专利权当年起六年内的年费）、复审费。专利申请人或专利权人符合下列条件之一的可以申请费用减缓：

① 上年度月均收入低于 3500 元（年收入 4.2 万元）的个人；

② 上年度企业应纳税所得额低于 30 万元的企业；

③ 事业单位、社会团体、非营利性科研机构。

两个或者两个以上的个人或者单位为共同专利申请人或者共有专利权人的，应当分别符合前款规定。

2. 专利申请费用减缴比例

专利申请人或者专利权人为单个个人或者单个单位的，减缴前述收费的 85%。两个或者两个以上的个人或者单位为共同专利申请人或者共有专利权人的，减缴前述收费的 70%。

3. 专利申请费用减缴证明材料

专利申请人或者专利权人请求费用减缴的，需根据专利申请人或者专利权人的类型，提供如下证明材料：

个人请求减缴专利收费的，应当在收费减缴请求书中如实填写本人上年度收入情况，同时提交所在单位出具的年度收入证明；无固定工作的，提交户籍所在地或者经常居住地县级民政部门或者乡镇人民政府（街道办事处）出具的关于其经济困难情况证明。

企业请求减缴专利收费的，应当在收费减缴请求书中如实填写经济困难情况，同时提交上年度企业所得税年度纳税申报表复印件。在汇算清缴期内，企业提交上年度企业所得税年度纳税申报表复印件。

事业单位、社会团体、非营利性科研机构请求减缴专利收费的，应当提交法人证明材料复印件。

4. 专利申请费用非减缴情形

① 未使用国家知识产权局制定的收费减缴请求书的；

② 收费减缴请求书未签字或者盖章的；

③ 不符合前述规定的可减缴费用的范围或者不符合前述的减缴条件的；

④ 收费减缴请求的个人或者单位未提供前述证明材料的；

⑤ 收费减缴请求书中的专利申请人或者专利权人的姓名或者名称，或者发明创造名称，与专利申请书或者专利登记簿中的相应内容不一致的。

5. 专利申请费用减缓办理方式

① 申请人或专利权人在专利费减备案系统中办理备案，经审批合格的，在一个自然年内申请专利或缴纳专利费用，可依照《专利收费减缴办法》的规定请求减缴相关费用，无须逐件提交证明材料。

② 自 2016 年 9 月 1 日（含）起，专利申请请求书和与中间文件配套使用的《费用减缓请求书》将进行适应性调整；申请人在提出专利申请时请求专利费减的，只需在专利申请请求书中勾选"☑ 请求费减且已完成费减资格备案"，并填写专利费减备案证件号；申请人或专利权人在申请日后请求费减的，则需提交《费用减缴请求书（申请日后提交适用）》，并

填写专利费减备案证件号。

6. 专利申请费用减缓更正、撤销和惩戒

专利收费减缴请求审批决定做出后，国家知识产权局发现该决定存在错误的，应予更正，并将更正决定及时通知专利申请人或者专利权人。

专利申请人或者专利权人在专利收费减缴请求时提供虚假情况或者虚假证明文件的，国家知识产权局应当在查实后撤销专利减缴收费决定，通知专利申请人或者专利权人在指定期限内补缴已经减缴的收费，并取消其自本年度起五年内收费减缴资格，期满未补缴或者补缴额不足的，按缴费不足依法做出相应处理。

专利代理机构或者专利代理人帮助、指使、引诱专利申请人或者专利权人实施上述行为的，依照有关规定进行惩戒。

三、专利答辩

"答辩"在专利的审查过程中，一般是指在发明专利的实质审查过程中，答复审查员提出的审查意见的过程。答复专利局的各种通知书应注意如下事项：

① 遵守答复期限，逾期答复和不答复后果是一样的。针对审查意见通知书指出的问题，分类逐条答复。答复可以针对审查意见办理补正或者对申请进行修改；不同意审查意见的，应陈述意见及理由。

② 属于形式或者手续方面的缺陷，一般可以通过补正消除缺陷；明显实质性缺陷一般难以通过补正或者修改消除，多数情况下只能就是否存在或属于明显实质性缺陷进行申辩和陈述意见。

③ 对发明或者实用新型专利申请的补正或者修改均不得超出原说明书和权利要求书记载的范围，对外观设计专利申请的修改不得超出原图片或者照片表示的范围。修改文件应当按照规定格式提交替换页。

④ 答复应当按照规定的格式提交文件，如提交补正书或意见陈述书。一般补正形式问题或手续方面的问题使用补正书，修改申请的实质内容使用意见陈述书，申请人不同意审查员意见，进行申辩时使用意见陈述书。

第四节　专利的布局与战略

一、专利布局战略概述

1. 专利布局的定义

广义的专利布局，是指对企业全部专利申请的数量、申请的领域、申请覆盖的区域和申请覆盖的年限等进行总体布局的行为。简言之，广义的专利布局考虑的是何时在何地就何种领域申请多少专利。

狭义的专利布局，是指对企业某一技术主题的专利申请进行系统筹划，以形成有效排列组合的精细布局行为。狭义的专利布局考虑的是就某一技术主题如何布置专利申请。这里所探讨的专利布局指狭义上的专利布局。

专利布局是一种有规划、有策略的专利挖掘和部署行为。通过专利布局工作可以克服企业专利申请的盲目性和零散性，由被动地为专利而专利申请转变成为企业的发展需求有目标、有规划地进行专利申请，并因此而提升专利申请资源的利用效率以及其专利群的整体价值，为企业发展提供切实有效的专利支撑。

专利布局的根本目标是通过在一些市场地域，围绕一定的产品和技术有目的地进行专利部署，为企业的市场竞争服务，维护、巩固和提升企业市场竞争地位。

为了实现该目标，专利布局工作的重点是综合考虑多种因素制订专利布局规划，围绕企业的产品、技术和市场地域进行针对性地专利部署，获得合理的专利数量和分布结构，形成有价值的专利组合。这些因素包括：

① 企业内部因素。企业自身的产品和市场规划、经营模式、专利定位，已有的专利储备状况，以及所掌握的产业资源、研发力量、技术优势等。

② 外部外境因素。技术的演进趋势、行业的发展动态、市场的竞争环境，以及竞争对手的产品和市场规划、技术和专利等方面的竞争实力等。

其中，专利布局在数量规模上，要与企业自身所掌握的技术资源、市场份额相匹配，要与行业整体专利规模和竞争对手专利储备量保持一定的均衡性；在分布结构上，要突出企业的优势技术、重点产品和主要市场地域，并覆盖保护自身产品和对抗竞争对手所必需的专利部署点。

2. 专利布局的指导思想

只有以布局的思想指导专利工作的开展，将布局的意识深度融入专利战略中，才有可能将专利布局落实到具体的技术研发和专利挖掘工作中，实现专利布局的目标。其中，企业的专利布局工作可以遵循以下一些思想。

（1）以前瞻性的视野进行总体规划　"产品未动，专利先行"，企业的专利申请和部署是为了能够在未来的市场竞争中形成有利格局。专利布局效果的优劣，也是通过这些专利在未来的市场竞争中能否为企业的市场自由保驾护航，能否保证企业技术创新收益的获取来检验的。因此，企业在进行专利布局规划时要具有前瞻性，在专利部署上要瞄准未来市场中的技术控制力和竞争力。

企业的专利布局首先应该以企业自身的商业发展规划为基础，根据企业未来的市场定位进行专利规划，配合企业的技术、产品和市场的发展战略提供必要的专利支撑。在企业开始进行产品规划和市场规划的同时就要开始着手进行专利规划，在产品开始研发就要开始准备专利部署。如此，专利部署才能和公司的商业部署同步，为企业在市场中的行动自由保驾护航。

同时，企业还需要关注技术演进趋势、行业发展动态等外部因素，根据这些因素对未来的市场竞争环境作出预判，确立未来的技术热点、市场增长点、面临的威胁点，从占据技术控制优势和管控专利风险的角度双管齐下，确定专利挖掘的重点对象以及专利的组合形态，并以此指导专利申请文件的撰写工作，甚至为研发项目的规划提供方向性指引。

（2）以维护、巩固企业的技术优势为突破方向　在进行专利布局前，往往不得不面对的现实情况是，在该领域内已经积累了大量的专利或专利申请，这些专利或专利申请随时都有可能成为企业市场拓展的障碍和潜在风险。应对这些风险构建专利防御体系，企业需要考虑自身的技术优势，有重点地进行突围。

事实上，在市场竞争日益激烈的时代，一家企业很难在一类产品或某个技术领域的各个方向完全超越其他竞争者而占据绝对优势，企业尤其是众多跟随型企业在产品或技术上的竞争优势，往往需要通过其产品或技术上的一项或几项差异化的特性或功能体现。反映在专利上，也是如此。为此，企业围绕这些差异化的技术竞争优势来展开，通过点上的突破来推动企业整体专利竞争优势的提升。

紧密扣住企业的自身技术特色，挖掘具备差异化竞争优势的技术方案，围绕这些方案进行专利布局，巩固和强化企业在这些优势点上的控制力，力争在这些优势点上占据行业领先地位，甚至引导其他对手产品的发展，才有可能使自身的专利武器更具威胁性和攻击力。从而，企业将在专利竞争中变被动防御为攻防结合，摆脱他人的专利约束，增强与对手进行专利谈判和交叉许可的实力。进一步而言，企业可以通过一系列专利的部署将这些优势向相关领域进行持续渗透和扩展，借此在细分市场中获得持久的竞争力。

3. 专利布局的意义

合理的专利布局可以提高企业专利的整体价值，提升企业的市场竞争力，最大限度地发挥专利武器在企业竞争中的作用。具体而言，合理的专利布局至少具有以下作用：有利于正确引导研发方向，促进理性研发，提高研发成效；有利于理性专利申请，节省申请成本；有利于构建合理的专利保护网，避免零散和杂乱无章的专利申请情形的出现；有利于在保护自身的同时，削弱竞争者的优势，抑制竞争者的发展或者转移竞争者的视线。

二、专利布局的模式

常见的专利布局有路障式布局、城墙式布局、地毯式布局、围栏式布局和糖衣式布局五种模式。

1. 路障式布局

路障式布局是指将实现某一技术目标所必需的一种或几种技术解决方案申请专利，形成路障式专利的布局模式。这种布局模式的效果如图7-4所示。

路障式布局的优点是申请与维护成本较低，但缺点是给竞争者绕过己方所设置的障碍留下了一定的空间，竞争者有机会通过回避设计突破障碍，而且在己方专利

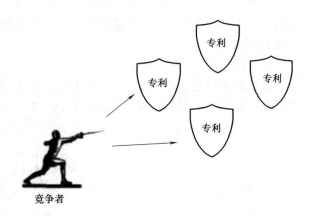

图7-4　路障式布局示意图

的启发下，竞争者研发成本较低。因此，只有当技术解决方案是实现某一技术主题目标所必需的，竞争者很难绕开它，回避设计必须投入大量的人力财力时，才适宜用这种模式。

采用这种模式进行布局的企业必须对某特定技术领域的创新状况有比较全面、准确的把握，特别是对竞争者的创新能力有较多的了解和认识。该模式较为适合技术领先型企业在阻击申请策略中采用。例如，高通公司布局了CDMA的基础专利，使得无论是WCDMA、TD-SCDMA，还是CDMA2000的3G通信标准，都无法绕开其基础专利这一路障型专利。再如，苹果公司针对手机及电脑触摸技术进行的专利布局，也给竞争者回避其设计设置了很大的障碍。

2. 城墙式布局

城墙式布局是指将实现某一技术目标之所有规避设计方案全部申请专利，形成城墙式系列专利的布局模式。这种布局模式的效果如图7-5所示。

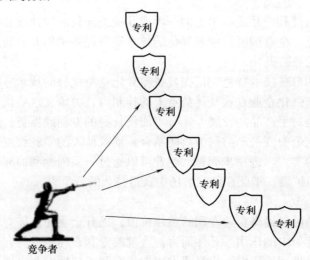

图 7-5　城墙式布局示意图

该模式可以抵御竞争者侵入自己的技术领地，不给竞争者进行规避设计和寻找替代方案的任何空间。

当围绕某一个技术主题有多种不同的技术解决方案，每种方案都能够达到类似的功能和效果时，就可以使用这种布局模式形成一道围墙，以防止竞争者有任何的缝隙可以用来回避。

例如，若用 A 方法能制造某产品，就必须考虑制造同一产品的 B 方法、C 方法等，具体的例子是，微生物发酵液中提取到某一活性物质，就必须考虑通过化学全合成、从天然物中提取以及半合成或结构修饰等途径得到该活性物质，然后将这几种途径的方法一一申请专利，这就是城墙式布局。

3. 地毯式布局

地毯式布局是指将实现某一技术目标之所有技术解决方案全部申请专利，形成地毯式专利网的布局模式。这种布局模式的效果如图 7-6 所示。

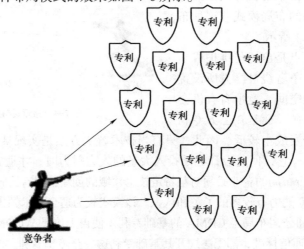

图 7-6　地毯式布局示意图

这是一种"宁可错置一千，不可漏过一件"的布局模式。采用这种布局，通过进行充分的专利挖掘，往往可以获得大量的专利，围绕某一技术主题形成牢固的专利网，因而能够有效地保护自己的技术，阻止竞争者进入。一旦竞争者进入，还可以通过专利诉讼等方式将其赶出自己的保护区。但是，这种布局模式的缺点是需要大量资金以及研发人力的配合，投入成本高，并且在缺乏系统的布局策略时容易演变成为专利而专利，容易出现专利泛滥却无法发挥预期效果的情形。

这种专利布局模式比较适合在某一技术领域内拥有较强的研发实力，各种研发方向都有研发成果产生，且期望快速与技术领先企业相抗衡的企业在专利网策略中使用，也适用于专利产出较多的电子或半导体行业，但不太适用于医药、生物或化工类行业。

例如，IBM 的专利布局模式就是地毯式布局的典型代表，IBM 在任何 ICT 技术类目中，专利申请的数量和质量都名列前茅，每年靠大量专利即可取得丰厚的许可转让收益，IBM 被称为"创造价值的艺术家"。

4. 围栏式布局

围栏式布局是指在核心专利由竞争者掌握时，将围绕该技术主题的许多技术解决方案申请专利，形成围栏式专利群的布局模式，如图 7-7 所示。

在核心专利由竞争者掌握的情况下，围绕核心专利设置若干小专利，将核心专利包围起来，即可形成一个牢固的包围圈。这些小专利的技术含量也许无法与核心专利相比，但其组合却可以阻止竞争者的重要专利进行有效的商业使用，给竞争者造成很大的麻烦。

以各种不同的应用包围基础专利或核心专利，就可能使得基础专利或核心专利的价值大打折扣或荡然无存，这样就具有了与拥有基础专利或核心专利之竞争者进行交叉许可谈判的筹码，在专利许可谈判时占据有利地位。

这种专利布局模式特别适合自身尚不具有足够的技术和资金实力，主要采取"跟随型"研发策略的企业采用。实施这种布局模式，需要企业对核心专利具有一定的敏感度，并能够快速跟进。例如，发现欧美厂商在日本专利局申请了一种新型自行车的专利后，日本企业就赶紧申请自行车脚踏板、车把手等众多外围小专利（包括外观设计专利）。欧美厂商想实施其新型自行车总体设计方案时，躲不开这些外围专利，只好与日本企业签订交叉许可协议。

5. 糖衣式布局

糖衣式布局是指在核心专利由本企业掌握时，将围绕该技术主题的许多技术解决方案申请专利，形成糖衣式专利群的布局模式。这种布局模式的效果如图 7-8 所示。

图 7-7　围栏式布局示意图　　　　　　图 7-8　糖衣式布局示意图

这种情况近似于有计划实施的地毯式布局，即在拥有了核心专利的同时，再在该核心专利周围设置许多小专利，形成一个由核心专利和外围专利构成的专利网，从而提高竞争者规避设计的难度，并形成自己的技术壁垒，使竞争者无法突围，同时也降低了竞争者围绕本企业核心专利作围栏式专利布局的风险。

采用这种布局模式时，应尽量采取核心专利和外围专利同时申请的策略，即如果企业拥有某技术领域的一项或者几项核心技术，则可以等待与之配套的技术也开发成功后，同时提交专利申请，以避免给竞争者留下外围技术开发和申请专利的机会。当然，为了使得某些核心技术的信息不被公开，延迟竞争者获取核心技术相关信息的时间，也可以采用先申请外围专利，后申请核心专利的次序，这样可以将核心专利保护期限的起算点向后推移，延长专利保护时间。

上述五种布局模式，每种均有自己被运用的前提和优缺点，不能简单地认为哪种模式更好。而且，由于每个企业都有其特定的管理和经营状况，并不一定只适合采用某一种布局模式，也可能适用几种模式共同使用的混合形态。实务中，企业应综合分析各技术领域的现实情况和具体形势，并结合专利申请策略来选择最恰当的布局模式。

三、专利布局的策划

1. 专利布局策划过程

专利布局策划一般包括以下过程：

（1）设定研发主题　专利布局是对企业某一技术主题的专利申请进行系统筹划，以形成有效排列组合的精细布局行为。因此，企业在进行专利布局前首先要设定研发主题，明确企业将要进行的研发属于哪一技术领域的哪一技术主题。

（2）检索专利文献　设定研发主题后，企业必须就该技术领域之专利文献技术进行检索，以了解相关技术及竞争者目前的发展情形、专利布局之相关概况等内容。

（3）进行专利分析　在检索到相关专利文献后，需要对相关资料作深入的专利分析，以了解该领域的技术发展状况、该领域技术研发参与者的状况，对比企业自身的研发实力等，从而明确企业的研发方向和主题。

（4）制作布局方案　围绕某一技术主题，找出其关键技术部位和关键弹着区，依据企业的研发能力、企业经营策略和经营状况等因素确定适宜采用的专利布局模式，制作针对该技术主题的专利布局方案。

2. TRIZ 技术系统进化法则在专利布局中的应用

TRIZ 基于对全世界数百万份创新的研究，将创新进行了分级，划分出创新的五个级别，由低到高分别是显然的解、少量的改进、根本性的改进、全新的概念、发明创造，分别占所有创新的 32%、45%、18%、4%、1%。许多专利技术其实在其他的产业中出现并被应用过。

（1）技术系统 S 曲线对专利布局的影响　当有一个新需求，而且满足这个需求有意义的两个条件同时出现时，一个新的技术系统就会诞生。新的技术系统一定会以一个更高水平的发明结果来呈现。根据 TRIZ 理论，技术系统的进化表现出周期性的特点，满足一条 S 形曲线，如图 7-9（a）所示。在一个周期中，包括四个阶段：婴儿期、成长期、成熟期和衰退期。在 S 曲线中专利级别及专利数量在各个阶段所表现出的特点如图 7-9（b）、（c）所示。在婴儿期，专利级别很高，但专利数量较少；在成长期专利级别开始下降，但专利数量出现上升；在技术系统的成熟期，会产生大量专利，但专利级别更低；在衰退期专利级别和专利数量均呈现快速下降的趋势。

根据技术系统 S 曲线中各个阶段专利技术的特点，首先应根据技术系统目前所处的社会环境及人文环境，正确对技术系统所处阶段进行定位。在婴儿期，由于此阶段专利级别较高，应注意加大人力及物力投资，以尽早形成技术专利，对技术系统形成有效保护；在成长期应进一步保持投资，以期形成更多专利，从而实现技术系统的专利布局，做到对技术系统的全面保护；在成熟期技术系统趋于完善，所进行的技术工作大部分是系统局部的改进和完善，此时专利较多，但级别较低，根据该特点，在形成技术专利的同时，应注意难以付诸生产、对技术系统保护难以起到有效作用的垃圾专利产生，以有效使用专利费用；在衰退期系统技术专利在级别和数量上都急剧下降，此时应放弃该系统专利申请，着手通过技术系统改进采用新的技术系统代替现有技术系统，如此不断替代，使企业专利技术一直处于一个级别较高、数量较多的阶段。技术系统更替形成 S 曲线族如图 7-10 所示。

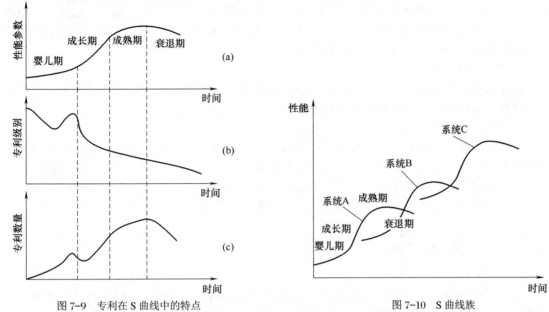

图 7-9　专利在 S 曲线中的特点　　　　　　　　　图 7-10　S 曲线族

（2）提高理想度法则对专利布局影响　一个系统在实现功能的同时，必然有两个方面的作用：有用功能和有害功能。理想度是指有用作用和有害作用的比值。系统改进的一般方向是最大理想度比值，在建立和选择技术系统的同时需努力提升理想度水平。理想度法则是技术专利产生的原动力，其代表了技术系统的最终方向。通过理想度法则对技术系统实现进化求解，能准确预测将来技术走向，并合理确定专利技术方向，提前对该技术方向所能产生的一系列技术系统进行保护。

（3）子系统的不均衡进化法则对专利布局影响　组成技术系统的各子系统的进化存在着不均衡。主要体现在：

① 子系统都是沿着自己的 S 曲线进化；

② 不同的子系统将依据自己的时间进度进行进化；

③ 不同的子系统在不同的时间点达到自己的极限，这将导致子系统间的矛盾产生；

④ 系统中最先达到其极限的子系统将抑制整个系统的进化，系统的进化水平取决于此子系统。

在设计系统时应充分考虑各子系统的进化情况，系统整体性能取决于各子系统技术的发展，系统专利布局由系统专利和各子系统专利组成。在实施专利布局时应充分考虑子系统 S 曲线中各阶段的专利特点，最终形成围绕系统和子系统的专利布局，对系统实施全面保护。

四、专利布局方案的制作

1. 找出关键技术部位

在专利分析的基础上，根据发明目的、技术手段和技术效果对特定技术领域的专利进行深层剖析，挑选出相关专利，做成专利摘要表，然后依据各相关专利之发明点与技术效果，制成鸟瞰图或矩阵图等图表。在此基础上，找出拟研发课题最关键、最核心的技术部位之所在。

2. 找出关键弹着区

在找出关键技术部位后，就需要根据拟订研发课题最关键与最核心的技术部位找出专利弹着区。建立在关键弹着区基础上的专利布局，有利于集中火力打在关键技术部位上，获得核心专利，甚至形成基础专利或路障型专利。弹着区的多项关联专利之组合，容易形成牢不可破的专利网，以此为基础也容易形成各种专利布局。

3. 草拟布局方案

在找出关键弹着区后，接下来就要依据企业研发能力和企业经营策略与经营状况，选择合适的专利布局模式，并草拟初步布局方案。

4. 确定布局方案

获得草拟布局方案后，应在分析规避可能性的基础上，对草拟的布局方案进行细致分析和修改调整，从而确定最终的布局方案。竞争者为绕开专利，常常会想尽办法进行规避设计，因此在有能力获得核心技术专利的前提下进行专利布局时，尽量找出可能被规避设计的缺口，找出封堵各缺口的办法和方案，由此封堵住竞争者进行规避设计的后路，消除后顾之忧。

五、专利布局的实施

以针对性的专利部署进行具体落实对象清晰、目标明确、策略得当的专利申请行为，往往才可能为企业带来大量有实际运用价值的专利资源。为此，企业的专利布局要具备针对性。

具体而言，企业在进行专利部署时，要针对其所保护的不同产品、技术、地域以及其防御的不同竞争对手的各自特点来开展，确定各自的专利部署规模和结构。这些特点，既包括该产品、技术、地域本身的专利申请和保护现状特点，也包括企业自身的专利需求和技术实力特点，行业的整体环境和发展态势特点，竞争对手的市场规划和专利储备特点等。对于每一个产品、每一项技术、每一处地域的专利布局，都需要综合考虑这些因素后确定出其各自的专利竞争的特点，有针对性地开展专利布局。

例如，对于不同的产品和服务，其未来发展的重心和方向也不尽相同，所占市场规模、竞争情况、销售区域等都存在很大的差异，企业在该领域所掌握的技术研发资源和研发能力也不同，这都需要根据其特点和公司的需要来制订相应的专利布局策略，从而使得企业专利申请更系统、更具针对性，才更有效地发挥其作用。

1. 按照规划有序操作、形成专利组合

专利布局的规划性在于，在具体的专利部署工作实施之前，就已经大致确定将要在哪些产品和技术点上重点开展专利挖掘工作，需要挖掘出多大数量规模的专利，以及这些专利需要保护什么样的技术主题、具备什么样的技术内容、彼此之间具备怎样的关联关系。

通过这种规划，可以指导企业配合研发项目的进展分阶段、有计划地开展专利挖掘工作，确保在重点挖掘对象上的专利产出数量和质量，使企业的专利部署策略得到很好的延续和执行。并且通过一系列任务的分解和指标的制订，辅助企业及其内部的各个产品部门和研发项目组完成既定的专利战略目标。

在这种规划的指导下，企业获得的将不再是若干件离散的专利，而是围绕于特定的技术、产品，由具备一定内在联系，能够互相补充、有机结合，整体发挥作用的多个专利集合形成的专利组合。通过这种组合形态，可以有效地增强企业对其优势技术点的保护效力以及与竞争对手的专利对抗能力，并使得企业针对未来热点领域的专利圈地成果更具威慑力。

2. 配合企业的整体战略调整布局数量和结构

专利布局，归根结底，是为企业整体战略服务的。为此，企业的专利布局需要与其整体战略相协调，其体现在专利布局的数量和结构应该与其所掌握的技术资源相匹配，满足其不同时期的技术研发、产品拓展、市场的发展以及竞争等需求，满足企业未来专利运用的需求。

其中，在配合企业战略进行专利布局时，一是考虑企业现实的资源、能力和需求，有意识地在其重点发展领域进行优先专利部署，保证其专利数量和专利分布结构上的优势；二是要充分从企业的长远发展规划出发，提前在一些领域建立专利储备资源；三是要随时根据企业发展规划的变化，调整其专利的规模和结构、专利布局的重点领域。此外，这种协调也体现在对于那些已经对企业的市场竞争失去运用价值的专利，及时进行转让、许可、放弃等，从而减少企业的经济负担。

六、专利布局管理机构及经验

管理专利工作的机构在国内外企业中的地位有三种类型：第一种是隶属研发机构，易了解专业技术知识及其动向，缺点是与决策层距离远、脱离企业经营；第二种是隶属行政体系，比如设置法务部或知识产权部，优点是利于实施订定契约、排除侵权、诉讼程序等法律性强的事务，缺点是不易掌握专业知识和研发动向，无法直接掌握决策；第三种是直属决策层，优点是较易掌握企业的决策，较易推动相关的制度，缺点是对研发的具体技术状况了解相对较少。

当企业较小时可以灵活地设置管理机构；当企业较大时有必要建立集中与分散相结合的知识产权（专利）管理网络结构模式。例如由直属于总经理的知识产权部门（专利部门）对各个分支或研究所下属的知识产权部门（专利部门）实行双重领导。

德国企业中有研发部门负责、法律部门负责、法律部门和研发部门共同管理三种类型。无论是哪一种类型，特点都是集中进行知识产权管理。集中管理有利于跨国公司的知识产权战略在全球统一实施，资源分配合理。另外注重发挥法律部门的作用，在专利管理机构配备一定数量的法律专业人员，或者由专利管理机构与企业的法律部门保持深入的沟通和交流。

日本企业中基本上都有直属于企业最高领导的知识产权管理部门，知识产权管理部门参与研发工作。在集权式的管理模式下（如三菱），专职的专利部门与研发部门存在沟通关系，专利部门负责协助研究人员和技术人员取得专利权。

在行列管理体制模式下（如佳能），存在一个公司级的知识产权法务部门，完成平台性的工作，例如专利申请、授权维护、专利侵权诉讼等，并按照产品类别和技术类别分别组织专利管理。分散性的管理模式（如东芝），不但在总部设立知识产权管理机构，还在各级研究所和事业部内配备建立知识产权部、科、组，研究所或事业部内的专利工作由负责技术工作的副所长或总工程师承担，主要负担该所、事业部的行政事务，并负责从产品研发初期的专利挖掘直到国内外专利申请等所有业务。

美国企业的知识产权管理。以 IBM 公司为例，公司的基本战略是通过知识产权工作确保其在开发、制造、买卖产品活动中的自由。公司对于知识产权的归属及管理是实行中央集中管理制，任务主要包括申请专利、寻找合适的发明、授权谈判、与其他公司签订的合同中有关知识产权条款的审核。知识产权管理总部内设法务部和专利部。法务部负责法律事务；专利部负责专利事务。专利部下设 5 个技术领域。由于 IBM 公司是一个跨国集团，知识产权管理部门在美国本土主要设有研究所，在欧洲、中东、非洲地区、亚太地区设有其分支机构。

以中兴通讯和华为技术为例说明中国大型企业的管理。中兴通讯的管理机构是集中和分散管理有机结合的矩阵模式，公司知识产权领导小组决定所有战略问题，中兴通讯的高级副总裁作为负责人主管公司层面的知识产权业务。法务部直辖于总裁办公室，有多位知识产权经理，这些知识产权经理基本上都具有工学和法学背景，能够在公司高度把握具体工作。公司在各部门还设置多个知识产权工程师，协助总部的知识产权经理推动知识产权战略实施。

华为公司设置知识产权部，负责专利、商标、著作权、域名、商业秘密保护、科技情报、合同评审、对外合作、诉讼事务等。知识产权部与技术开发部、流程管理处、安全管理部、总体技术办公室等相关部门联合成立了领导小组，协调运作，加强知识产权管理人员与公司技术人员、管理人员以及各个部门的领导的业务联系、信息沟通，并使知识产权管理贯穿于整个公司的技术研发、生产、服务、销售等全过程中，将知识产权管理融入企业经营管理的科学化管理轨道。

七、案例分析

【**例 7-1**】 针对 1995 年 1 月 1 日提出的涉及"一种防污染密封膜"的专利申请进行专利文献检索，并判断新颖性和创造性。该专利申请的权利要求书的内容如下：

① 防污染密封膜，是一种通过与具有耐气体透过性和耐透湿性的薄膜叠合而使其对于污染物质具有阻挡性，并使各层薄膜之间具有黏合性的防污染密封膜。其特征在于，所述密封膜是总厚度为 50~80μm 的多层密封膜，它以第一层作为最内层，所述第一层包括线性低密度聚乙烯、低密度聚乙烯、聚丙烯、聚丁烯-1 中的至少一种树脂，在第一层的外侧，通过第二层而叠合有第三层，所述第二层由无定形聚烯烃、黏合性聚烯烃或乙烯-乙酸乙烯酯共聚物组成作为黏结剂层，所述第三层由乙烯-乙烯醇共聚物组成。

② 权利要求 1 所述的防污染密封薄膜，其中，第一层由线性低密度聚乙烯或低密度聚乙烯组成，第二层由无定形聚乙烯、黏合性聚乙烯或乙烯-乙酸乙烯酯共聚物组成。

1. 确定技术方案，对技术主题进行分析

① 由三层薄膜叠合成的防污染密封膜产品。

② 技术主题词（关键词）：密封膜、聚乙烯、聚丙烯、聚丁烯、聚烯烃、乙烯-乙酸乙烯酯共聚物、乙烯-乙烯醇共聚物。

2. 寻找相关国际专利分类号（IPC）的步骤

（1）使用中国专利检索系统（CPRS）的高级检索界面

① 在"关键词"提示框输入：（密封*膜）*（聚乙烯+聚丙烯+聚丁烯）*聚烯烃，检索命中 15 篇。

② 初步确定大组分类号。浏览相关内容的文献，初步确定大组的分类号为 B32B27。

③ 用分类号"B32B27"大组进一步对"关键词"进行限定，检索命中 9 篇。浏览著录项目和文摘以及全文，找到最接近的中国专利文献申请号为 87104707，分类号为 B32B27/32。

根据①~③选择出最适当的分类号为"B32B27/28"，并与国际专利分类表的以下内容核对：

B32B27/00   实质上由合成树脂组成的层状产品

B32B27/288   由未全部包含在下列任一小组的合成树脂的共聚物组成

B32B27/30   由乙烯基树脂组成；由丙烯基树脂组成

B32B27/32   由聚烯烃组成

B32B27/34   由聚酰胺组成

B32B27/36   由聚酯组成

最终确定检索分类号为"B32B27/32"。

（2）在德温特世界专利索引（DWPI）数据库中检索   若在中国专利检索系统（CPRS）

中找不到最适当的分类号，则可在 DWPI 数据库中重复进行上述①~③步骤，直至找到最适当的分类号。

3. 正式检索

（1）在中国专利检索系统（CPRS）中检索

① 在关键词中检索，使用以下逻辑运算。

② 在摘要中检索，使用以下逻辑运算。

③ 逻辑运算"关键词"和"摘要"，去重。

④ 用大组分类号检索，以免漏检。

⑤ 用大组分类号与"关键词"和"摘要"检索，以免漏检。

⑥ 用准确的小组分类号检索，以免漏检。

⑦ 用大组分类号与"关键词"和"摘要"以及准确的小组分类号逻辑检索，以免漏检。

⑧ 用公告日 1985 年 1 月 1 日~1994 年 12 月 31 日进一步限制检索。

（2）在德温特世界专利索引（DWPI）数据库中检索

4. 判断新颖性和创造性

对比文件 1（EP0236099A）所公开的薄膜是关于食品包装用的薄膜，既没有公开也没有暗示本发明申请涉及的防污染效果。

对比文件 1 的说明书第 13~16 页公开了一种包装用多层薄膜，包括一个乙烯-乙烯醇共聚物芯层、两个黏合性聚合材料中间层和两个聚合材料外层；外层的聚合材料包括线性低密度聚乙烯，线性低密度聚乙烯和极低密度聚乙烯的混合物，聚丙烯、乙烯丙烯共聚物或它们的混合物，黏合性聚合材料包括羧酸或酸酐改性的聚烯烃（如聚乙烯）；多层膜的总厚度为0.013~0.05mm（即 13~50μm）。可见，对比文件 1 的乙烯-乙烯醇共聚物芯层即权利要求 1 的第三层，对比文件 1 的羧酸或酸酐改性的聚烯烃（如聚乙烯）层相当于权利要求 1 的第二层，对比文件 1 的线性低密度聚乙烯层即权利要求 1 的第一层，权利要求 1 限定的膜的厚度也与对比文件 1 有一个共同的点，即 50μm。由上述分析可知，独立权利要求 1 的技术方案所对应的产品已经由对比文件 1 的技术方案公开，属于已知产品。

一种已知物质不能因为提出了某一新的应用而被认为是一种新的物质。虽然在权利要求 1 的技术方案中强调"具有耐气体透过性和耐透湿性"对其薄膜进行限定，而对比文件 1 没有公开其产品具有上述性质，但是，就本申请而言，这种新的性质的发现和应用并不能改变产品的结构或组成，从而使其变成新的产品。因此，权利要求 1 不符合《专利法》第 22 条第 2 款有关新颖性的规定。

从属权利要求 2 进一步限定了第一层由线性低密度聚乙烯或低密度聚乙烯组成。然而，对比文件 1 已经公开了线性低密度聚乙烯层，因此，权利要求 2 的技术方案事实上已被对比文件 1 所公开，不具备《专利法》第 22 条第 2 款规定的新颖性。

习题

1. 简述专利基本概念。

2. 专利文献包含哪些内容？

3. 申请实用新型专利需要哪些资料？

4. 简述专利申报材料中，编写和公布摘要的主要目的。

5. 一项专利的成功申报需要经过哪些程序才能得到授权？

6. 常见的专利布局有哪些模式？

参考文献

[1] 张妍. 以创新引领新时代中国的发展. https://topics.gmw.cn/2017-10/22/content_27965249.htm.2017-10-22.

[2] 刘燕华. 大力开展创新方法工作，全面提升自主创新能力 [J]. 定西科技，2007 (2)：1-3.

[3] 冯长根. 创新方法是自主创新的根本之源 [J]. 企业科协，2008 (10)：2.

[4] 赵敏，胡钰. 创新的方法：自主创新，方法先行 [M]. 北京：当代中国出版社，2008.

[5] 周道生. 自主创新，方法先行 [J]. 日用电器，2010 (01)：19-20.

[6] 周苏. 创新思维与 TRIZ 创新方法 [M]. 北京：清华大学出版社，2015.

[7] 国家质量监督检验检疫总局国家标准化管理委员会. GB/T 31769—2015. 创新方法应用能力等级规范 [S]. 北京：中国标准出版社，2015.

[8] 薛伟，蒋祖华. 工业工程概论 [M]. 北京：机械工业出版社，2015.

[9] 易树平，郭伏. 基础工业工程 [M]. 北京：机械工业出版社，2015.

[10] 姚威.工程师创新手册发明问题的系统化解决方案 [M]. 杭州：浙江大学出版社，2015.

[11] 林岳，齐二石，李彦. 创新方法教程（初级） [M]. 北京：高等教育出版社，2012.

[12] 李海军，丁雪燕. 经典 TRIZ 通俗读本 [M]. 北京：中国科学技术出版社，2009.

[13] 王亮中，孙峰华. TRIZ 创新理论与应用原理 [M]. 北京：科学出版社，2010.

[14] 檀润华，曹国忠，陈子顺. 面向制造业的创新设计案例 [M]. 北京：中国科学技术出版社，2009.

[15] 赵敏，胡珏. 创新的方法 [M]. 北京：当代中国出版社，2008.

[16] Michael A Orloff. 用 TRIZ 进行创造性思考实用指南 [M]. 北京：科学出版社，2010.

[17] 夏昌祥. 实用创新思维 [M]. 北京：高等教育出版社，2008.

[18] 王亮申，孙峰华. TRIZ 创新理论与应用原理 [M]. 北京：科学出版社，2010.

[19] 沈世德. TRIZ 简明教程 [M]. 北京：机械工业出版社，2010.

[20] 赵敏，史凌波，段海波. TRIZ 入门及实践 [M]. 北京：科学出版社，2009.

[21] Kalevi Rantanen. 简约 TRIZ：面向工程师的发明问题解决理论 [M]. 北京：机械工业出版社，2010.

[22] 杨清亮. 发明是这样诞生的 [M]. 北京：机械工业出版社，2006.

[23] 高常青. TRIZ 发明问题解决理论 [M]. 北京：科学出版社，2011.

[24] 曹菲菲. 基于内容分析的专利挖掘技术研究 [D]. 沈阳：东北大学，2008.

[25] 谢顺星，窦夏睿，胡小永. 挖掘专利的方法 [J]. 中国发明与专利，2008 (7)：46-49.

[26] 潘君镇，刘剑锋，陈雅莉. 浅谈如何进行专利挖掘 [J]. 中国发明与专利，2016 (7)：51-53.

[27] 谢顺星，高荣英，瞿卫军. 专利布局浅析 [J]. 中国发明与专利，2012 (8)：24-29.

[28] 李梦瑶，刘彤，蒋贵凰. 我国专利挖掘研究现状分析 [J]. 科技创新与应用，2015 (36)：281-282.

[29] 张超. 基于专利数据挖掘的技术趋势分析方法 [D]. 大连：大连理工大学，2014.

[30] 李梅芳，赵永翔. TRIZ 创新思维与方法理论及应用 [M]. 北京：机械工业出版社，2016.

[31] 周苏，陈敏玲. 创新思维与科技创新 [M]. 北京：机械工业出版社，2016.